华东师范大学精品教材建设专项基金资助项目

Advanced Mathematics

高等数学（上）

华东师范大学数学科学学院◎组编

柴俊◎主编　覃瑜君　毕平　程靖◎参编

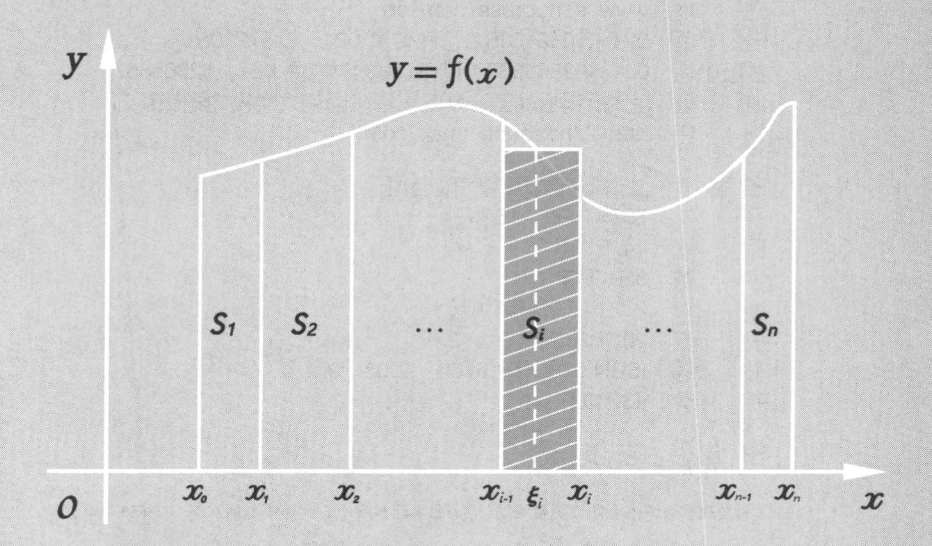

华东师范大学出版社

·上海·

图书在版编目(CIP)数据

高等数学:适用于经济类、管理类各专业. 上/华东师范大学数学科学学院组编;柴俊主编. —上海:华东师范大学出版社,2020
ISBN 978-7-5760-1003-9

Ⅰ. ①高… Ⅱ. ①华…②柴… Ⅲ. ①高等数学—高等学校—教材 Ⅳ. ①O13

中国版本图书馆 CIP 数据核字(2020)第 253726 号

华东师范大学精品教材建设专项基金资助项目

高等数学(上)

组　　编　华东师范大学数学科学学院
主　　编　柴　俊
责任编辑　胡结梅
责任校对　程　筠　时东明
装帧设计　俞　越

出版发行　华东师范大学出版社
社　　址　上海市中山北路 3663 号　邮编 200062
网　　址　www.ecnupress.com.cn
电　　话　021-60821666　行政传真 021-62572105
客服电话　021-62865537　门市(邮购)电话 021-62869887
地　　址　上海市中山北路 3663 号华东师范大学校内先锋路口
网　　店　http://hdsdcbs.tmall.com

印 刷 者　上海昌鑫龙印务有限公司
开　　本　787×1092　16 开
印　　张　14.5
字　　数　339 千字
版　　次　2021 年 2 月第 1 版
印　　次　2021 年 2 月第 1 次
书　　号　ISBN 978-7-5760-1003-9
定　　价　43.00 元

出 版 人　王　焰

前　　言

高等数学是高校理工科和经济管理类专业的一门重要的基础课程，是深入学习专业课程的基础. 本书适用于经管类专业，也可以作为对高等数学的要求较相近专业的教材和参考书.

本书根据编者多年教学经验以及经管类专业对数学的实际要求编写而成. 在编写过程中，继承了华东师范大学数学科学学院教材的一贯风格，从取材、内容编排、例题和习题配置、可读性等诸方面综合考量，努力做到难度适中、体系严密、易教易学. 在编写过程中主要注意了以下几点：

1. 虽然经管类专业高等数学对数学理论的要求不高，但在教学内容的衔接上仍十分注重逻辑性.

2. 在概念引入时，尽可能用简单实用的例子帮助读者理解，或者用数学文化、人文意境做出解释，并注重数学思想与内容的融合.

3. 对于需要厘清的概念和理论，书中用“思考”这种形式提醒读者，帮助读者加深理解和掌握相关概念及理论.

4. 根据教学和学习的需要配置习题，题型多样，数量和难易程度适中. 每章最后还设有总练习题，总体难度较高，作为提高解题能力、检查学习效果之用.

5. 在适当的地方加入了数学在经济学方面应用最基本的内容和例子. 希望读者通过这些内容能体会到数学在经济学上的广泛应用，以及对经济学理论发展的重要作用，其目的不是讲授经济学理论，而是加深对数学应用的理解.

6. 在章节的结束处，安排有本节学习要点，以帮助读者学习、总结. 通过扫描书中的二维码即可阅读.

本书分上、下册出版. 上册内容包括实数与函数、极限与连续、导数与微分、微分中值定理及应用、积分、微积分在经济学中的应用等；下册内容有多元函数微分学、二重积分、无穷级数、微分方程与差分方程、经济应用等.

本书由华东师范大学数学科学学院组织编写，柴俊担任主编，参与编写工作的还有覃瑜君、毕平、程靖. 其中第 2 至第 5 章、第 7 章、第 8 章，以及第 6 章的大部分内容由柴俊编写；第 1 章、第 6 章第 1 节由程靖编写；第 9 章由毕平编写；第 2 至第 9 章的习题由覃瑜君完成. 最后柴俊对全书进行了修改校对，并撰写了前言.

本书的出版得到了华东师范大学精品教材建设专项基金的资助，也得到了华东师范大学数学科学学院的领导和同事的支持和帮助，华东师范大学出版社的编辑为本书的出版付出了辛勤的劳动,在此表示衷心的感谢！并期望读者对本书的不足之处提出宝贵的意见.

柴　俊
2020 年 10 月于上海

目　　录

第 1 章　函数 …… 1

1.1　数集 …… 1

一、集合(1)　二、区间与邻域(2)　习题 1.1(3)

1.2　函数 …… 4

一、函数及其表示(4)　二、反函数(5)　三、复合函数(7)　四、函数的性质(7)　五、基本初等函数与初等函数(10)　六、经济学中的函数关系(14)　习题 1.2(15)

第 2 章　极限与连续 …… 17

2.1　数列极限 …… 17

一、数列与极限(17)　二、收敛数列的性质与极限的四则运算法则(21)　三、数列极限存在的条件(25)　习题 2.1(27)

2.2　函数极限 …… 28

一、自变量趋于无穷大时函数的极限(28)　二、自变量趋于有限值时函数的极限(30)　三、函数极限的性质与运算法则(32)　四、两个重要极限(35)　习题 2.2(38)

2.3　无穷小量与无穷大量 …… 39

一、无穷小量(39)　二、无穷大量(40)　三、无穷小量的比较(42)　习题 2.3(45)

2.4　连续函数 …… 45

一、函数的连续性(45)　二、函数的间断点(48)　三、连续函数的运算法则及初等函数的连续性(50)　四、闭区间上连续函数的性质(53)　习题 2.4(56)

总练习题 …… 58

第 3 章　导数与微分 …… 60

3.1　导数的概念 …… 60

一、导数的定义(60)　二、可导与连续(62)　三、几个简单函数的导数(63)　四、平面曲线的切线和法线(64)　习题 3.1(65)

3.2　求导法则和基本初等函数的求导公式 …… 66

一、导数的四则运算(66)　二、反函数的导数(68)　三、复合函数的导数(69)　四、基本初等函数的导数公式与求导法则(71)　习题 3.2(72)

3.3 高阶导数 ………………………………………………………… 74
一、高阶导数的概念(74) 二、高阶导数运算法则(76) 习题3.3(77)
3.4 隐函数和由参数方程确定的函数的导数 ………………………… 77
一、隐函数的导数(77) 二、对数求导法(79) 三、由参数方程确定的函数的导数(81) 习题3.4(82)
3.5 微分 ………………………………………………………………… 83
一、微分的概念(83) 二、微分的几何意义(84) 三、微分基本公式与运算法则(85) 四、利用微分进行近似计算(87) 习题3.5(88)
3.6 导数和微分在经济学中的简单应用 ………………………………… 89
一、边际(89) 二、弹性(91) 习题3.6(92)
总练习题 ……………………………………………………………… 92

第4章 微分中值定理及应用 ………………………………………… 95

4.1 微分中值定理 ……………………………………………………… 95
一、罗尔(Rolle)定理(95) 二、拉格朗日(Lagrange)中值定理(97) 三、柯西(Cauchy)中值定理(99) 习题4.1(100)
4.2 洛必达法则 ………………………………………………………… 101
一、$\frac{0}{0}$型和$\frac{\infty}{\infty}$型不定式极限(101) 二、其他类型不定式极限(103) 习题4.2(106)
4.3 泰勒公式 …………………………………………………………… 107
一、泰勒(Taylor)公式(107) 二、麦克劳林(Maclaurin)公式(109) 习题4.3(112)
4.4 函数的单调性和极值 ……………………………………………… 112
一、函数的单调性的判别法(112) 二、函数极值及求法(114) 习题4.4(116)
4.5 函数最值及经济应用 ……………………………………………… 118
一、函数的最值(118) 二、最值的经济应用(119) 习题4.5(121)
4.6 曲线的凸性与拐点,函数图形的描绘 ……………………………… 122
一、曲线的凸性与拐点(122) 二、曲线的渐近线(124) 三、函数图形的描绘(126) 习题4.6(128)
总练习题 ……………………………………………………………… 129

第5章 积分 …………………………………………………………… 131

5.1 不定积分的概念与性质 …………………………………………… 131
一、原函数(131) 二、不定积分的概念和性质(132) 三、基本积分公式(133) 习题5.1(135)

5.2 不定积分的换元积分法和分部积分法 …… 136
一、第一类换元法(凑微分法)(136) 二、第二类换元法(140)
三、分部积分法(144) 习题5.2(148)
*5.3 有理函数的不定积分 …… 150
一、有理函数的积分(150) 二、三角函数有理式的积分(153)
三、简单无理函数的积分(155) 习题5.3(156)
5.4 定积分的概念与基本性质 …… 157
一、实例(157) 二、定积分的定义(158) 三、定积分的基本性质(161) 习题5.4(165)
5.5 微积分学基本定理 …… 166
一、积分上限函数及其导数(167) 二、牛顿-莱布尼茨公式(169)
习题5.5(170)
5.6 定积分的积分法 …… 171
一、直接利用牛顿-莱布尼茨公式(171) 二、定积分的换元法(172) 三、定积分的分部积分法(175) 习题5.6(177)
5.7 广义积分 …… 179
一、无穷区间上的广义积分(179) 二、无界函数的广义积分(瑕积分)(181) 习题5.7(183)
5.8 定积分的几何应用 …… 183
一、平面图形的面积(184) 二、平行截面面积为已知的立体的体积(187) 三、旋转体的体积(188) 习题5.8(190)
5.9 定积分在经济学中的简单应用 …… 190
一、由边际函数求总函数(190) 二、最优问题(192) 三、投资问题(192) 习题5.9(194)
总练习题 …… 194

附录Ⅰ 常用的三角函数恒等式 …… 197
附录Ⅱ 积分表 …… 198
附录Ⅲ 几种常用的曲线 …… 199
附录Ⅳ 极坐标系 …… 202

习题答案与提示 …… 204

第1章 函 数

函数是微积分的研究对象. 函数概念的发展经历了漫长的演变过程,1859年清代数学家李善兰(1811—1882)和英国传教士伟烈亚力翻译《代微积拾级》时,将"function"翻译为"函数",其中"函"与"含"同义,即包含变量的表达式. 当然,以今天的观点来看,函数的内涵远不止于此.

在高等数学课程中,所讨论的函数的定义域都是实数集的子集. 因此,本章首先介绍必要的实数集的知识,在回顾函数概念与运算的基础上,梳理函数的相关性质,最后引入基本初等函数和初等函数的概念.

1.1 数 集

一、集合

在数学研究的过程中,经常需要将研究对象分门别类地进行讨论. 例如,可以将实数分为有理数和无理数,将整数分为正整数、零和负整数,将方程分为一元方程和多元方程,将四边形分为平行四边形、梯形等. 像这样,将具有某些特征的对象放在一起所构成的总体,就叫做**集合**,其中的对象就是集合的**元素**. 通常用大写字母 A、B、C 等表示集合,用小写字母 a、b、c 等表示集合的元素.

对于给定的集合 A,总可以确定某个 a 是不是 A 中的元素. 如果 a 是 A 中的元素,就称 a 属于 A,记为 $a \in A$,否则就称 a 不属于 A,记为 $a \notin A$. 例如,"比较大的圆"不能构成集合,因为无法确定"半径为1厘米的圆"是否属于这个范围. 而集合 $\{1, 2\}$ 的所有子集则可以构成一个集合 M,M 中共有4个元素,分别是:$\varnothing$, $\{1\}$, $\{2\}$, $\{1, 2\}$. 因此,$\{1\} \in M$,但是,$1 \notin M$. 历史上关于集合元素确定性的讨论曾经极大地推动了数学学科的发展.

根据集合的定义,对于给定的集合 A,其中的元素总是各不相同的. 如果构成两个集合的元素是完全一样的,就称这两个集合是**相等**的. 例如,集合 $A = \{1, -1\}$ 和集合 $B = \{(-1)^n \mid n \in \mathbf{N}\}$ 是相等的,差别仅在于两者的表示方法不同:前者采用列举法,将元素一一罗列出来;而后者则采用描述法,刻画了元素所具有的性质. 虽然表示方法不同,但是它们代表了同一个集合. 称 $A = \{1, -1\}$ 这样含有有限个元素的集合为**有限集**;不含任何元素的集合称为空集;而像全体正偶数所构成的集合$\{x \mid x = 2n,\ n \in \mathbf{N}_+\}$,这种既不是空集,也不是有限集的集合,称它为**无限集**.

对于给定的集合A与集合B,若对于任意的$x \in A$,都有$x \in B$,则称集合A是集合B的**子集**,也说集合A包含于集合B(或者集合B包含集合A),记作$A \subseteq B$(或$B \supseteq A$). 若$A \subseteq B$,且存在$x_0 \in B$、$x_0 \notin A$,则称集合A是集合B的**真子集**,也说集合A真包含于集合B(或者集合B真包含集合A),记作$A \subset B$(或$B \supset A$).

两个集合之间可以进行以下三类运算:

1. 集合A与集合B的**并集**$A \cup B = \{x \mid x \in A$或$x \in B\}$;
2. 集合A与集合B的**交集**$A \cap B = \{x \mid x \in A$且$x \in B\}$;
3. 集合A与集合B的**差集**$A \backslash B = \{x \mid x \in A$且$x \notin B\}$.

二、区间与邻域

在现实世界和数学内部两方面力量的推动下,数的概念经历了逐步扩充的发展过程. 目前,我们已经熟悉的数集有自然数集$\mathbf{N}$、整数集$\mathbf{Z}$、有理数集$\mathbf{Q}$和实数集$\mathbf{R}$,它们存在以下的关系:

数系的扩充

$$\mathbf{N} \subset \mathbf{Z} \subset \mathbf{Q} \subset \mathbf{R}.$$

其中,实数与数轴上的点一一对应,而实数集$\mathbf{R}$和有理数集$\mathbf{Q}$的差集$\mathbf{R} \backslash \mathbf{Q}$是无理数集.

1. 有限区间与无限区间

在研究函数时,常常会考虑自变量位于x轴上某一范围,如$\{x \mid a \leqslant x \leqslant b\}$时函数的整体性质,此时,可以将数集$\{x \mid a \leqslant x \leqslant b\}$简单地表示为$[a,\ b]$,其中$a$、$b$都是实数,且$a < b$. 称这样的数集$\{x \mid a \leqslant x \leqslant b\}$为**闭区间**. 类似地,还可以定义其他各类区间如下:

设a、b都是实数,且$a < b$,则称$\{x \mid a < x < b\}$为**开区间**,记为$(a,\ b)$;称$\{x \mid a < x \leqslant b\}$为**左开右闭区间**,记为$(a,\ b]$;称$\{x \mid a \leqslant x < b\}$为**左闭右开区间**,记为$[a,\ b)$. 以上四类区间统称为**有限区间**(如图1-1). 其中a、b称为区间的端点,区间的长度是$b - a$. 需要指出的是,有限区间并不是有限集,而是无限集.

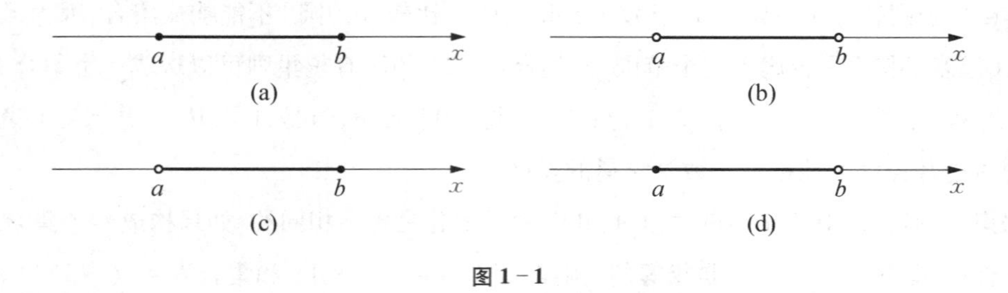

图1-1

此外,还可以用区间$(-\infty,\ +\infty)$来表示全体实数$\mathbf{R}$,即$\{x \mid -\infty < x < +\infty\}$;用$[a,\ +\infty)$表示$\{x \mid a \leqslant x < +\infty\}$;用$(a,\ +\infty)$表示$\{x \mid a < x < +\infty\}$;用$(-\infty,\ a]$表示$\{x \mid -\infty < x \leqslant a\}$;

用$(-\infty, a)$表示$\{x \mid -\infty < x < a\}$. 这五类区间统称为**无限区间**.

2. 邻域与去心邻域

在研究函数时,还常常需要考虑自变量位于x轴上某一点附近时函数的局部性质,因此,引入符号$U(a; \delta)$,用来表示点a附近、与点a的距离不超过δ的点所构成的开区间$(a-\delta, a+\delta)$,其中a、δ是实数,且$\delta > 0$(如图1-2). 即$U(a; \delta) = \{x \mid a-\delta < x < a+\delta\} = \{x \mid |x-a| < \delta\}$. 通常,称$U(a; \delta)$为**点$a$的$\delta$邻域**, a是邻域的中心,δ是邻域的半径.

图1-2

特别地,用符号$\mathring{U}(a; \delta)$表示在开区间$(a-\delta, a+\delta)$中去掉a之后的数集(如图1-3),并称它为**点a的δ去心邻域**,也就是说,$\mathring{U}(a; \delta) = (a-\delta, a) \cup (a, a+\delta) = \{x \mid 0 < |x-a| < \delta\}$.

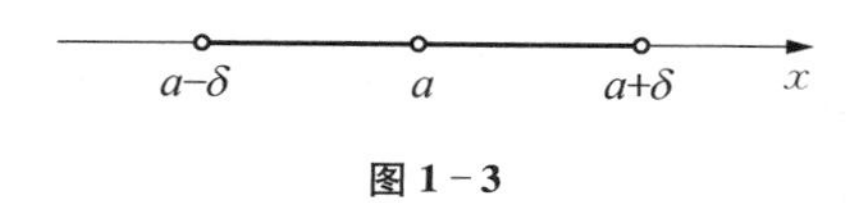

图1-3

习题 1.1

1. 判断下列各题中集合A与集合B是否相等:

(1) $A = \{x \mid x \in \mathbf{R}$,且$x \notin \mathbf{Q}\}$, $B = \mathbf{R} \setminus \mathbf{Q}$;

(2) $A = \mathbf{R}$, $B = (-\infty, a] \cup (a, +\infty)$;

(3) $A = \{x \mid \sqrt{x^2-1} \geqslant 0$,且$\sin x > 0\}$, $B = (2k\pi, 2k\pi + \pi)$,其中$k \in \mathbf{Z}$;

(4) $A = \{x \mid |x-1| < 0.01, x \in \mathbf{R}\}$, $B = \mathring{U}(1; 0.01)$.

2. 用邻域或去心邻域表示下列数集:

(1) $\{x \mid 0 < |x-1| < 3\}$;

(2) $\left\{x \mid |x| < \dfrac{1}{10}\right.$,且$\left.x \neq 0\right\}$;

(3) $\left(\dfrac{1}{100}, \dfrac{1}{20}\right)$;

(4) (a, b),其中$a < b$.

3. 分别用区间、含有绝对值的不等式表示下列陈述:

(1) $x \in U\left(0; \dfrac{1}{1000}\right)$;

(2) $x \in U\left(-1; \dfrac{1}{1000}\right)$;

(3) $x \in \mathring{U}\left(1; \dfrac{1}{1000}\right)$;

(4) $x \in \mathring{U}(x_0; \delta)$,其中$\delta > 0$.

1.2 函　　数

一、函数及其表示

为了精确地描述现实世界中不同事物在运动变化时是怎样彼此关联的,就需要揭示不同变量之间的对应关系,而函数正是反映变量之间对应关系的重要数学工具.

定义 1 设有两个变量 x 与 y,其中变量 x 在数集 D 中取值. 如果对于每个 $x \in D$,按照某一确定的对应法则 f,变量 y 都有唯一的值与它对应,就称 f 是定义在数集 D 上的函数,记作

$$y = f(x),\ x \in D.$$

其中 x 称为函数 f 的**自变量**,y 称为函数 f 的**因变量**,自变量的取值范围 D 称为函数 f 的**定义域**,因变量的取值范围称为函数 f 的**值域**.

通常,在不特别指出函数 f 的定义域时,默认使对应法则 f 有意义的 x 的取值范围就是该函数的定义域.

例 1 求函数 $f(x) = \dfrac{\ln(1+x)}{\sqrt{2-x}}$ 的定义域.

解 要使对应法则有意义,需要同时满足:被开方数不小于 0、分母不等于 0、且对数的真数部分大于 0. 也就是 $\begin{cases} 2-x \geqslant 0, \\ \sqrt{2-x} \neq 0, \\ 1+x > 0, \end{cases}$ 即 $-1 < x < 2$. 因此,函数的定义域为 $(-1,\ 2)$.

函数由对应法则和定义域共同确定. 换句话说,当两个函数的定义域和对应法则都相同时,才说它们是相同的函数. 例如,函数 $y = \sin^2 x + \cos^2 x$、函数 $y = 1$ 的对应法则和定义域都相同,因此它们是相同的函数;而函数 $y = \dfrac{|x|}{x}$、函数 $y = \begin{cases} 1, & x \geqslant 0, \\ -1, & x < 0 \end{cases}$ 的定义域不同,前者的定义域为 $(-\infty,\ 0) \cup (0,\ +\infty)$,但后者的定义域为 $(-\infty,\ +\infty)$,因此,它们是两个不同的函数.

虽然我们所熟悉的许多函数是用解析式来呈现的,但并不是所有的函数都容易用数学式子表示. 例如,天气预报给出的乌鲁木齐某天 0:00 到 12:00 之间气温 y 与时间 t 的对应关系可以用表 1-1 来表示,依据函数的定义可知,表格中所给出的对应法则 $y = f(t)$ 是定义在一个有限集上的函数. 我们也可以借助平面直角坐标系内的图形来表示这个函数(如图 1-4).

表 1-1 气温 y(单位:℃)与时间 t 的对应关系

时间 t	0	1	2	3	4	5	6	7	8	9	10	11	12
气温 y	2	1	1	1	1	0	0	-1	-1	0	2	3	4

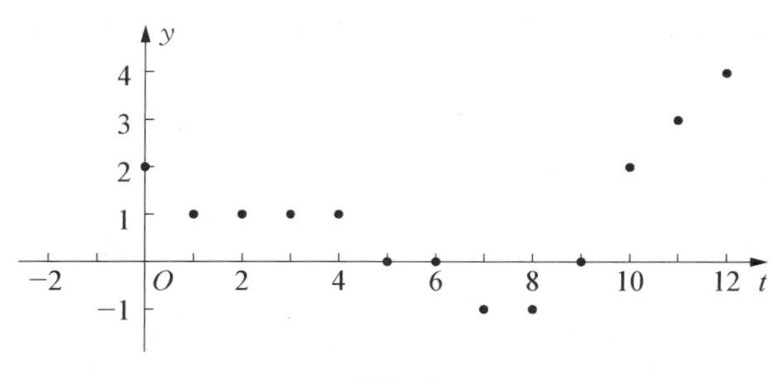

图 1-4

公式法(或称解析法)、图示法(或称图形法)、数值法(或称列表法)是常用的三种表示函数的方法. 因此,在研究函数的过程中,时常会借助三种表示方法选择不同的角度入手来解决问题:借助公式,有利于进行代数推理;借助图示,有利于进行直观观察;而借助具体数值,则有利于从一般到特殊,或者从特殊到一般地对问题展开探究.

二、反函数

假设汽车以 60 km/h 的速度匀速行驶,已知汽车的行驶时间 t(单位:h),就可以根据函数关系 $S=60t$,确定路程 S(单位:km). 对于函数 $S=60t$ 来说,t 是自变量,S 是因变量.

反过来,如果已知路程 S,如何确定汽车的行驶时间 t 呢? 此时,可以用含有 S 的代数式来表示 t,即 $t=\frac{S}{60}$. 在函数 $t=\frac{S}{60}$ 中,S 是自变量,t 是因变量.

定义 2 设函数 $y=f(x)$ 在数集 D 上有定义,对应于 D 的值域是 $W=\{f(x)\mid x\in D\}$. 如果对任意的 $y\in W$,在 D 中都有唯一的满足等式 $f(x)=y$ 的 x 与 y 对应,那么,就得到了一个定义在 W 上的函数,称该函数为 $y=f(x)$ 在 D 上的**反函数**,记作

$$x=f^{-1}(y),\ y\in W.$$

在上述反函数 f^{-1} 中,y 是自变量,x 是因变量. 这里 $x=f^{-1}(y),\ y\in W$ 与 $y=f^{-1}(x),\ x\in W$ 的对应法则与定义域都相同,只是变量的记号不同,因此它们是相同的函数. 为了与通常的习惯保持一致,可以仍用 x 表示自变量,y 表示因变量,从而将反函数记作 $y=f^{-1}(x)$,它的定义域是 W,值域是 D.

函数 $y=f(x),\ x\in D$ 的图形与它的反函数 $y=f^{-1}(x),\ x\in W$ 的图形关于直线 $y=x$ 对称. 因

为若点 $P(a, b)$ 在曲线 $y=f(x)$ 上,则 $f(a)=b$,于是有 $f^{-1}(b)=a$,即点 $Q(b, a)$ 在曲线 $y=f^{-1}(x)$ 上,反之亦然(如图 1-5).

例如,$y=\dfrac{1}{x}$ 与它本身互为反函数;又如,指数函数 $y=e^x$ 和对数函数 $y=\ln x$ 互为反函数.

对于正弦函数 $y=\sin x$, $x\in(-\infty, +\infty)$ 来说,在它的值域$[-1, 1]$中任取一个实数 y,总可以在它的定义域$(-\infty, +\infty)$中找到无穷多个满足 $\sin x=y$ 的实数 x 与它对应,因此,无法确定其反函数.

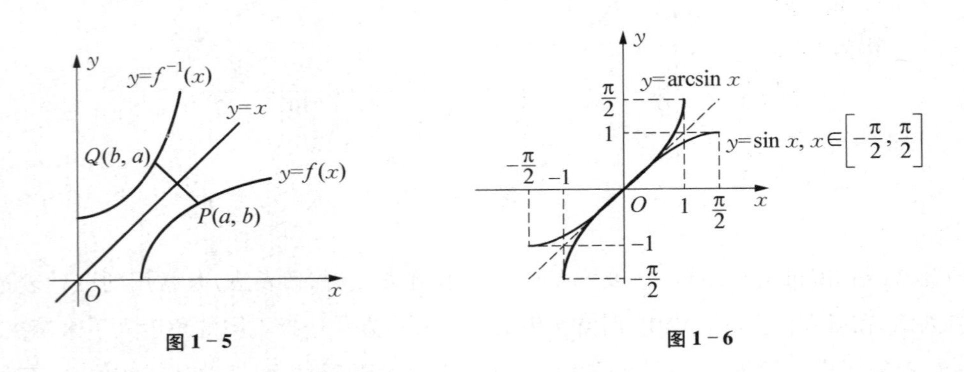

图 1-5　　图 1-6

如果将$(-\infty, +\infty)$的真子集$\left[-\dfrac{\pi}{2}, \dfrac{\pi}{2}\right]$作为定义域,那么,对于函数 $y=\sin x$, $x\in\left[-\dfrac{\pi}{2}, \dfrac{\pi}{2}\right]$来说,在它的值域$[-1, 1]$中任取一个实数 y,总可以在它的定义域$\left[-\dfrac{\pi}{2}, \dfrac{\pi}{2}\right]$中找到唯一的满足 $\sin x=y$ 的实数 x 与它对应,因此,$y=\sin x$ 在$\left[-\dfrac{\pi}{2}, \dfrac{\pi}{2}\right]$上有反函数,称这个函数为**反正弦函数**,记作 $y=\arcsin x$,其定义域为$[-1, 1]$,值域为$\left[-\dfrac{\pi}{2}, \dfrac{\pi}{2}\right]$(如图 1-6).

类似地,将函数 $y=\cos x$, $x\in[0, \pi]$ 的反函数称为**反余弦函数**,记作 $y=\arccos x$,其定义域为$[-1, 1]$,值域为$[0, \pi]$;将函数 $y=\tan x$, $x\in\left(-\dfrac{\pi}{2}, \dfrac{\pi}{2}\right)$的反函数称为**反正切函数**,记作 $y=\arctan x$,其定义域为$(-\infty, +\infty)$,值域为$\left(-\dfrac{\pi}{2}, \dfrac{\pi}{2}\right)$;将函数 $y=\cot x$, $x\in(0, \pi)$ 的反函数称为**反余切函数**,记作 $y=\operatorname{arccot} x$,其定义域为$(-\infty, +\infty)$,值域为$(0, \pi)$.

例 2　求函数 $y=\sqrt{x-3}$ 的反函数.

解　函数 $y=\sqrt{x-3}$ 的定义域是$[3, +\infty)$,值域是$[0, +\infty)$. 首先在等式 $y=\sqrt{x-3}$ 中解出 x,得 $x=y^2+3$, $y\in[0, +\infty)$. 然后按照习惯,用 x 表示自变量,y 表示因变量,得到所求反函数为 $y=x^2+3$, $x\in[0, +\infty)$.

三、复合函数

在很多情况下,变量之间的联系不是那么直接,一个变量与另一个变量的联系要通过第三个变量(中间变量).

定义3 设有两个函数:$y=f(u)$, $u\in D$及$u=\varphi(x)$, $x\in D'$,且$u=\varphi(x)$的值域是W.如果$D\cap W\neq\varnothing$,则这两个函数就可以产生一个定义在$\overline{D}=\{x\mid x\in D', u=\varphi(x)\in D\}$上的函数

$$y=f[\varphi(x)],\ x\in\overline{D},$$

称该函数为由$y=f(u)$与$u=\varphi(x)$经复合而成的**复合函数**,其中x为自变量,y为因变量,称u为**中间变量**.

参与构成复合函数的函数可以不止两个函数,如函数$y=e^{\sin^2 x}$可由三个函数$y=e^u$、$u=v^2$、$v=\sin x$复合而成,其中u和v都称为**中间变量**.

例3 已知函数$f(x)=\dfrac{1+x}{x}$,求$f[f^{-1}(x)]$和$f^{-1}[f(x)]$.

解 函数$f(x)=\dfrac{1+x}{x}$的定义域是$(-\infty, 0)\cup(0, +\infty)$,值域是$(-\infty, 1)\cup(1, +\infty)$.首先在等式$y=\dfrac{1+x}{x}$中解出$x$,得$x=\dfrac{1}{y-1}$, $y\in(-\infty, 1)\cup(1, +\infty)$.然后按照习惯,用$x$表示自变量,得到所求反函数为$f^{-1}(x)=\dfrac{1}{x-1}$, $x\in(-\infty, 1)\cup(1, +\infty)$.因此,

$f[f^{-1}(x)]=\dfrac{1+\dfrac{1}{x-1}}{\dfrac{1}{x-1}}$,化简得$f[f^{-1}(x)]=x$, $x\in(-\infty, 1)\cup(1, +\infty)$.类似可得,

$f^{-1}[f(x)]=\dfrac{1}{\dfrac{1+x}{x}-1}$,化简得$f^{-1}[f(x)]=x$, $x\in(-\infty, 0)\cup(0, +\infty)$.

思考 1. 函数$f(x)$满足怎样的条件时,$f[f^{-1}(x)]$和$f^{-1}[f(x)]$是相同的函数?

2. 是否任意两个函数都可以复合成一个复合函数?请说明理由.

四、函数的性质

借助信息技术绘制出函数的图形,通常可以为了解函数的几何特性提供直观上的帮助.但

是,由于受到电子设备屏幕大小以及图形精度等方面的局限,观察所得的结果缺乏可靠性. 因而,从代数推理的角度去研究函数的几何特性就显得尤为重要. 以下将介绍函数单调性、奇偶性、周期性和有界性的定义.

1. 单调性

定义 4 设函数 $f(x)$ 在数集 D 上有定义,如果对于任意两点 x_1、$x_2 \in D$,当 $x_1 < x_2$ 时,有 $f(x_1) < f(x_2)$(或 $f(x_1) \leqslant f(x_2)$),则称函数 $f(x)$ 在 D 上**严格递增**(或**递增**). 如果对于任意两点 x_1、$x_2 \in D$,当 $x_1 < x_2$ 时,有 $f(x_1) > f(x_2)$(或 $f(x_1) \geqslant f(x_2)$),则称函数 $f(x)$ 在 D 上**严格递减**(或**递减**).

例如,二次函数 $y=x^2$ 在 $(-\infty, 0]$ 上严格递减,在 $[0, +\infty)$ 上严格递增,称区间 $(-\infty, 0]$ 与 $[0, +\infty)$ 为该函数的**单调区间**,显然,$(-\infty, +\infty)$ 不是该函数的单调区间. 又如,三次函数 $y=x^3$ 在整个定义域 $(-\infty, +\infty)$ 上严格递增,也可以说该函数的严格递增区间是 $(-\infty, +\infty)$. 再如,反比例函数 $y=\dfrac{1}{x}$ 的严格递减区间为 $(-\infty, 0)$ 和 $(0, +\infty)$,但是该函数在整个定义域上不具有单调性.

思考 如何证明某个函数在给定区间上不具有单调性?

2. 奇偶性

定义 5 设函数 $f(x)$ 在数集 D 上有定义,若对于任何 $x \in D$,都有 $f(-x)=f(x)$,则称 $f(x)$ 在 D 上是偶函数. 若对于任何 $x \in D$,都有 $f(-x)=-f(x)$,则称 $f(x)$ 在 D 上是奇函数.

定义 5 说明:偶函数(或奇函数)的定义域 D 关于原点对称. 偶函数的图形关于 y 轴对称,奇函数的图形关于原点对称.

例 4 判断函数 $f(x)=\ln(\sqrt{1+x^2}+x)$ 的奇偶性.

解 函数 $f(x)=\ln(\sqrt{1+x^2}+x)$ 的定义域是 $(-\infty, +\infty)$,对于任何 $x \in (-\infty, +\infty)$,有

$$f(-x)=\ln[\sqrt{1+(-x)^2}-x]=\ln\frac{1}{\sqrt{1+x^2}+x}$$

$$=\ln(\sqrt{1+x^2}+x)^{-1}=-\ln(\sqrt{1+x^2}+x)=-f(x),$$

因此,$f(x)=\ln(\sqrt{1+x^2}+x)$ 在 $(-\infty, +\infty)$ 上是奇函数.

3. 周期性

定义 6 设函数 $f(x)$ 在数集 D 上有定义，若存在 $T>0$，对于任何 $x\in D$，都有 $f(x+T)=f(x)$，则称 $f(x)$ 在 D 上是**周期函数**，其中 T 是函数的一个**周期**.

由于周期函数的周期有无穷多个，通常将最小的一个正数称为**最小正周期**. 通常说函数的周期都指最小正周期. 例如，正弦函数 $y=\sin x$ 的周期是 2π，余切函数 $y=\cot x$ 的周期是 π. 常值函数 $y=C$ 是周期函数，但没有最小正周期.

4. 有界性

如果一个函数的值域可以包含在某个闭区间中，就说这个函数有界.

定义 7 设函数 $f(x)$ 在数集 D 上有定义，若存在 $M>0$，对于任何 $x\in D$，都有 $|f(x)|\leqslant M$（即 $f(x)$ 的值域包含于闭区间 $[-M,M]$），则称函数 $f(x)$ 在 D 上是**有界函数**，或称 $f(x)$ 在 D 上**有界**. 否则，就称 $f(x)$ 在 D 上**无界**.

例如，要说明反正切函数 $y=\arctan x$，$x\in(-\infty,+\infty)$ 有界，只要取正数 $M\geqslant\dfrac{\pi}{2}$ 即可. 又如，函数 $y=\dfrac{1}{x}$ 在 $[1,+\infty)$ 上是有界函数，因为对于任何 $x\in[1,+\infty)$，都有 $\left|\dfrac{1}{x}\right|\leqslant 1$；而在 $(0,+\infty)$ 上 $y=\dfrac{1}{x}$ 则是无界函数，因为该函数的值域为无限区间 $(0,+\infty)$，再大的闭区间也无法将 $(0,+\infty)$ 包含其中.

从图形上看，有界函数 $y=f(x)$，$x\in D$ 的图形完全介于两条平行于 x 轴的直线 $y=-M$ 与 $y=M$ 之间（如图 1－7）.

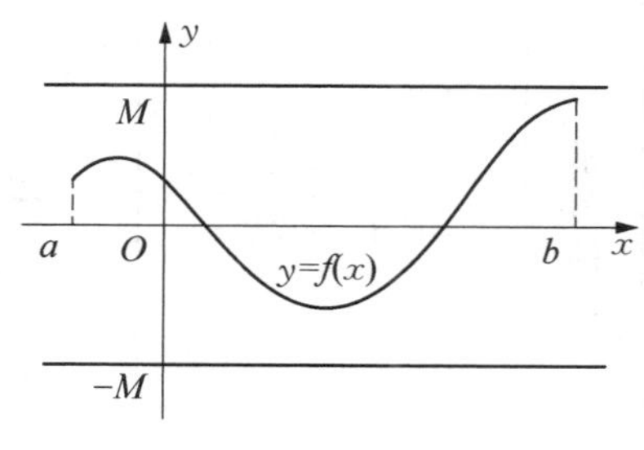

图 1－7

宋朝诗人叶绍翁《游园不值》中的诗句“春色满园关不住，一枝红杏出墙来”非常形象地描述了无界这个数学概念：再大的园子（闭区间）也无法将所有的春色（函数值）关住，总有一枝红杏（某个函数值）伸展到园子之外！

那么，如何用数学语言描述函数无界呢？

***定义 8** 设函数 $f(x)$ 在数集 D 上有定义，若对于任意大的正数 M，总存在 $x_M\in D$（下标 M 是指这个 x 与 M 有关），使得 $|f(x_M)|>M$，就称 $f(x)$ 在 D 上是**无界函数**.

例 5 判断下列函数的有界性：

(1) $y=3\sin x-5\cos 2x$；　　(2) $y=\ln x$，$x\in(1,+\infty)$.

(1) **证** 对于任何 $x \in (-\infty, +\infty)$,都有

$$|y| = |3\sin x - 5\cos 2x| \leqslant 3|\sin x| + 5|\cos 2x| \leqslant 3 + 5 = 8,$$

因此,$y = 3\sin x - 5\cos 2x$ 在 $(-\infty, +\infty)$ 上有界.

注 在证明该题时,我们找到了满足条件的 $M = 8$,但它并不是函数的最大值.

(2) **解** 因为 $y = \ln x$, $x \in (1, +\infty)$ 的值域 $(0, +\infty)$ 是无限区间,因此该函数无界.

*__证__ 对于任意大的正数 M,总可以取 $x_M = e^{M+1} \in (1, +\infty)$,使得 $\ln x_M = \ln e^{M+1} = M + 1 > M$,因此,$y = \ln x$ 在 $(1, +\infty)$ 上无界.

五、基本初等函数与初等函数

化繁为简是数学研究过程中的重要思想. 因此,在研究函数时,总是试图将复杂的函数分解为简单的函数,进而从认识简单函数开始,逐步实现对复杂函数问题的解决.

为此,常值函数、幂函数、指数函数、对数函数、三角函数以及反三角函数,这六类函数被称为**基本初等函数**. 表 1-2 罗列了六类基本初等函数的解析式、图形、定义域、值域以及性质,由于幂函数的分类较复杂,仅给出其中常见的几种.

表 1-2 基本初等函数一览

分类	解析式	图形	性质
常值函数	$y = C$(C 为常数)	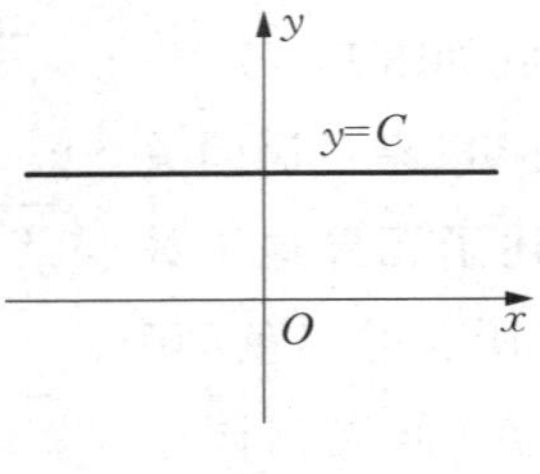 $y=C$; O, x, y	1. 定义域 $(-\infty, +\infty)$; 2. 值域 $\{C\}$; 3. 既是递增函数,又是递减函数; 4. 偶函数;当 $C = 0$ 时也是奇函数; 5. 周期函数,无最小正周期; 6. 有界.
幂函数	$y = x$ $y = x^3$ $y = \sqrt[3]{x}$	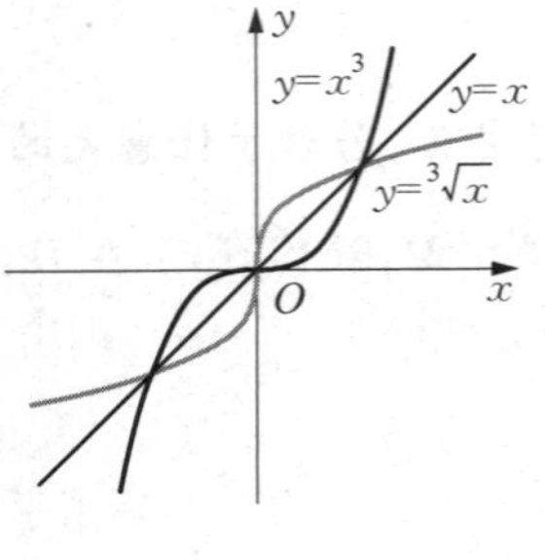 $y=x^3$; $y=x$; $y=\sqrt[3]{x}$; O, x, y	1. 定义域 $(-\infty, +\infty)$; 2. 值域 $(-\infty, +\infty)$; 3. 严格递增函数; 4. 奇函数.

续　表

分类	解析式	图形	性质
	$y=\frac{1}{x}$		1. 定义域$(-\infty, 0)\cup(0, +\infty)$; 2. 值域$(-\infty, 0)\cup(0, +\infty)$; 3. 奇函数.
	$y=x^2$		1. 定义域$(-\infty, +\infty)$; 2. 值域$[0, +\infty)$; 3. 偶函数.
	$y=\sqrt{x}$		1. 定义域$[0, +\infty)$; 2. 值域$[0, +\infty)$; 3. 严格递增函数.
指数函数	$y=a^x(a>1)$ $y=a^x(0<a<1)$		1. 定义域$(-\infty, +\infty)$; 2. 值域$(0, +\infty)$; 3. $y=a^x(a>1)$是严格递增函数; $y=a^x(0<a<1)$是严格递减函数.
对数函数	$y=\log_a x(a>1)$ $y=\log_a x(0<a<1)$		1. 定义域$(0, +\infty)$; 2. 值域$(-\infty, +\infty)$; 3. $y=\log_a x(a>1)$是严格递增函数; $y=\log_a x(0<a<1)$是严格递减函数.

续 表

分类	解析式	图形	性质
三角函数	$y = \sin x$ $y = \cos x$	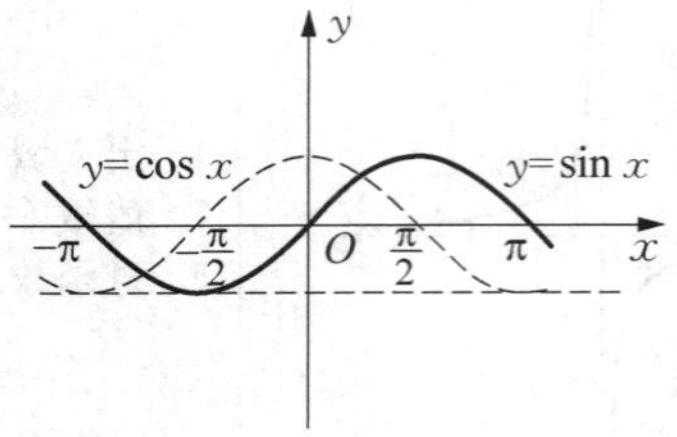	1. 定义域$(-\infty, +\infty)$; 2. 值域$[-1, 1]$; 3. $y = \sin x$ 是奇函数; $y = \cos x$ 是偶函数; 4. 周期 2π; 5. 有界.
	$y = \tan x$ $y = \cot x$	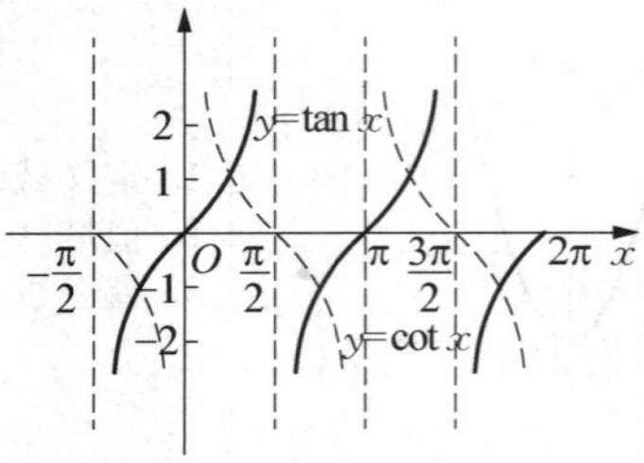	1. $y = \tan x$ 的定义域$\{x \mid x \in \mathbf{R}$,且$x \neq k\pi + \frac{\pi}{2}, k \in \mathbf{Z}\}$; $y = \cot x$ 的定义域$\{x \mid x \in \mathbf{R}$,且$x \neq k\pi, k \in \mathbf{Z}\}$; 2. 值域$(-\infty, +\infty)$; 3. 奇函数; 4. 周期 π.
反三角函数	$y = \arcsin x$	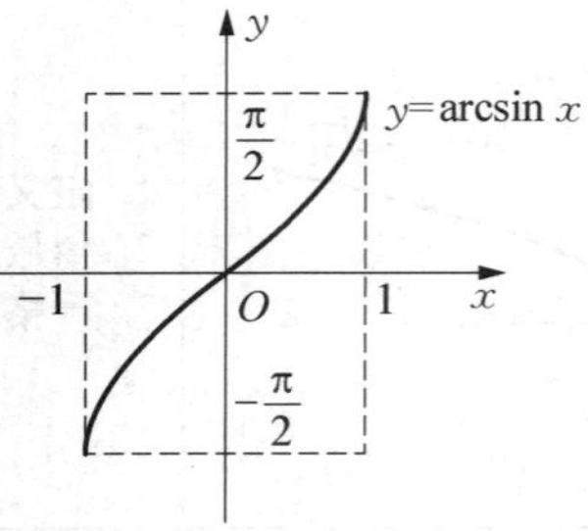	1. 定义域$[-1, 1]$; 2. 值域$\left[-\frac{\pi}{2}, \frac{\pi}{2}\right]$; 3. 严格递增函数; 4. 奇函数; 5. 有界.
	$y = \arccos x$	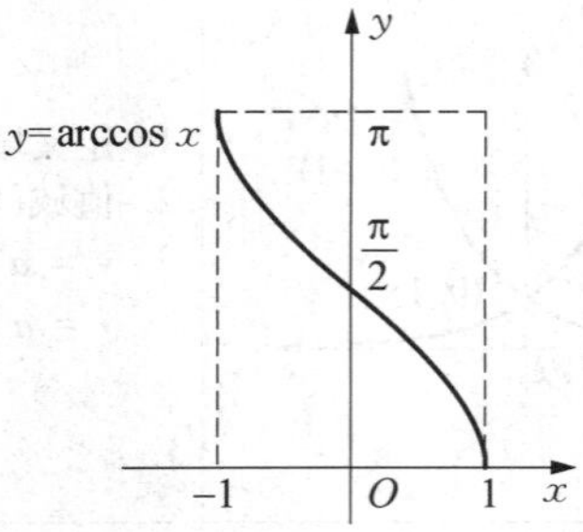	1. 定义域$[-1, 1]$; 2. 值域$[0, \pi]$; 3. 严格递减函数; 4. 有界.
	$y = \arctan x$	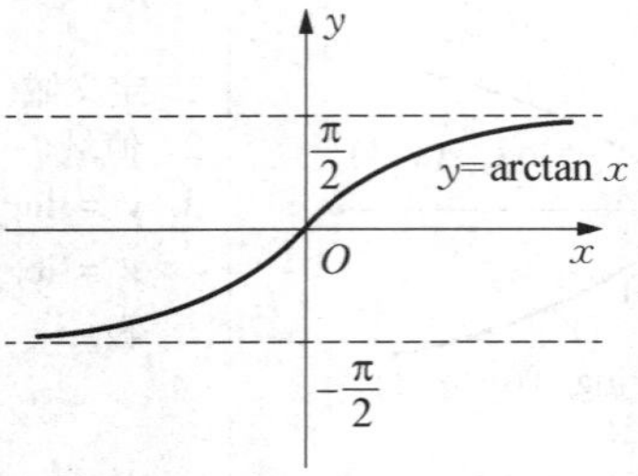	1. 定义域$(-\infty, +\infty)$; 2. 值域$\left(-\frac{\pi}{2}, \frac{\pi}{2}\right)$; 3. 严格递增函数; 4. 奇函数; 5. 有界.

续　表

分类	解析式	图形	性质
	$y = \operatorname{arccot} x$		1. 定义域$(-\infty, +\infty)$; 2. 值域$(0, \pi)$; 3. 严格递减函数; 4. 有界.

由基本初等函数经过有限次加、减、乘、除以及复合运算所得到的,并且能够用一个解析式来表示的函数,称为**初等函数**.

例 6　函数 $y=\dfrac{\arccos x+\ln x}{\sqrt[3]{-x}}$ 是初等函数,该函数可以分解为 $y=\dfrac{u}{v}$, $u=w+r$, $w=\arccos x$, $r=\ln x$, $v=z^{\frac{1}{3}}$, $z=s\cdot t$, $s=-1$, $t=x$. 也就是说,该函数是由一个常值函数、两个幂函数、一个对数函数以及一个反三角函数通过加、乘、除以及复合运算得到的.

特别地,函数 $y=|x|=\sqrt{x^2}$ 以及函数 $y=x^x=\mathrm{e}^{x\ln x}$ 都是初等函数. 许多不能用一个解析式表示的分段函数是非初等函数.

例 7　函数 $f(x)=\begin{cases}-1, & x<0,\\ 0, & x=0,\\ 1, & x>0\end{cases}$ 被称为**符号函数**,记作 $f(x)=\operatorname{sgn} x$(如图 1-8),它无法用一个解析式来表示,故不是初等函数.

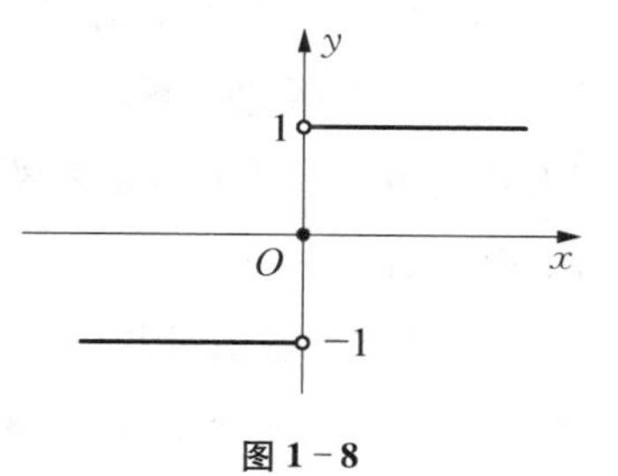

图 1-8

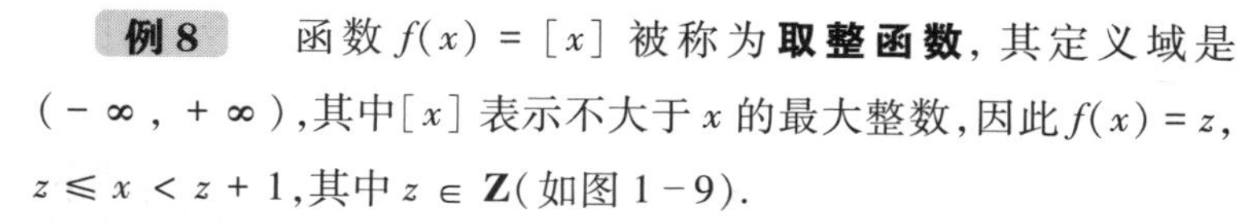

例 8　函数 $f(x)=[x]$ 被称为**取整函数**,其定义域是 $(-\infty, +\infty)$,其中$[x]$表示不大于 x 的最大整数,因此 $f(x)=z$, $z\leqslant x<z+1$,其中 $z\in\mathbf{Z}$(如图 1-9).

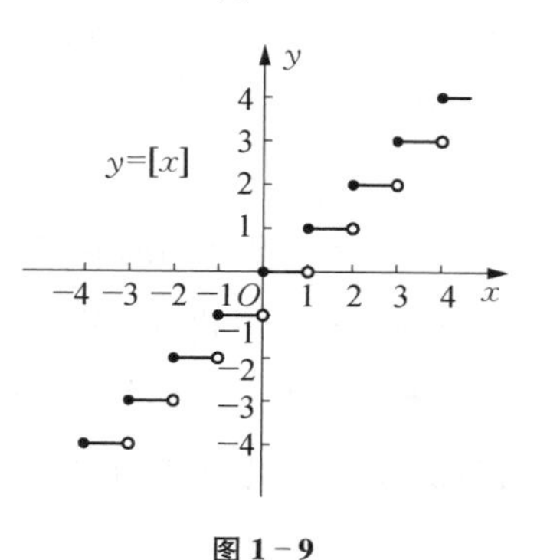

图 1-9

如果能够用函数关系描述现实世界中变量之间的关系,就可以从数量上对一些现象进行分析和预测.

例 9　假设在一定时期内,某国的年人口增长率(即出生率减去死亡率)是一个常数 r,即如果第一年的人口为 P_0,则第二年

的人口就是 $P_1 = P_0(1+r)$,以此类推,n 年后(即第 $n+1$ 年)的人口为 $P_n = P_0(1+r)^n$. 设该国原有人口为 1 亿,$r = 2\%$,问多少年后,该国人口将达到 2 亿.

解 设 n 年后人口达到 2 亿,将具体数据代入上述公式,得 $2 = 1 \cdot (1+2\%)^n$. 两边同时取对数,得

$$\ln 2 = n\ln 1.02 \text{ 即 } n = \frac{\ln 2}{\ln 1.02} \approx 35.003.$$

因此,约 35 年后,该国人口将达到 2 亿.

在后续学习中,大家还会了解到:当 r 很小时,有 $e^r - 1 \approx r$. 因此,上述人口函数模型还可以写成 $P_n = P_0(1+r)^n \approx P_0 e^{rn}$. 著名的马尔萨斯(Malthus, 1766—1834)人口理论就是依托该函数模型提出的. 需要说明的是,该模型仅适用于生物种群(动物、鱼类、细菌)生存环境宽松的情况,当生存环境恶化(如食物短缺)时,该模型就不适用了.

六、经济学中的函数关系

人类在生产经营活动中所关心的许多变量之间相互依存的规律也可以用函数关系来揭示. 例如,市场需求量、市场供给量与产品价格之间的关系. 通常,当产品价格升高时,市场需求量会减少、市场供给量会增加.

如果用 Q_d 表示市场需求量,用 P 表示价格,那么 $Q_d = f_d(P)$ 被称为**需求函数**. 一般情况下,需求函数是单调递减的. 最简单的需求函数是**线性需求函数**,即 $Q_d = aP + b\ (a<0,\ b>0)$.

如果用 Q_s 表示市场供给量,用 P 表示价格,那么 $Q_s = f_s(P)$ 被称为**供给函数**. 一般情况下,供给函数是单调递增的. 最简单的供给函数是**线性供给函数**,即 $Q_s = cP + d\ (c>0,\ d<0)$.

如果市场需求量与市场供给量相等,就达到了供需平衡. 此时产品的价格被称为**均衡价格**,记为 P_0;市场需求量 Q_d 和市场供给量 Q_s 相等,称为**市场均衡数量**,记为 Q_0(如图 1-10).

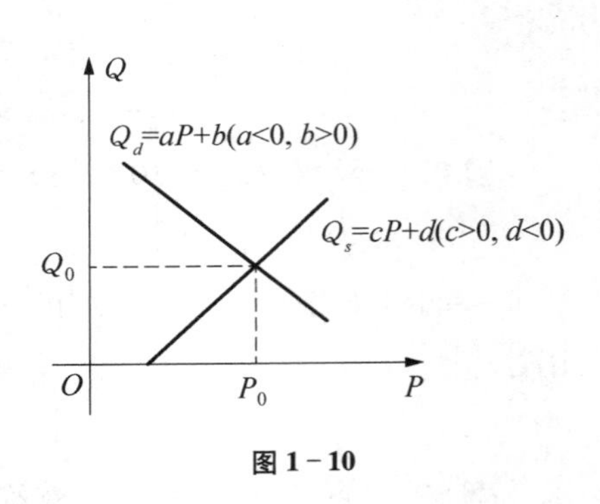

图 1-10

例 10 某产品的需求函数为 $Q_d = -2P + 13$,供给函数为 $Q_s = 4P - 5$. 求该产品的市场均衡价格和市场均衡数量.

本节学习要点

解 令 $Q_d = Q_s$,即 $-2P_0 + 13 = 4P_0 - 5$. 解得 $P_0 = 3$,此时 $Q_0 = Q_d = Q_s = 7$. 因此,该产品的市场均衡价格为 3,市场均衡数量为 7.

习题 1.2

1. 求下列函数的定义域：

(1) $y=\dfrac{1}{\ln(1-x)}$；　(2) $y=\arccos\dfrac{2x+1}{3}$；

(3) $y=\sqrt{\sin x}+\dfrac{1}{\sqrt{16-x^2}}$；　(4) $y=\log_x(9-|x-1|)$.

2. 判断下列函数 f 与 g 是否相同：

(1) $f(x)=\ln x^2$ 与 $g(x)=2\ln x$；

(2) $f(x)=(\sqrt{x})^2$ 与 $g(x)=|x|$；

(3) $f(x)=\arcsin x$ 与 $g(t)=\arcsin t$；

(4) $f(\theta)=1$ 与 $g(\alpha)=\dfrac{1}{\cos^2\alpha}-\tan^2\alpha$.

3. 求下列函数的反函数：

(1) $y=\dfrac{1-x}{1+x}$；　(2) $y=1+\ln(x+3)$；

(3) $y=\dfrac{e^x}{1+e^x}$；　(4) $y=\arctan(x+1)$.

4. 已知 $f(x)=x^2-3x+7$，求 $\dfrac{f(2+h)-f(2)}{h}$.

5. 已知 $f(x)=\arcsin x$，$g(x)=x^2$，$h(x)=\cos x$，求 $f\{g[h(x)]\}$ 及其定义域.

6. 已知 $f\left(1+\dfrac{1}{x}\right)=\dfrac{2x+1-x^2}{x^2}$，求 $f(x)$.

7. 已知 $f[g(x)]=\dfrac{x^2}{1+x^4}$，$g(x)=x-\dfrac{1}{x}$，求 $f(x)$.

8. 已知 $f(x)=\dfrac{x}{1+x}$，求 $f\{f[f(x)]\}$ 和 $f\{f[f^{-1}(x)]\}$.

9. 指出下列函数的单调区间：

(1) $y=x^4$；　(2) $y=x+\arctan x$；

(3) $y=e^{ax}$，$a\neq 0$；　(4) $y=x+|x|$.

10. 判断下列函数的奇偶性：

(1) $y=x\sin x+\cos x$；　(2) $y=\ln(\sqrt{x^2+1}-x)$；

(3) $y=\ln\dfrac{1-x}{1+x}$；　(4) $y=\dfrac{e^{2x}+1}{e^{2x}-1}$.

11. 求下列函数的最小正周期:

(1) $y=\sin(3x+1)$;　　(2) $y=\cos^2 x$.

12. 判断下列函数在指定范围内的有界性:

(1) $y=1+6\sin x-\cos x$, $x\in(-\infty,+\infty)$;

(2) $y=\dfrac{x\arctan x}{1+x^2}$, $x\in(-\infty,+\infty)$;

(3) $y=\dfrac{1}{x-1}$, $x\in(0,1)$;

(4) $y=x\sin x$, $x\in(-\infty,+\infty)$.

13. 判断下列说法是否正确,并说明理由:

(1) 如果函数$f(x)$在$(-\infty,0]$上是递增函数,在$(0,+\infty)$上也是递增函数,那么,该函数在$(-\infty,+\infty)$上是递增函数.

(2) 两个递增函数的和依然是递增函数.

(3) 两个奇函数的乘积依然是奇函数.

(4) 有界函数和无界函数的乘积是无界函数.

14. 指出下列函数是由哪些基本初等函数复合而成的:

(1) $y=\arctan\sqrt{x}$;　　(2) $y=2^{-x}$;

(3) $y=\mathrm{e}^{\sin x^2}$;　　(4) $y=\sqrt{\ln\ln x}$.

15. 已知$f(x)=\operatorname{sgn} x$,求$f(-x)$和$f(x^2)$.

16. 将$f(x)=x-[x]$, $4\leqslant x<6$写成分段函数的形式.

17. 某种窗户的形状如图所示(半圆置于矩形之上). 若窗户的周长为定值l,试确定窗户的面积S与半圆的半径r之间的函数关系.

第17题图

18. 碳14(^{14}C)是放射性物质,随时间而衰减,因此,碳14测定技术是考古学的常用技术手段. 已知^{14}C含量p与时间t之间的函数关系为$p=p_0\mathrm{e}^{-0.000\,120\,9t}$,其中$p_0$是遗体死亡时的^{14}C含量. 长沙马王堆一号墓于1972年8月出土,测得尸体的^{14}C的含量是活体的78%. 求该古墓的年代.

19. 某产品的需求函数为$Q_d=-P+25$,供给函数为$Q_s=\dfrac{20}{3}P-\dfrac{40}{3}$. 求该产品的市场均衡价格和市场均衡数量.

20. 某产品单价为500时,月销量为1500;当单价降为450时,月销量增加了250. 求该产品的线性需求函数.

第2章 极限与连续

"极"、"限"两字在我国古代就有了，自从1859年清代数学家李善兰和英国传教士伟烈亚力翻译《代微积拾级》时，将"limit"翻译为"极限"，用以表示变量的变化趋势，极限也就成为了数学名词.

微积分是从研究"变化率"开始的. 变化率是一个无限变化的过程，因此极限理论是微积分的理论基础. 本章将介绍极限的概念和性质，并用极限的概念建立函数的连续性理论，熟练掌握这些内容是学好微积分的基础.

2.1 数列极限

一、数列与极限

《庄子・天下篇》中有"一尺之棰，日去其半，万世不竭"，这是数列极限的生动描述. 将这个"棰"每日的剩下部分的长度用数学符号表示，就是以下数列

$$\frac{1}{2},\ \frac{1}{2^2},\ \cdots,\ \frac{1}{2^n},\ \cdots$$

当日数(时间)n的不断增加并趋向于无穷大时，其剩下部分的长度虽然不会是零，但会无限地接近0，我们称0是这个数列的极限. 它非常形象地描述了一个无限变化的过程.

无穷多个实数根据某个规则能排成一列

$$x_1,\ x_2,\ \cdots,\ x_n,\ \cdots \qquad ①$$

就称这一列数为**无穷数列**(或**数列**). 其中第n项x_n称为该数列的**一般项**(第n项)，或**通项**. 数列也可用$\{x_n\}$表示.

先看几个数列的例子：

(1) $1,\ \frac{1}{2},\ \frac{1}{3},\ \cdots,\ \frac{1}{n},\ \cdots$或$\left\{\frac{1}{n}\right\}$，一般项$x_n=\frac{1}{n}$；

(2) $1,\ -1,\ 1,\ \cdots,\ (-1)^{n-1},\ \cdots$或$\{(-1)^{n-1}\}$，一般项$x_n=(-1)^{n-1}$；

(3) $\frac{1}{2},\ \frac{1}{2^2},\ \cdots,\ \frac{1}{2^n},\ \cdots$或$\left\{\frac{1}{2^n}\right\}$，一般项$x_n=\frac{1}{2^n}$；

(4) $1, \frac{1}{2!}, \frac{1}{3!}, \cdots, \frac{1}{n!}, \cdots$或$\left\{\frac{1}{n!}\right\}$,一般项 $x_n = \frac{1}{n!}$;

(5) $2, \frac{1}{2}, \frac{4}{3}, \frac{3}{4}, \cdots$,一般项 $x_n = 1 + \frac{(-1)^{n-1}}{n}$;

(6) $1, 2, 4, 8, \cdots$,一般项 $x_n = 2^{n-1}$.

根据实数与数轴的对应关系,数列$\{x_n\}$在数轴上对应着一个点列. 注意,数是可以重复的,但点重复是没有意义的,因此无穷数列可能只对应有限多个点,如数列$\{(-1)^{n-1}\}$只能对应两个点-1与1. 通常我们用数轴上的点列作为数列的几何解释,如数列$\left\{\frac{1}{n}\right\}$,在数轴上的表示如图2-1.

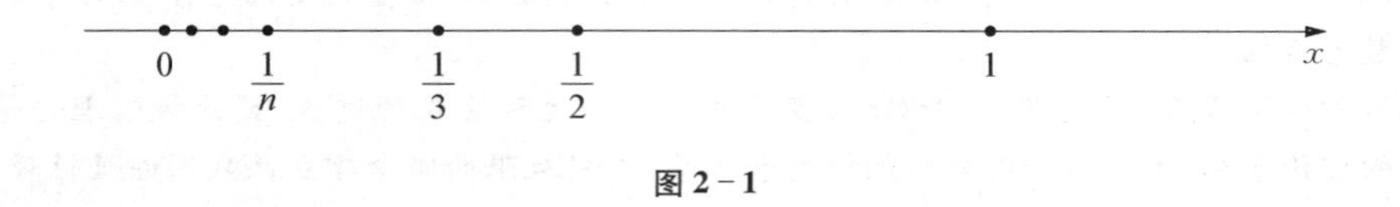

图 2-1

根据函数的定义,数列也可以看成是定义在正整数集上的函数:

$$x_n = f(n),\ n \in \mathbf{N}_+.$$

这里 $\mathbf{N}$ 表示自然数集,$\mathbf{N}_+$表示正自然数集,也就是正整数集.

在引入数列概念后,随之产生两个问题:(1)随着 n 的增大,数列的变化趋势是什么?也就是是否会越来越接近某个常数?这个常数又是多少?(2)数列的求和是否还能进行?第二个问题需要在级数部分解决,下面讨论第一个问题.

考察前面六个数列$\left\{\frac{1}{n}\right\}$, $\{(-1)^{n-1}\}$, $\left\{\frac{1}{2^n}\right\}$, $\left\{\frac{1}{n!}\right\}$, $\left\{1+\frac{(-1)^{n-1}}{n}\right\}$, $\{2^{n-1}\}$,发现当 n 趋向无穷大时(记为 $n\to\infty$),它们的一般项有不一样的表现:随着 $n\to\infty$,数列$\left\{\frac{1}{n}\right\}$、$\left\{\frac{1}{2^n}\right\}$与$\left\{\frac{1}{n!}\right\}$的一般项无限地接近常数0,数列$\left\{1+\frac{(-1)^{n-1}}{n}\right\}$的一般项无限地接近常数1;而$\{(-1)^{n-1}\}$的一般项交替取值1和$-1$,不会无限接近任何一个确定的常数,$\{2^{n-1}\}$的一般项则是无限增大,也不会无限接近任何一个确定的常数.

如果数列$\{x_n\}$的一般项 x_n 随着 n 无限增大($n\to\infty$)能无限接近某个固定常数 a,称数列$\{x_n\}$是**收敛数列**.

如何更加精确地表示“无限接近”呢?

定义 1 设有数列$\{x_n\}$, a 是一个常数,如果对于任意给定的正数 ε(无论多么小),总存在 $N\in\mathbf{N}_+$,使得当 $n>N$ 时,有

$$|x_n - a| < \varepsilon,$$

则称数列$\{x_n\}$当$n\to\infty$时以a为**极限**. 或称数列$\{x_n\}$**收敛于a**,记作

$$\lim_{n\to\infty}x_n=a \text{ 或 } x_n\to a(n\to\infty).$$

如果数列$\{x_n\}$不收敛于任何实数,则称$\{x_n\}$没有极限,或称$\{x_n\}$是**发散数列**.

定义1用"不管你给多么小的正数ε,总可以在数列$\{x_n\}$中找到一项x_N,在x_N后面的所有项与a的距离$|x_n-a|$总是小于ε"的数学语言代替"随着n的无限增大,数列的一般项x_n就会无限接近于a"这种模糊的语言,体现了数学语言的精确与严谨.

极限的这一定义,是牛顿-莱布尼茨创立微积分后,经过很多数学家近200年的不断完善、总结得到的. 正是其严格且简洁的数学化语言,奠定了微积分发展的理论基础.

数列$\{x_n\}$收敛于a的几何解释:对于任意给定的$\varepsilon>0$,总存在正整数N,使得从第N项以后的每一项都落在a的ε邻域$(a-\varepsilon,a+\varepsilon)=U(a;\varepsilon)$内. 如图2-2所示,但前$N$项可以不在$U(a;\varepsilon)$内.

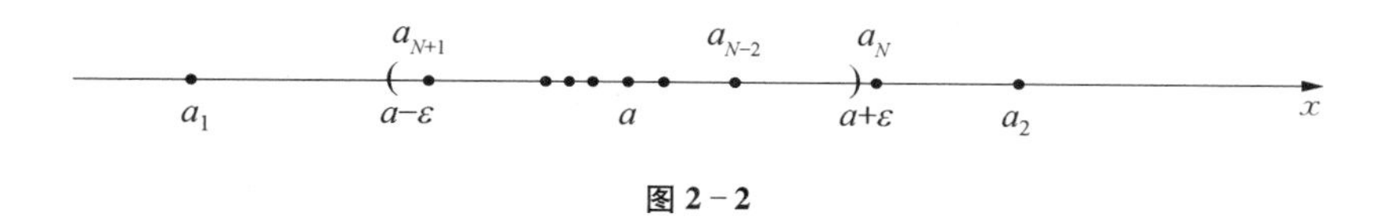

图2-2

即$\{x_n\}$以a为极限就是a的附近($U(a;\varepsilon)$内)聚集着$\{x_n\}$中无限多个点,而$U(a;\varepsilon)$外至多只有$\{x_n\}$有限多个点. 数列$\{(-1)^{n-1}\}$在两个数-1和1之间跳动,所以不可能聚集在任何一个常数的附近,因此$\{(-1)^{n-1}\}$没有极限.

例1 验证数列$\{x_n\}=\left\{1+\dfrac{(-1)^n}{n}\right\}$的极限等于1.

解 用定义1验证如下:任给一个很小的正数$\varepsilon\left(比如\ \varepsilon=\dfrac{1}{1000}\right)$,为了使

$$|x_n-1|=\left|1+\frac{(-1)^n}{n}-1\right|=\frac{1}{n}<\varepsilon=\frac{1}{1000},$$

只要把项数N取为1000,那么当$n>1000$时,上述不等式就成立了.

由于ε是任意的,可以取更小一点,比如$\varepsilon=\dfrac{1}{10\,000\,000}$,那只要将$N$取成10 000 000,当$n>N=10\,000\,000$时,同样成立不等式

$$\left|1+\frac{(-1)^n}{n}-1\right|=\frac{1}{n}<\varepsilon=\frac{1}{10\,000\,000}.$$

因此,无论给出多么小的正数 ε,只要取正整数 $N \geqslant \frac{1}{\varepsilon}$(总能取到!),当 $n > N$ 时,一定有不等式

$$\left|1 + \frac{(-1)^n}{n} - 1\right| = \frac{1}{n} < \frac{1}{N} \leqslant \varepsilon$$

成立. 这就根据定义 1 验证了数列 $\left\{1 + \frac{(-1)^n}{n}\right\}$ 的极限等于 1.

例 2 证明 $\lim\limits_{n\to\infty} \frac{1}{2^n} = 0$.

证 任给 $\varepsilon > 0$,要使 $\left|\frac{1}{2^n} - 0\right| = \frac{1}{2^n} < \varepsilon$,只要 $n\ln\frac{1}{2} < \ln\varepsilon$,或 $n > \frac{\ln\frac{1}{\varepsilon}}{\ln 2}$ 即可.

所以可取 N 为任一大于 $\frac{\ln\frac{1}{\varepsilon}}{\ln 2}$ 的正整数,当 $n > N$ 时,就有

$$\left|\frac{1}{2^n} - 0\right| < \varepsilon,$$

因此

$$\lim_{n\to\infty} \frac{1}{2^n} = 0.$$

同样可以证明:当 $|q| < 1$ 时,$\lim\limits_{n\to\infty} q^n = 0$.

注 在用 $\varepsilon - N$ 定义证明极限时,只需要指出 N 存在即可,**并不需要找出最小的 N.** 通常可以适当放大 $|x_n - a|$,使之既能小于任意正数 ε,还能够容易解出 N(分母要有 n 的因子). 请看下面的例子.

例 3 证明 $\lim\limits_{n\to\infty} \frac{n}{(n+1)^2} = 0$.

证 任意给定 $\varepsilon > 0$,因为

$$\left|\frac{n}{(n+1)^2} - 0\right| = \frac{n}{(n+1)^2} < \frac{1}{n},$$

所以只要 $\frac{1}{n} < \varepsilon$,就有 $\left|\frac{n}{(n+1)^2} - 0\right| < \varepsilon$,因此只要取 $N = \left[\frac{1}{\varepsilon}\right] + 1$,当 $n > N$ 时,就有

$$\left|\frac{n}{(n+1)^2} - 0\right| < \frac{1}{n} < \varepsilon,$$

即

$$\lim_{n\to\infty}\frac{n}{(n+1)^2}=0.$$

对于发散数列$\{x_n\}$,有两种情况:(1)尽管$\lim\limits_{n\to\infty}x_n$不存在,但还是有变化趋势,$x_n$会随着$n$的无限增大而无限增大;(2)$x_n$没有变化趋势.对于第一种情况,有下面的定义.

定义2　设有数列$\{x_n\}$,如果对任意给定的正数M(不论有多大),总存在$N\in\mathbf{N}_+$,使得当$n>N$时,有

$$|x_n|\geqslant M,$$

则称数列$\{x_n\}$当$n\to\infty$时是**无穷大量**,或称数列$\{x_n\}$趋于无穷大,记作

$$\lim_{n\to\infty}x_n=\infty \text{ 或 } x_n\to\infty\ (n\to\infty).$$

注　数列$\{x_n\}$趋于无穷大仍是发散数列.

如果在定义域中将$|x_n|\geqslant M$换成$x_n\geqslant M$(或$x_n\leqslant -M$),则称$\{x_n\}$是$n\to\infty$时的正无穷大量(或负无穷大量),或称$\{x_n\}$趋于$+\infty$(或$-\infty$).记为:

$$\lim_{n\to\infty}x_n=+\infty\ (\text{或}\lim_{n\to\infty}x_n=-\infty);$$

或者

$$x_n\to+\infty\ (n\to\infty)\ (\text{或 } x_n\to-\infty\ (n\to\infty)).$$

如:数列$\{2^n\}$是$n\to\infty$时的正无穷大量,而$\{(-1)^n n^2\}$是$n\to\infty$时的无穷大量.

无穷大量是一个变化的过程,是$|x_n|$随着n的增大而不断无限增大的过程,请读者一定要体会“**变化过程**”这个思想.

思考　如果$\lim\limits_{n\to\infty}x_n=a$,那么$\lim\limits_{n\to\infty}x_{n+1}=?$

二、收敛数列的性质与极限的四则运算法则

定理1(唯一性)　若数列$\{x_n\}$收敛,则其极限是唯一的.

证明从略.

数列$\{x_n\}$有界是指:存在正数M,使得对一切n,有$|x_n|\leqslant M$.

定理2(有界性)　收敛数列$\{x_n\}$是有界的.

证 设$\lim\limits_{n\to\infty}x_n=a$,对$\varepsilon=1$(请读者思考为什么),存在正整数$N$,当$n>N$时,有$|x_n-a|<1$,即从第$N+1$项起,有$|x_n|\leqslant|a|+1$.

令$M=\max\{|x_1|,|x_2|,\cdots,|x_N|,|a|+1\}$,则对于一切$n\in\mathbf{N}_+$都有

$$|x_n|\leqslant M,$$

因此,数列$\{x_n\}$有界.

思考 数列无界如何定义?

数列有界是收敛的必要条件,不是充分条件:如$\{(-1)^n\}$,是有界数列但不是收敛数列.

由收敛数列是有界数列知:一个数列无界,它肯定发散.

推论 若数列$\{x_n\}$无界,则$\{x_n\}$发散.

定理3 设$\lim\limits_{n\to\infty}x_n=a$, $\lim\limits_{n\to\infty}y_n=b$,且$a>b$,则存在$N\in\mathbf{N}_+$,当$n>N$时,有$x_n>y_n$.

*证 当n充分大以后,除有限项外,数列$\{x_n\}$的无穷多项聚集在a的附近,而$\{y_n\}$的无穷多项聚集在b附近,为使x_n与y_n能够分开,取$\varepsilon_0=\dfrac{a-b}{2}$(如图2-3).

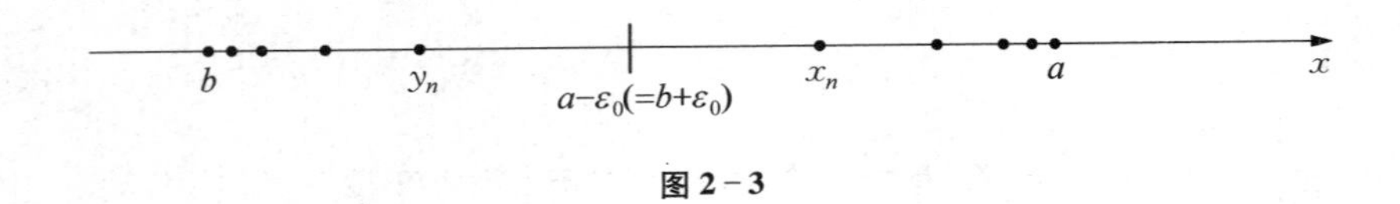

图2-3

因为$\lim\limits_{n\to\infty}x_n=a$,所以对$\varepsilon_0>0$,存在$N_1\in\mathbf{N}_+$,当$n>N_1$时,有

$$|x_n-a|<\varepsilon_0=\frac{a-b}{2},$$

即有

$$x_n>\frac{a+b}{2}; \quad ②$$

又因为$\lim\limits_{n\to\infty}y_n=b$,所以对$\varepsilon_0>0$,存在$N_2\in\mathbf{N}_+$,当$n>N_2$时,有

$$|y_n-b|<\varepsilon_0=\frac{a-b}{2},$$

即有

$$y_n < \frac{a+b}{2}. \quad ③$$

取 $N=\max\{N_1, N_2\}$，当 $n>N$ 时，②、③式同时成立，故

$$y_n < \frac{a+b}{2} < x_n \text{ 即 } x_n > y_n.$$

推论 1（保号性） 设 $\lim\limits_{n\to\infty} x_n = a$，且 $a>0$，则存在 $N\in\mathbf{N}_+$，当 $n>N$ 时，有 $x_n>0$.

推论 2 设 $\lim\limits_{n\to\infty} x_n = a$，$\lim\limits_{n\to\infty} y_n = b$，且存在 $N\in\mathbf{N}_+$，当 $n>N$ 时，有 $x_n \geqslant y_n$，则

$$a \geqslant b.$$

定理 4（迫敛性） 设数列 $\{x_n\}$、$\{y_n\}$ 的极限都等于 a，若数列 $\{z_n\}$ 满足：存在 $N\in\mathbf{N}_+$，当 $n>N$ 时，有 $x_n \leqslant z_n \leqslant y_n$，则

$$\lim_{n\to\infty} z_n = a.$$

证明从略，请读者自行完成. 定理的结论很容易理解，由于 x_n、y_n 随着 n 的增加而无限接近于 a，被夹在中间的 z_n 还能不无限接近于 a？

例 4 求 $\lim\limits_{n\to\infty}\left(\dfrac{1}{\sqrt{n^2+1}}+\dfrac{1}{\sqrt{n^2+2}}+\cdots+\dfrac{1}{\sqrt{n^2+n}}\right)$.

解 设 $z_n=\dfrac{1}{\sqrt{n^2+1}}+\dfrac{1}{\sqrt{n^2+2}}+\cdots+\dfrac{1}{\sqrt{n^2+n}}$，则有

$$\frac{1}{\sqrt{n^2+n}}+\frac{1}{\sqrt{n^2+n}}+\cdots+\frac{1}{\sqrt{n^2+n}} \leqslant z_n \leqslant \frac{1}{\sqrt{n^2+1}}+\frac{1}{\sqrt{n^2+1}}+\cdots+\frac{1}{\sqrt{n^2+1}}.$$

即 $\dfrac{n}{\sqrt{n^2+n}} \leqslant z_n \leqslant \dfrac{n}{\sqrt{n^2+1}}$.

容易看到 $\lim\limits_{n\to\infty}\dfrac{n}{\sqrt{n^2+n}}=\lim\limits_{n\to\infty}\dfrac{n}{\sqrt{n^2+1}}=1$，根据定理 4，得

$$\lim_{n\to\infty}\left(\frac{1}{\sqrt{n^2+1}}+\frac{1}{\sqrt{n^2+2}}+\cdots+\frac{1}{\sqrt{n^2+n}}\right)=1.$$

定理 5（极限的四则运算法则） 设 $\lim\limits_{n\to\infty} x_n = a$，$\lim\limits_{n\to\infty} y_n = b$，则有

(1) $\lim\limits_{n\to\infty}(x_n \pm y_n) = a \pm b = \lim\limits_{n\to\infty} x_n \pm \lim\limits_{n\to\infty} y_n$；

(2) $\lim\limits_{n\to\infty}(x_n \cdot y_n) = a \cdot b = \lim\limits_{n\to\infty} x_n \cdot \lim\limits_{n\to\infty} y_n$;

(3) $b \neq 0$ 时, $\lim\limits_{n\to\infty} \dfrac{x_n}{y_n} = \dfrac{a}{b} = \dfrac{\lim\limits_{n\to\infty} x_n}{\lim\limits_{n\to\infty} y_n}$.

从乘法法则还可以得到:

(4) 设 k 是常数,则 $\lim\limits_{n\to\infty} kx_n = k\lim\limits_{n\to\infty} x_n$;

(5) 设 m 为正整数,则 $\lim\limits_{n\to\infty}(x_n)^m = (\lim\limits_{n\to\infty} x_n)^m = a^m$.

证 下面证明乘法法则,其他请有兴趣的读者自行证明.

由于 $|x_n y_n - ab| = |x_n y_n - x_n b + x_n b - ab| \leqslant |x_n||y_n - b| + |b||x_n - a|$,

只要使上面不等式右边的两项都能任意小即可.

因为 $\lim\limits_{n\to\infty} x_n = a$,存在 $M > 0$,使得 $|x_n| \leqslant M$;并对任意 $\varepsilon > 0$,知存在 $N_1 \in \mathbf{N}_+$,当 $n > N_1$ 时,有

$$|x_n - a| < \frac{\varepsilon}{2(|b| + 1)}. \quad ④$$

(分母用 $|b| + 1$ 而不用 $|b|$ 是为了避免 $b = 0$ 的情形)

又由 $\lim\limits_{n\to\infty} y_n = b$,知存在 $N_2 \in \mathbf{N}_+$,当 $n > N_2$ 时,有

$$|y_n - b| < \frac{\varepsilon}{2M}. \quad ⑤$$

令 $N = \max\{N_1, N_2\}$,当 $n > N$ 时,④、⑤同时成立,所以有

$$|x_n y_n - ab| \leqslant |x_n||y_n - b| + |b||x_n - a| < M \cdot \frac{\varepsilon}{2M} + |b| \cdot \frac{\varepsilon}{2(|b| + 1)} < \varepsilon.$$

因此 $\lim\limits_{n\to\infty}(x_n y_n) = ab$.

有了极限的运算法则,利用已经掌握的收敛数列的极限就可以容易求得更多的极限.

例 5 计算下列数列极限:

(1) $\lim\limits_{n\to\infty} \dfrac{3^n + 2^n}{3^n}$;

(2) $\lim\limits_{n\to\infty} \dfrac{2n^2 + 9n - 6}{3n^2 + 4}$;

(3) $\lim\limits_{n\to\infty} \dfrac{2^n + 3^n}{2^{n+1} + 3^{n+1}}$;

(4) $\lim\limits_{n\to\infty}(\sqrt{n^2 + n} - n)$.

解 (1) $\lim\limits_{n\to\infty} \dfrac{3^n + 2^n}{3^n} = \lim\limits_{n\to\infty}\left[1 + \left(\dfrac{2}{3}\right)^n\right] = 1 + \lim\limits_{n\to\infty}\left(\dfrac{2}{3}\right)^n = 1$.

(2) 分子、分母都是无穷大量,因此不能直接用定理 5 求极限. 故先用 n^2 同除分子、分

母,再用定理5,得

$$\lim_{n\to\infty}\frac{2n^2+9n-6}{3n^2+4}=\lim_{n\to\infty}\frac{2+\frac{9}{n}-\frac{6}{n^2}}{3+\frac{4}{n^2}}=\frac{\lim\limits_{n\to\infty}\left(2+\frac{9}{n}-\frac{6}{n^2}\right)}{\lim\limits_{n\to\infty}\left(3+\frac{4}{n^2}\right)}=\frac{2}{3}.$$

(3) $$\lim_{n\to\infty}\frac{2^n+3^n}{2^{n+1}+3^{n+1}}=\lim_{n\to\infty}\frac{\left(\frac{2}{3}\right)^n+1}{\left(\frac{2}{3}\right)^n\cdot 2+3}=\frac{\lim\limits_{n\to\infty}\left[\left(\frac{2}{3}\right)^n+1\right]}{\lim\limits_{n\to\infty}\left[\left(\frac{2}{3}\right)^n\cdot 2+3\right]}=\frac{1}{3}.$$

(4) 先将 $\sqrt{n^2+n}-n$ 有理化,再进行计算.

$$\lim_{n\to\infty}(\sqrt{n^2+n}-n)=\lim_{n\to\infty}\frac{n^2+n-n^2}{\sqrt{n^2+n}+n}=\lim_{n\to\infty}\frac{1}{\sqrt{1+\frac{1}{n}}+1}=\frac{1}{2}.$$

三、数列极限存在的条件

我们学会了证明数列$\{x_n\}$以a为极限的方法,并且会利用极限的相关法则进行极限的计算,但是问题接着而来:证明极限需要事先知道极限值a,而用四则运算法则计算极限需要众多已知其极限值的数列作为基础. 如果不能判别一个数列是否有极限,那么所有这些方法就不起作用了. 所以要建立一些能够根据数列本身的性态来判别该数列是否有极限的法则.

定理6 单调有界数列必有极限.

数列递增(或减少)是指:数列的后一项总不小于(或不大于)前一项. 递增且有界、递减且有界的数列统称为**单调有界数列**.

由定义知,递增(或减少)数列一定有下界(或上界). 如果递增(或减少)的数列还存在上界(或下界),那它就是有界数列.

定理的几何解释如图2-4:$\{x_n\}$递增但又不能超过上界M,因此x_n随n的增加其增加的幅度会越来越小直至在某处(a处)停下,那么a就是$\{x_n\}$的极限.

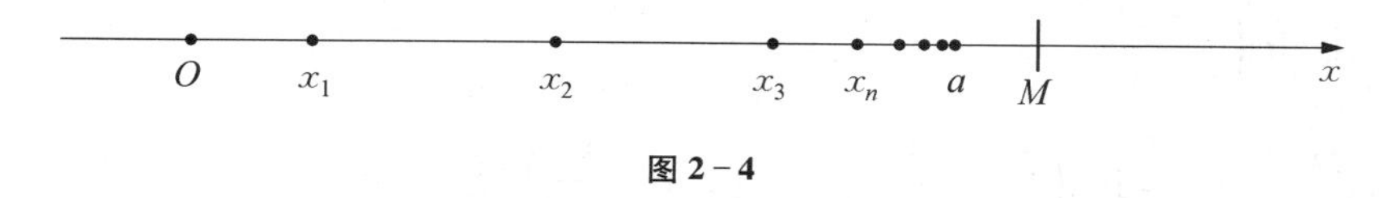

图2-4

注 单调有界数列是数列收敛的充分条件,但不是必要条件. 其中有界是必要条件,而单调性不是. 即收敛数列是有界数列,但不一定是单调数列. 请读者自行举例说明.

例 6 用单调有界数列必有极限定理,证明

$$\lim_{n\to\infty}\left(1+\frac{1}{n}\right)^{n}$$

存在.

*证 设 $a_n=\left(1+\frac{1}{n}\right)^{n}$,利用二项展开公式,有

$$\begin{aligned}a_n&=1+n\cdot\frac{1}{n}+\frac{n(n-1)}{2!}\cdot\frac{1}{n^2}+\frac{n(n-1)(n-2)}{3!}\cdot\frac{1}{n^3}+\cdots+\frac{n(n-1)(n-2)\cdots3\cdot2\cdot1}{n!}\cdot\frac{1}{n^n}\\&=1+1+\frac{1}{2!}\left(1-\frac{1}{n}\right)+\frac{1}{3!}\left(1-\frac{1}{n}\right)\left(1-\frac{2}{n}\right)+\cdots+\frac{1}{n!}\left(1-\frac{1}{n}\right)\left(1-\frac{2}{n}\right)\cdots\left(1-\frac{n-1}{n}\right);\end{aligned}$$

$$a_{n+1}=1+1+\frac{1}{2!}\left(1-\frac{1}{n+1}\right)+\frac{1}{3!}\left(1-\frac{1}{n+1}\right)\left(1-\frac{2}{n+1}\right)+\cdots+$$

$$\frac{1}{n!}\left(1-\frac{1}{n+1}\right)\left(1-\frac{2}{n+1}\right)\cdots\left(1-\frac{n-1}{n+1}\right)+\frac{1}{(n+1)!}\left(1-\frac{1}{n+1}\right)\left(1-\frac{2}{n+1}\right)\cdots\left(1-\frac{n}{n+1}\right),$$

a_n 从第三项开始每项都小于 a_{n+1} 的对应项,并且 a_{n+1} 还多了最后一项(正项),因此 $a_n<a_{n+1}$,即 $\{a_n\}$ 是严格递增数列.

又因为

$$a_n<1+1+\frac{1}{2!}+\frac{1}{3!}+\cdots+\frac{1}{n!}<1+1+\frac{1}{2}+\frac{1}{2^2}+\cdots+\frac{1}{2^{n-1}}<3,$$

所以数列 $\{a_n\}$ 是有界的. 根据单调有界数列必有极限这一准则,数列 $\left\{\left(1+\frac{1}{n}\right)^{n}\right\}$ 的极限存在,将此极限记为 e(e = 2.71828182… 是一个无理数),即

$$\lim_{n\to\infty}\left(1+\frac{1}{n}\right)^{n}=\mathrm{e}.$$

这是一个非常重要的极限. 其重要性不仅在于证明中运用了单调有界定理,更是其在微积分中的作用. 这个极限同时还让我们看到了自然对数 $\ln x$ 的底 e 是如何得到的.

例 7 求 $\lim\limits_{n\to\infty}\left(\frac{n+2}{n+1}\right)^{n}$.

解

$$\begin{aligned}\lim_{n\to\infty}\left(\frac{n+2}{n+1}\right)^{n}&=\lim_{n\to\infty}\left(1+\frac{1}{n+1}\right)^{n+1}\cdot\left(1+\frac{1}{n+1}\right)^{-1}\\&=\lim_{n\to\infty}\left(1+\frac{1}{n+1}\right)^{n+1}\cdot\lim_{n\to\infty}\left(1+\frac{1}{n+1}\right)^{-1}\\&=\mathrm{e}.\end{aligned}$$

例 8 证明数列$\sqrt{2}$, $\sqrt{2+\sqrt{2}}$, …, $\underbrace{\sqrt{2+\sqrt{2+\cdots+\sqrt{2}}}}_{n\text{个根号}}$, … 收敛,并求其极限.

证 记 $x_n=\sqrt{2+\sqrt{2+\cdots+\sqrt{2}}}$,则

$$x_{n+1}=\underbrace{\sqrt{2+\sqrt{2+\cdots+\sqrt{2+\sqrt{2}}}}}_{n+1\text{个根号}}>\underbrace{\sqrt{2+\sqrt{2+\cdots+\sqrt{2+0}}}}_{n\text{个根号}}=x_n,$$

故数列$\{x_n\}$递增.

由于 $x_1=\sqrt{2}<2$;设 $x_n<2$,则 $x_{n+1}=\sqrt{2+x_n}<\sqrt{2+2}=2$,依数学归纳法得,对于一切 $n\in\mathbf{N}_+$,有 $x_n<2$,即数列$\{x_n\}$又是有界的. 根据定理 6,数列$\{x_n\}$收敛,记其极限为 a,从 $x_{n+1}=\sqrt{2+x_n}$ 得

$$x_{n+1}^2=2+x_n;$$

对上式两边取极限,得到

$$a^2=2+a,$$

解得 $a=2$ 或者 $a=-1$,由于 $x_n>0$,故其极限 $a\geqslant 0$,所以$\lim\limits_{n\to\infty}x_n=2$.

习题 2.1

本节学习要点

1. 写出下列数列的通项:

(1) $\frac{1}{2}, -\frac{1}{4}, \frac{1}{8}, -\frac{1}{16}, \cdots$;　　(2) $\sqrt{2}, \sqrt[3]{3}, \sqrt[4]{4}, \cdots$;

(3) $\sin\frac{a}{3}, \sin\frac{a}{9}, \sin\frac{a}{27}, \cdots$($a$ 为常数);　(4) 6, 6.6, 6.66, 6.666, ….

2. 用 $\varepsilon-N$ 定义证明下列数列极限:

(1) $\lim\limits_{n\to\infty}q^n=0$,其中 q 是满足 $|q|<1$ 的常数;

(2) $\lim\limits_{n\to\infty}q^n=\infty$,其中 q 是满足 $|q|>1$ 的常数;

(3) $\lim\limits_{n\to\infty}(\sqrt{n+1}-\sqrt{n})=0$.

3. 求下列极限:

(1) $\lim\limits_{n\to\infty}\frac{n+1}{n-1}$;　　(2) $\lim\limits_{n\to\infty}\frac{\sqrt[3]{n}+1}{\sqrt{n}+1}$;

(3) $\lim\limits_{n\to\infty}\left(1+\frac{2}{n}\right)^n$;　　(4) $\lim\limits_{n\to\infty}\left(1-\frac{1}{n}\right)^n$;

(5) $\lim\limits_{n\to\infty}\frac{3^n+5^n}{4^n+5^n}$;　　(6) $\lim\limits_{n\to\infty}\sin\frac{\pi}{n}$;

(7) $\lim\limits_{n\to\infty}\left[\frac{1}{2!}+\frac{2}{3!}+\cdots+\frac{n}{(n+1)!}\right]$;

(8) $\lim\limits_{n\to\infty}(1+x)(1+x^2)(1+x^4)\cdots(1+x^{2^n})$,其中 x 是常数且 $|x|<1$;

(9) $\lim\limits_{n\to\infty}[\sqrt{1+2+3+\cdots+n+(n+1)}-\sqrt{1+2+3+\cdots+n}]$;

(10) $\lim\limits_{n\to\infty}\left(\frac{1}{n^2+n+1}+\frac{2}{n^2+n+2}+\frac{3}{n^2+n+3}+\cdots+\frac{n}{n^2+n+n}\right)$.

*4. 证明以下命题:

(1) 证明:$\lim\limits_{n\to\infty}a_n=a$ 的充分必要条件是$\lim\limits_{n\to\infty}a_{2n}=\lim\limits_{n\to\infty}a_{2n+1}=a$.

(2) 设 $x_1=\sqrt{a}$(常数 $a>0$),$x_{n+1}=\sqrt{a+x_n}$,证明$\lim\limits_{n\to\infty}x_n$ 存在,并求这个极限.

(3) 证明:$\lim\limits_{n\to\infty}|a_n|=0$ 的充分必要条件是$\lim\limits_{n\to\infty}a_n=0$.

2.2 函数极限

在微积分中函数的极限是讨论问题的基础,数列极限是为函数极限打基础的.

一、自变量趋于无穷大时函数的极限

对照数列极限,对于定义在实数集上的函数 $f(x)$ 来说,自变量 x 趋于无穷大有三种形式:

$x\to+\infty$,即沿 x 轴正向趋于无穷大,也即 x 无限增大;

$x\to-\infty$,即沿 x 轴负向趋于无穷大,也即 $-x$ 无限增大;

$x\to\infty$,即沿 x 轴正、负向趋于无穷大,也即 $|x|$ 无限增大.

定义 1 设 $f(x)$ 在 $\{x\,|\,|x|>a>0\}$ 内有定义,A 是一个常数,如果对于任意给定的 $\varepsilon>0$,存在 $X(X\geqslant a)$,使得当 $|x|>X$ 时,有

$$|f(x)-A|<\varepsilon,$$

则称函数 $f(x)$ 当 $x\to\infty$ 时存在极限,并称 A 是 $f(x)$ 当 $x\to\infty$ 时的极限,记作

$$\lim_{x\to\infty}f(x)=A \text{ 或 } f(x)\to A(x\to\infty).$$

定义 1 的几何解释如图 2-5:对一个无论多么小的正数 ε,总存在 $X>0$,当 $|x|>X$ 时,函数 $y=f(x)$ 的图形位于两条平行直线 $y=A-\varepsilon$ 和 $y=A+\varepsilon$ 之间.

自变量 $x\to+\infty$ 与 $x\to-\infty$ 的定义及几何解释由读者自行完成.

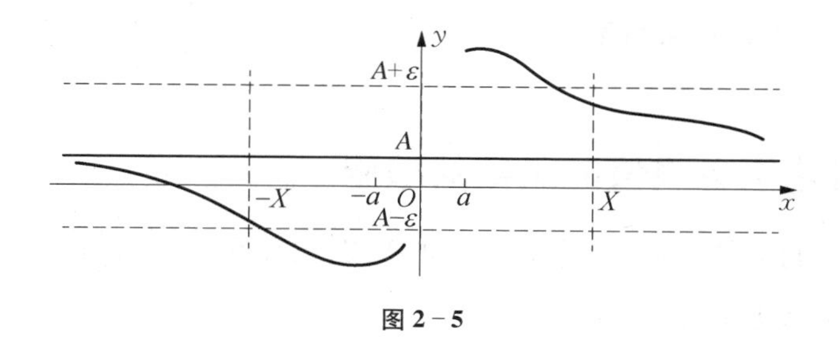

图2-5

例1 证明 $\lim\limits_{x\to\infty}\dfrac{x}{1+x}=1$.

证 因为 $x\to\infty$,不妨设 $|x|>2$. 由于 $\left|\dfrac{x}{1+x}-1\right|=\left|\dfrac{1}{1+x}\right|\leqslant\dfrac{1}{|x|-1}$,

对于任意的 $\varepsilon>0$,要使 $\left|\dfrac{x}{1+x}-1\right|<\varepsilon$,只要 $\dfrac{1}{|x|-1}<\varepsilon$,即 $|x|>\dfrac{1}{\varepsilon}+1$,取 $X=\max\left\{2,\dfrac{1}{\varepsilon}+1\right\}$,当 $|x|>X$ 时,就有

$$\left|\frac{x}{1+x}-1\right|\leqslant\frac{1}{|x|-1}<\frac{1}{X-1}=\varepsilon,$$

所以 $\lim\limits_{x\to\infty}\dfrac{x}{1+x}=1$.

例2 证明 $\lim\limits_{x\to+\infty}\arctan x=\dfrac{\pi}{2}$.

证 对于任意的 $\varepsilon>0$,要使 $\left|\arctan x-\dfrac{\pi}{2}\right|=\dfrac{\pi}{2}-\arctan x<\varepsilon$,解上述不等式,得到 $x>\tan\left(\dfrac{\pi}{2}-\varepsilon\right)$,故取 $X=\tan\left(\dfrac{\pi}{2}-\varepsilon\right)$,当 $x>X$ 时,有

$$\left|\arctan x-\frac{\pi}{2}\right|=\frac{\pi}{2}-\arctan x<\frac{\pi}{2}-\arctan X=\frac{\pi}{2}-\frac{\pi}{2}+\varepsilon=\varepsilon,$$

所以 $\lim\limits_{x\to+\infty}\arctan x=\dfrac{\pi}{2}$.

同理可证 $\lim\limits_{x\to-\infty}\arctan x=-\dfrac{\pi}{2}$.

$\lim\limits_{x\to\infty}f(x)$、$\lim\limits_{x\to+\infty}f(x)$、$\lim\limits_{x\to-\infty}f(x)$ 这三种极限有下列关系.

定理1 设函数 $f(x)$ 在 $\{x\mid |x|>a>0\}$ 上有定义,则 $\lim\limits_{x\to\infty}f(x)=A$ 的充分必要条件是

$\lim\limits_{x \to +\infty} f(x)$ 与 $\lim\limits_{x \to -\infty} f(x)$ 都存在且相等.

二、自变量趋于有限值时函数的极限

考虑函数 $f(x)$ 当自变量 x 趋于有限值 x_0 时的极限,也有下列三种形式:

$x \to x_0$,即 x 无限接近 x_0,但 $x \neq x_0$;

$x \to x_0^+$,即 x 从大于 x_0 的方向无限接近 x_0;

$x \to x_0^-$,即 x 从小于 x_0 的方向无限接近 x_0.

定义 2 设函数 $f(x)$ 在 x_0 的某个空心邻域 $\mathring{U}(x_0; h)$ 有定义,A 是一个常数,如果对于任意给定的 $\varepsilon > 0$,存在 $\delta > 0$,使当 $0 < |x - x_0| < \delta$ 时,有

$$|f(x) - A| < \varepsilon,$$

则称函数 $f(x)$ 当 $x \to x_0$ 时存在极限,并称 A 是函数 $f(x)$ 当 $x \to x_0$ 时的极限,记作

$$\lim_{x \to x_0} f(x) = A \text{ 或 } f(x) \to A(x \to x_0).$$

问题是,为什么要讨论函数当 $x \to x_0$ 时是否有极限？除了逻辑上的原因,还有其他原因吗？

下面看一个具体问题. 考察位移函数 $s(t) = t^2$ 从时刻 t_0 到时刻 t 的平均速度. 根据物理学知识,平均速度为

$$v = \frac{t^2 - t_0^2}{t - t_0}.$$

当 $t \neq t_0$ 时,$v = \dfrac{t^2 - t_0^2}{t - t_0} = t + t_0$,当 t 无限接近 t_0 时,v 的值就无限接近 $2t_0$.

从直观上可以知道,当 t 无限接近 t_0 时,平均速度 v 的值就无限接近位移函数 $s(t) = t^2$ 在 t_0 处的瞬时速度. 因此在时刻 t_0 的瞬时速度为

$$\lim_{t \to t_0} \frac{t^2 - t_0^2}{t - t_0} = 2t_0.$$

所以求 x 趋向于一个有限值 x_0 时的极限是有实际意义的.

我国唐朝诗人李白的诗句“孤帆远影碧空尽,唯见长江天际流”表现了函数极限的人文意境. “孤帆远影碧空尽”,描述了“孤帆”变化的动态意境:逐渐远去(远影)最后消失在地平线上(碧空尽),即极限为 0.

“孤帆远影碧空尽”与“一尺之棰,日取其半,万世不竭”的差别在于,前者变化过程是连续的,后者则是离散的. “孤帆远影碧空尽”,不再是数列的极限,而是经历了航行中无数时刻的连续变化过程. 用数学符号写出来则是:

$$当 t \to t_0 时, f(t) \to 0.$$

这里 t_0 表示"孤帆"消失的那一时刻，$f(t)$ 表示在时刻 t 可以观察到的"孤帆"大小. 在 $t \to t_0$ 的过程中，时间连续变化，经历了无限多的时刻，"孤帆"经历的是连续变量的极限.

注 1 我们在研究函数 $x \to x_0$ 时的极限时，只要考虑函数值在 x_0 附近的变化趋势，与函数 $f(x)$ 在 x_0 处的值，甚至有无定义没有关系，因此只要求 $f(x)$ 在 $\mathring{U}(x_0; h)$ 上有定义，不需要考虑 $f(x)$ 在 x_0 处是否有定义.

注 2 在描述函数 $f(x)$ 极限的时候，一定要指出 x 的变化过程. 因为同样的函数不同的 x 变化过程会有不同的极限，如 $\lim\limits_{x \to \infty} \dfrac{1}{x} = 0$，而 $\lim\limits_{x \to 1} \dfrac{1}{x} = 1$.

极限 $\lim\limits_{x \to x_0} f(x)$ 的几何解释如图2-6所示：对于任意 $\varepsilon > 0$，存在 $\delta > 0$，当 x 落在空心邻域 $\mathring{U}(x_0; \delta)$ 时，函数 $y = f(x)$ 的图形落在两条平行直线 $y = A - \varepsilon$ 与 $y = A + \varepsilon$ 之间.

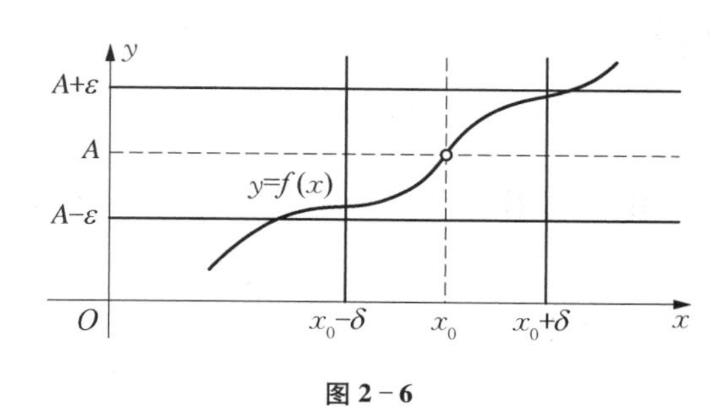

图 2-6

例 3 证明 $\lim\limits_{x \to \frac{1}{2}} \dfrac{4x^2 - 1}{2x - 1} = 2$.

证 由于 $\left| \dfrac{4x^2 - 1}{2x - 1} - 2 \right| = \left| \dfrac{4x^2 - 4x + 1}{2x - 1} \right| = \left| \dfrac{(2x - 1)^2}{2x - 1} \right| = |2x - 1|$，

要使 $\left| \dfrac{4x^2 - 1}{2x - 1} - 2 \right| < \varepsilon$，只要 $|2x - 1| < \varepsilon$，即 $\left| x - \dfrac{1}{2} \right| < \dfrac{\varepsilon}{2}$. 只需取 $\delta = \dfrac{\varepsilon}{2}$，故当 $0 < \left| x - \dfrac{1}{2} \right| < \delta$ 时，有

$$\left| \frac{4x^2 - 1}{2x - 1} - 2 \right| < \varepsilon,$$

所以 $\lim\limits_{x \to \frac{1}{2}} \dfrac{4x^2 - 1}{2x - 1} = 2$.

并非所有函数当 $x\to x_0$ 时都有极限,如当 $x\to 0$ 时,函数 $y=\sin\dfrac{1}{x}$ 的函数值在 -1 与 1 之间振动,因而没有极限(如图 2-7). 而 $y=\dfrac{1}{x}$,当 $x\to 0$ 时,$\left|\dfrac{1}{x}\right|$ 无限增大,也没有极限(如图1-8).

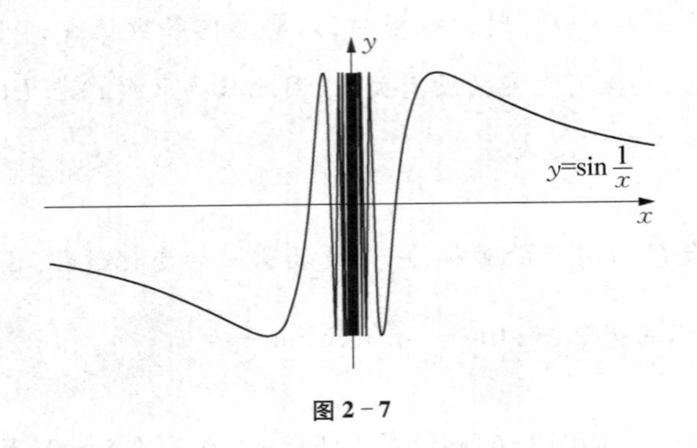

图 2-7

定义 3 设函数 $f(x)$ 在 x_0 的左侧邻域 $(x_0-h,\ x_0)$ 内有定义,A 是一个常数,如果对任意给定的 $\varepsilon>0$,存在 $\delta>0(\delta<h)$,使当 $x_0-\delta<x<x_0$ 时,有

$$|f(x)-A|<\varepsilon,$$

则称 $f(x)$ 当 $x\to x_0^-$ 时存在左极限,并称 A 是 $f(x)$ 当 $x\to x_0$ 时的左极限,记作

$$\lim_{x\to x_0^-}f(x)=A \text{ 或 } f(x_0-0)=A.$$

请读者自行给出右极限 $(\lim\limits_{x\to x_0^+}f(x)=A)$ 的定义.

左极限、右极限与极限之间有下面的关系.

定理 2 $\lim\limits_{x\to x_0}f(x)=A$ 的充分必要条件是 $\lim\limits_{x\to x_0^-}f(x)=\lim\limits_{x\to x_0^+}f(x)=A$.

例 4 试讨论函数 $f(x)=\begin{cases}x, & x<0,\\ e^x, & x\geqslant 0\end{cases}$ 在 $x=0$ 处的极限是否存在.

解 因为 $\lim\limits_{x\to 0^-}f(x)=\lim\limits_{x\to 0^-}x=0$, $\lim\limits_{x\to 0^+}f(x)=\lim\limits_{x\to 0^+}e^x=1$,所以 $\lim\limits_{x\to 0}f(x)$ 不存在.

三、函数极限的性质与运算法则

1. 函数极限的性质

定理 3(函数极限的唯一性) 若 $\lim\limits_{x\to x_0}f(x)$ 存在,则该极限是唯一的.

定理4（函数极限的局部有界性） 若$\lim\limits_{x\to x_0}f(x)$存在，则存在$\delta>0$，使得$f(x)$在$\mathring{U}(x_0;\delta)$内有界. 即：若$\lim\limits_{x\to x_0}f(x)$存在，则存在$\delta>0$、$M>0$，使对一切$x\in\mathring{U}(x_0;\delta)$，有$|f(x)|\leqslant M$.

定理5 若$\lim\limits_{x\to x_0}f(x)=A$，$\lim\limits_{x\to x_0}g(x)=B$，且$A>B$，则存在$\delta>0$，使当$x\in\mathring{U}(x_0;\delta)$时，有$f(x)>g(x)$.

推论1（函数极限的局部保号性） 若$\lim\limits_{x\to x_0}f(x)=A>0$(或$A<0$)，则存在$\delta>0$，使当$x\in\mathring{U}(x_0;\delta)$时，有

$$f(x)>0(\text{或}f(x)<0).$$

思考 如果$\lim\limits_{x\to x_0}f(x)=A$，又$0<B<A$，是否存在空心邻域$\mathring{U}(x_0;\delta_1)$，使当$x\in\mathring{U}(x_0;\delta_1)$时，有$f(x)>B$?

推论2（极限不等式） 若$\lim\limits_{x\to x_0}f(x)=A$，$\lim\limits_{x\to x_0}g(x)=B$，且存在$\delta>0$，使当$x\in\mathring{U}(x_0;\delta)$时，有$f(x)\leqslant g(x)$，则

$$A\leqslant B.$$

以上定理与数列中相应的定理类似，这里仅对定理4进行证明，其余请读者自行证明.

定理4的证明 设$\lim\limits_{x\to x_0}f(x)=A$，则对$\varepsilon=1$，存在$\delta>0$，使当$0<|x-x_0|<\delta$时，有$|f(x)-A|<1$. 根据不等式

$$|f(x)|-|A|<|f(x)-A|<1,$$

可得

$$|f(x)|<|A|+1,$$

记$M=|A|+1$，则对一切$x\in\mathring{U}(x_0;\delta)$，有$|f(x)|\leqslant M$，即$f(x)$在$\mathring{U}(x_0;\delta)$内有界.

定理6（迫敛性） 如果存在$\delta>0$，使当$x\in\mathring{U}(x_0;\delta)$时，有$h(x)\leqslant f(x)\leqslant g(x)$，且$\lim\limits_{x\to x_0}h(x)=\lim\limits_{x\to x_0}g(x)=A$，则

$$\lim_{x\to x_0}f(x)=A.$$

以上定理对左、右极限$x\to x_0^+$、$x\to x_0^-$和自变量趋于∞、$+\infty$、$-\infty$的情形都成立，请读者自行讨论.

2. 函数极限的运算法则

与数列极限四则运算法则类似,可以建立函数极限的四则运算法则.

下面定理中,用记号"lim"表示六种极限形式($x \to \infty$, $x \to +\infty$, $x \to -\infty$, $x \to x_0$, $x \to x_0^+$, $x \to x_0^-$)中的某一种,并且等式两边出现的"lim"表示的极限形式都相同. 通常称这个记号为"**变量的极限**",以后出现这个记号就表示对所有六种形式的极限都成立,并且所论述的极限是自变量在同一变化过程中的.

定理 7 设 $\lim f(x) = A$, $\lim g(x) = B$,则有

(1) $\lim[f(x) \pm g(x)] = A \pm B = \lim f(x) \pm \lim g(x)$;

(2) $\lim[f(x) \cdot g(x)] = A \cdot B = \lim f(x) \cdot \lim g(x)$;

(3) $B \neq 0$ 时,$\lim \dfrac{f(x)}{g(x)} = \dfrac{A}{B} = \dfrac{\lim f(x)}{\lim g(x)}$.

从乘法法则还可以得到:对于任何常数 k,任何正整数 m,有

(4) 设 k 为常数,则 $\lim[kf(x)] = k\lim f(x)$;

(5) 设 m 为正整数,则 $\lim[f(x)]^m = [\lim f(x)]^m$.

例 5 计算 $\lim\limits_{x\to\infty} \dfrac{x^2 - x + 1}{2x^2 + x}$.

解 先用 x^2 同除分子、分母再计算,有

$$\lim_{x\to\infty} \frac{x^2 - x + 1}{2x^2 + x} = \lim_{x\to\infty} \frac{1 - \frac{1}{x} + \frac{1}{x^2}}{2 + \frac{1}{x}} = \frac{\lim\limits_{x\to\infty}\left(1 - \frac{1}{x} + \frac{1}{x^2}\right)}{\lim\limits_{x\to\infty}\left(2 + \frac{1}{x}\right)} = \frac{1}{2}.$$

例 6 计算 $\lim\limits_{x\to-1}\left(\dfrac{1}{x+1} - \dfrac{3}{x^3+1}\right)$.

解 由于 $\lim\limits_{x\to-1}\dfrac{1}{x+1}$ 与 $\lim\limits_{x\to-1}\dfrac{3}{x^3+1}$ 均不存在,因此不能直接用运算法则,可以先对函数作恒等变形,当 $x \neq -1$ 时,有

$$\frac{1}{x+1} - \frac{3}{x^3+1} = \frac{x^2 - x + 1 - 3}{x^3 + 1} = \frac{(x+1)(x-2)}{x^3+1} = \frac{x-2}{x^2 - x + 1},$$

故

$$\lim_{x\to-1}\left(\frac{1}{x+1} - \frac{3}{x^3+1}\right) = \lim_{x\to-1} \frac{x-2}{x^2 - x + 1} = \frac{\lim\limits_{x\to-1}(x-2)}{\lim\limits_{x\to-1}(x^2 - x + 1)} = -1.$$

例 7 计算 $\lim\limits_{x\to+\infty}(\sqrt{x^2+1}-x)$.

解 $\lim\limits_{x\to+\infty}(\sqrt{x^2+1}-x)=\lim\limits_{x\to+\infty}\dfrac{1}{\sqrt{x^2+1}+x}=\lim\limits_{x\to+\infty}\dfrac{\frac{1}{x}}{\sqrt{1+\frac{1}{x^2}}+1}=0.$

四、两个重要极限

下面用迫敛性来证明两个极限,这两个极限在微分学中将起到重要的作用,因此称为**重要极限**.

1. $\lim\limits_{x\to0}\dfrac{\sin x}{x}=1$

** **证*** 首先建立一个不等式 $\sin x<x<\tan x$.

如图 2-8,在单位圆内作 $\angle AOB=x$,过 A 点作切线 AC 与 OB 的延长线交于点 C,再作 $BD\perp OA$,则 $BD=\sin x$, $AC=\tan x$. 由图可知:

$\triangle OAB$ 的面积 < 扇形 OAB 的面积 < $\triangle OAC$ 的面积

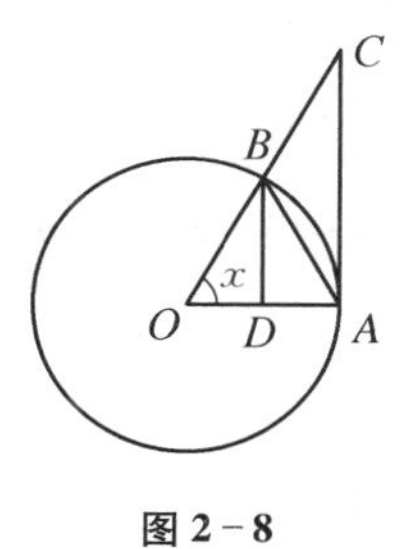

图 2-8

即

$$\frac{1}{2}\sin x<\frac{1}{2}x<\frac{1}{2}\tan x \text{ 或 } \sin x<x<\tan x.$$

当 $0<x<\dfrac{\pi}{2}$ 时,$\sin x>0$,再用 $\sin x$ 同除不等式的各项,得

$$1<\frac{x}{\sin x}<\frac{1}{\cos x},$$

或

$$\cos x<\frac{\sin x}{x}<1. \qquad ①$$

注意到 $\cos x$、$\dfrac{\sin x}{x}$ 都是偶函数,所以当 $-\dfrac{\pi}{2}<x<0$ 时,① 式也成立. 因为 $\lim\limits_{x\to0}\cos x=1$,由迫敛性,得

$$\lim_{x\to0}\frac{\sin x}{x}=1.$$

2. $\lim\limits_{x\to\infty}\left(1+\dfrac{1}{x}\right)^x=e$

*证 首先证明 $\lim\limits_{x\to+\infty}\left(1+\dfrac{1}{x}\right)^{x}=\mathrm{e}.$

对任何实数 $x>1$,记 $n=[x]$,有 $n\leqslant x<n+1$,于是

$$\left(1+\frac{1}{n+1}\right)^{n}\leqslant\left(1+\frac{1}{x}\right)^{x}\leqslant\left(1+\frac{1}{n}\right)^{n+1}.$$

因为

$$\lim_{n\to\infty}\left(1+\frac{1}{n+1}\right)^{n}=\lim_{n\to\infty}\left(1+\frac{1}{n+1}\right)^{n+1}\left(1+\frac{1}{n+1}\right)^{-1}=\mathrm{e},$$

$$\lim_{n\to\infty}\left(1+\frac{1}{n}\right)^{n+1}=\lim_{n\to\infty}\left(1+\frac{1}{n}\right)^{n}\left(1+\frac{1}{n}\right)=\mathrm{e},$$

根据迫敛性,有

$$\lim_{x\to+\infty}\left(1+\frac{1}{x}\right)^{x}=\mathrm{e}.$$

再讨论 $x\to-\infty$ 情形,令 $t=-x$,则 $x\to-\infty$ 时,$t\to+\infty$,于是

$$\lim_{x\to-\infty}\left(1+\frac{1}{x}\right)^{x}=\lim_{t\to+\infty}\left(1-\frac{1}{t}\right)^{-t}=\lim_{t\to+\infty}\left(\frac{t-1}{t}\right)^{-t}=\lim_{t\to+\infty}\left(\frac{t}{t-1}\right)^{t}$$
$$=\lim_{t\to+\infty}\left(1+\frac{1}{t-1}\right)^{t-1}\left(1+\frac{1}{t-1}\right)=\mathrm{e}.$$

综上所述,由定理 1 得

$$\lim_{x\to\infty}\left(1+\frac{1}{x}\right)^{x}=\mathrm{e}.$$

如果用$\dfrac{1}{x}$代替 x,得这个重要极限的另一形式:

$$\lim_{x\to0}(1+x)^{\frac{1}{x}}=\mathrm{e}.$$

例 8 计算:

(1) $\lim\limits_{x\to0}\dfrac{\tan x}{x}$; (2) $\lim\limits_{x\to0}\dfrac{1-\cos x}{x^{2}}$;

(3) $\lim\limits_{x\to0}\dfrac{\sin 5x}{\sin 2x}$.

解 (1) $\lim\limits_{x\to0}\dfrac{\tan x}{x}=\lim\limits_{x\to0}\left(\dfrac{\sin x}{x}\cdot\dfrac{1}{\cos x}\right)=\lim\limits_{x\to0}\dfrac{\sin x}{x}\cdot\lim\limits_{x\to0}\dfrac{1}{\cos x}=1.$

(2) $\lim\limits_{x\to0}\dfrac{1-\cos x}{x^2}=\lim\limits_{x\to0}\dfrac{2\sin^2\dfrac{x}{2}}{x^2}=\dfrac{1}{2}\lim\limits_{x\to0}\dfrac{\left(\sin\dfrac{x}{2}\right)^2}{\left(\dfrac{x}{2}\right)^2}=\dfrac{1}{2}\lim\limits_{x\to0}\left(\dfrac{\sin\dfrac{x}{2}}{\dfrac{x}{2}}\right)^2=\dfrac{1}{2}.$

(3) $\lim\limits_{x\to0}\dfrac{\sin 5x}{\sin 2x}=\dfrac{5}{2}\lim\limits_{x\to0}\dfrac{\dfrac{\sin 5x}{5x}}{\dfrac{\sin 2x}{2x}}=\dfrac{5}{2}\cdot\dfrac{\lim\limits_{x\to0}\dfrac{\sin 5x}{5x}}{\lim\limits_{x\to0}\dfrac{\sin 2x}{2x}}=\dfrac{5}{2}.$

例 9　计算：

(1) $\lim\limits_{x\to\infty}\left(1-\dfrac{1}{x}\right)^x$;　　(2) $\lim\limits_{x\to0}(1+2x^2)^{\frac{1}{x^2}}$;

(3) $\lim\limits_{x\to\infty}\left(\dfrac{x+1}{x-1}\right)^x$.

解　(1) $\lim\limits_{x\to\infty}\left(1-\dfrac{1}{x}\right)^x=\lim\limits_{x\to\infty}\left[\left(1+\dfrac{1}{-x}\right)^{-x}\right]^{-1}=\dfrac{1}{\lim\limits_{x\to\infty}\left(1+\dfrac{1}{-x}\right)^{-x}}=\dfrac{1}{\mathrm{e}}.$

(2) $\lim\limits_{x\to0}(1+2x^2)^{\frac{1}{x^2}}=\lim\limits_{x\to0}\left[(1+2x^2)^{\frac{1}{2x^2}}\right]^2=\mathrm{e}^2.$

(3) $\lim\limits_{x\to\infty}\left(\dfrac{x+1}{x-1}\right)^x=\lim\limits_{x\to\infty}\left(1+\dfrac{2}{x-1}\right)^x=\lim\limits_{x\to\infty}\left[\left(1+\dfrac{1}{\dfrac{x-1}{2}}\right)^{\frac{x-1}{2}}\right]^2\left(1+\dfrac{2}{x-1}\right)$

$$=\lim\limits_{x\to\infty}\left[\left(1+\dfrac{1}{\dfrac{x-1}{2}}\right)^{\frac{x-1}{2}}\right]^2\cdot\lim\limits_{x\to\infty}\left(1+\dfrac{2}{x-1}\right)=\mathrm{e}^2.$$

或

$$\lim\limits_{x\to\infty}\left(\dfrac{x+1}{x-1}\right)^x=\lim\limits_{x\to\infty}\left(\dfrac{1+\dfrac{1}{x}}{1-\dfrac{1}{x}}\right)^x=\dfrac{\lim\limits_{x\to\infty}\left(1+\dfrac{1}{x}\right)^x}{\lim\limits_{x\to\infty}\left(1-\dfrac{1}{x}\right)^x}=\dfrac{\mathrm{e}}{\mathrm{e}^{-1}}=\mathrm{e}^2.$$

注　应用重要极限 $\lim\limits_{x\to0}\dfrac{\sin x}{x}$ 或 $\lim\limits_{x\to\infty}\left(1+\dfrac{1}{x}\right)^x$ 时，可以用 x 的某个函数 $\varphi(x)$ 代替所有的 x，只要自变量的变化过程中有 $\varphi(x)\to0$（或 $\varphi(x)\to\infty$）即可（见例 8 和例 9）.

习题 2.2

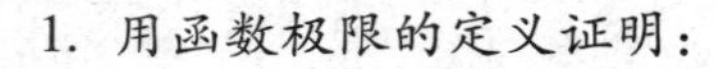

1. 用函数极限的定义证明:

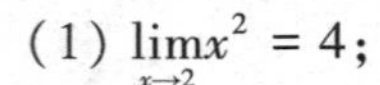

(1) $\lim\limits_{x\to 2}x^2=4$;

(2) $\lim\limits_{x\to -\infty}[\sqrt{1+x^2}+x]=0$;

(3) $\lim\limits_{x\to 0}\dfrac{1}{x^2}=+\infty$;

(4) $\lim\limits_{x\to 3}\dfrac{x^2-9}{x-3}=6$.

2. 求下列极限:

(1) $\lim\limits_{x\to x_0}C$(C 为常数);

(2) $\lim\limits_{x\to\infty}\dfrac{[x]}{x}$;

(3) $\lim\limits_{x\to 0}\dfrac{\sqrt[3]{1+x}-1}{x}$;

(4) $\lim\limits_{x\to 4}\dfrac{4-x}{5-\sqrt{x^2+9}}$;

(5) $\lim\limits_{x\to 2}\dfrac{x^4-16}{x-2}$;

(6) $\lim\limits_{x\to 0}\dfrac{\sqrt{x+1}-1}{\sqrt[3]{x+1}-1}$;

(7) $\lim\limits_{x\to 1}\dfrac{x^4-1}{x^3-1}$;

(8) $\lim\limits_{x\to 0}\dfrac{\tan 3x}{\sin 5x}$;

(9) $\lim\limits_{x\to 0}\dfrac{1-\cos x}{x\sin x}$;

(10) $\lim\limits_{x\to 0}\dfrac{(1-\cos x)\sin(2x)}{x^3}$;

(11) $\lim\limits_{x\to\infty}\left(1-\dfrac{2}{x^2}\right)^{\frac{x^2-2}{3}}$;

(12) $\lim\limits_{x\to 0}(1+\tan x)^{\cot x}$;

(13) $\lim\limits_{x\to\infty}\left(\dfrac{3x+2}{3x-1}\right)^{2x-1}$;

(14) $\lim\limits_{x\to\infty}\dfrac{x^2-x\sin x}{x^2+x\sin\dfrac{1}{x}}$;

(15) $\lim\limits_{x\to -1}\dfrac{x^2-1}{|x|-1}$.

3. 证明:$\lim\limits_{x\to 0}\dfrac{|x|}{x}$ 不存在.

4. 求函数 $f(x)=\begin{cases}\dfrac{1}{1-x}, & x<0,\\ 2, & x=0,\\ x, & 0<x<1,\\ 1, & 1\leqslant x\leqslant 2\end{cases}$ 当 $x\to 0$ 与 $x\to 1$ 时的左、右极限,并讨论 $\lim\limits_{x\to 0}f(x)$ 与 $\lim\limits_{x\to 1}f(x)$ 是否存在.

5. 设 $\lim\limits_{x\to 0}(1+\alpha x)^{\frac{2}{x}}=3$,求常数 α.

2.3 无穷小量与无穷大量

一、无穷小量

定义1 设函数$f(x)$在$\mathring{U}(x_0;h)$内有定义,如果$\lim\limits_{x\to x_0}f(x)=0$,则称函数$f(x)$是$x\to x_0$时的**无穷小量**.

例如,$f(x)=x^2-1$,由于$\lim\limits_{x\to 1}(x^2-1)=0$,所以$f(x)=x^2-1$是$x\to 1$时的无穷小量.

读者可类似定义$x\to x_0^-$、$x\to x_0^+$、$x\to\infty$、$x\to+\infty$、$x\to-\infty$时的无穷小量,对于数列$\{x_n\}$也可以定义$n\to\infty$时的无穷小量.

注1 无穷小量是一个变量的变化过程,不要与很小的常数混为一谈.根据无穷小量的定义知,常数中只有零才是无穷小量.

注2 一个变量是否为无穷小量不仅与变量本身有关,还与自变量的变化过程有关.如$y=\dfrac{1}{\sqrt{x}}$,当$x\to+\infty$时,是无穷小量,而当$x\to 1$时,就不是无穷小量了.所以当提及无穷小量时一定要指出自变量的变化过程.

无穷小量有如下的运算性质.

定理1 (1) 有限个无穷小量的代数和仍是无穷小量;

(2) 有限个无穷小量的乘积仍是无穷小量;

(3) 无穷小量与有界变量的乘积仍是无穷小量;

(4) 无穷小量与极限不为零的变量的商仍是无穷小量.

证 设$\lim\limits_{x\to x_0}f(x)=0$, $\lim\limits_{x\to x_0}g(x)=b\neq 0$,不妨设$b>0$,要证明$\lim\limits_{x\to x_0}\dfrac{f(x)}{g(x)}=0$.根据局部保号性,存在$\delta>0$,当$x\in\mathring{U}(x_0;\delta)$时,有$g(x)>\dfrac{b}{2}>0$,即$0<\dfrac{1}{g(x)}<\dfrac{2}{b}$.

所以$\dfrac{f(x)}{g(x)}=f(x)\cdot\dfrac{1}{g(x)}$是无穷小量与有界变量的乘积,根据(3),$\dfrac{f(x)}{g(x)}$仍是无穷小量.

定理2 $\lim\limits_{x\to x_0}f(x)=A$的充分必要条件是存在$x\to x_0$时的无穷小量$\alpha(x)$使得

$$f(x)=A+\alpha(x).$$

证 **必要性**:设 $\lim\limits_{x\to x_0} f(x)=A$,令 $\alpha(x)=f(x)-A$,于是

$$\lim_{x\to x_0}\alpha(x)=\lim_{x\to x_0}[f(x)-A]=\lim_{x\to x_0}f(x)-A=0,$$

所以 $\alpha(x)$ 是 $x\to x_0$ 时的无穷小量,且

$$f(x)=A+\alpha(x).$$

充分性:如果 $f(x)=A+\alpha(x)$,且 $\lim\limits_{x\to x_0}\alpha(x)=0$,则

$$\lim_{x\to x_0}f(x)=A+\lim_{x\to x_0}\alpha(x)=A.$$

(1)、(2)实际就是极限的四则运算法则.(3)留作习题,这里已证明(4).

以上定理对其他自变量的同一变化过程都成立.

例1 计算:

(1) $\lim\limits_{x\to+\infty}\left(\dfrac{1}{x^3}+\mathrm{e}^{-x}\right)$; (2) $\lim\limits_{x\to 0}\left(x^2\sin\dfrac{1}{x}\right)$.

解 (1) 因为 $\lim\limits_{x\to+\infty}\dfrac{1}{x^3}=0$, $\lim\limits_{x\to+\infty}\mathrm{e}^{-x}=0$,所以 $\lim\limits_{x\to+\infty}\left(\dfrac{1}{x^3}+\mathrm{e}^{-x}\right)=0$.

(2) 因为 $\lim\limits_{x\to 0}x^2=0$,而 $\sin\dfrac{1}{x}$ 在 $\mathring{U}(0;1)$ 内有界,所以

$$\lim_{x\to 0}\left(x^2\sin\frac{1}{x}\right)=0.$$

同理 $\lim\limits_{x\to 0^+}\left(x^k\sin\dfrac{1}{x}\right)=0$, $\lim\limits_{x\to 0^+}\left(x^k\cos\dfrac{1}{x}\right)=0$(常数 $k>0$).

二、无穷大量

在本章第一节数列极限中已经给出过数列为无穷大量的定义.同样可以给出函数为无穷大量的定义.

定义2 设函数 $f(x)$ 在 $\mathring{U}(x_0;h)$ 内有定义,如果对于任意正数 M(不管多么大),总存在 $\delta>0$,使当 $0<|x-x_0|<\delta$ 时,有

$$|f(x)|>M,$$

则称函数 $f(x)$ 是 $x\to x_0$ 时的**无穷大量**,记作

$$\lim_{x\to x_0}f(x)=\infty.$$

记号 $\lim\limits_{x\to x_0}f(x)=\infty$ 只是为了表达方便采用了极限记号,并不是说 $x\to x_0$ 时 $f(x)$ 的极限存在.

类似地可以给出 $x\to x_0$ 时,$f(x)$ 是正无穷大量、负无穷大量的定义,还可以给出 $x\to\infty$ 时 $f(x)$ 是无穷大量、正无穷大量、负无穷大量的定义. 这些定义请读者自行完成.

定理3 (无穷大量与无穷小量的关系)在自变量的同一变化过程中,如果 $f(x)$ 是无穷大量,则 $\dfrac{1}{f(x)}$ 是无穷小量;反之,如果 $f(x)$ 是无穷小量,且 $f(x)\neq 0$,则 $\dfrac{1}{f(x)}$ 是无穷大量.

这里略去定理证明. 定理表达的思想是十分明确的:将无限增大的量倒过来后放在分母上自然就会无限接近于0了,反之亦然.

例2 证明 $\lim\limits_{x\to -1}\dfrac{1}{1+x}=\infty$.

证 任给 $M>0$,要使 $\left|\dfrac{1}{1+x}\right|>M$,只要 $|1+x|<\dfrac{1}{M}$,于是取 $\delta=\dfrac{1}{M}$,当 $0<|x-(-1)|=|x+1|<\delta$ 时,有

$$\left|\frac{1}{1+x}\right|>\frac{1}{\delta}=M,$$

所以由定义2得

$$\lim_{x\to -1}\frac{1}{1+x}=\infty.$$

例3 求 $\lim\limits_{x\to\infty}\dfrac{a_0x^n+a_1x^{n-1}+\cdots+a_n}{b_0x^m+b_1x^{m-1}+\cdots+b_m}$,其中 $a_0\neq 0,\ b_0\neq 0,\ n、m\in\mathbf{N}_+$.

解 若 $n=m$,用 x^n 同除分子、分母,得

$$\lim_{x\to\infty}\frac{a_0x^n+a_1x^{n-1}+\cdots+a_n}{b_0x^n+b_1x^{n-1}+\cdots+b_m}=\lim_{x\to\infty}\frac{a_0+a_1\dfrac{1}{x}+\cdots+a_n\dfrac{1}{x^n}}{b_0+b_1\dfrac{1}{x}+\cdots+b_m\dfrac{1}{x^n}}=\frac{a_0}{b_0};$$

若 $n<m$,用 x^m 同除分子、分母,则有

$$\lim_{x\to\infty}\frac{a_0x^n+a_1x^{n-1}+\cdots+a_n}{b_0x^m+b_1x^{m-1}+\cdots+b_m}=\lim_{x\to\infty}\frac{a_0\dfrac{1}{x^{m-n}}+a_1\dfrac{1}{x^{m-n+1}}+\cdots+a_n\dfrac{1}{x^m}}{b_0+b_1\dfrac{1}{x}+\cdots+b_m\dfrac{1}{x^m}}$$

$$=\frac{a_0\lim\limits_{x\to\infty}\frac{1}{x^{m-n}}+a_1\lim\limits_{x\to\infty}\frac{1}{x^{m-n+1}}+\cdots+a_n\lim\limits_{x\to\infty}\frac{1}{x^m}}{b_0+b_1\lim\limits_{x\to\infty}\frac{1}{x}+\cdots+b_m\lim\limits_{x\to\infty}\frac{1}{x^m}}=\frac{0}{b_0}=0;$$

若 $n>m$,由于$\lim\limits_{x\to\infty}\frac{b_0x^m+b_1x^{m-1}+\cdots+b_m}{a_0x^n+a_1x^{n-1}+\cdots+a_n}=0$,所以根据定理3,得

$$\lim_{x\to\infty}\frac{a_0x^n+a_1x^{n-1}+\cdots+a_n}{b_0x^m+b_1x^{m-1}+\cdots+b_m}=\infty.$$

思考 无界量一定是无穷大量吗?无穷大量一定是无界量吗?(参见习题8)

三、无穷小量的比较

我们知道,当 $x\to0$ 时,x、$\sin 2x$、$\sqrt[3]{x}$、x^2 都是无穷小量,且有

$$\lim_{x\to0}\frac{\sin 2x}{x}=2,\ \lim_{x\to0}\frac{x^2}{x}=0,\ \lim_{x\to0}\frac{\sqrt[3]{x}}{x}=\infty.$$

可以看出,虽然 x、$\sin 2x$、$\sqrt[3]{x}$、x^2 当 $x\to0$ 时,都是无穷小量,但是趋于0的速度还是有快有慢,甚至相差很大,所以对无穷小量的量级要建立一个评判法则.

定义3 设 $\alpha(x)$、$\beta(x)$ 是 $x\to x_0$ 时的无穷小量(其他自变量的变化过程也类似定义).

(1) 如果 $\lim\limits_{x\to x_0}\frac{\alpha(x)}{\beta(x)}=0$,则称当 $x\to x_0$ 时,$\alpha(x)$ 是比 $\beta(x)$ 高阶的无穷小量,记作 $\alpha(x)=o(\beta(x))$;

(2) 如果 $\lim\limits_{x\to x_0}\frac{\alpha(x)}{\beta(x)}=l\neq0$,则称当 $x\to x_0$ 时,$\alpha(x)$ 与 $\beta(x)$ 是同阶的无穷小量;特别当 $l=1$ 时,称当 $x\to x_0$ 时,$\alpha(x)$ 与 $\beta(x)$ 是等价的无穷小量,记作 $\alpha(x)\sim\beta(x)(x\to x_0)$;

(3) 如果 $\lim\limits_{x\to x_0}\frac{\alpha(x)}{\beta(x)}=\infty$,则称当 $x\to x_0$ 时,$\alpha(x)$ 是比 $\beta(x)$ 低阶的无穷小量.

注1 $\alpha(x)$是比$\beta(x)$高阶的无穷小量等价于$\beta(x)$是比$\alpha(x)$低阶的无穷小量.

注2 对无穷小量进行比较时,需要指出自变量的变化过程.只有自变量的同一变化过程的无穷小量才可以进行比较.

于是,当 $x\to0$ 时,x^2 是比 x 高阶的无穷小量,而$\sqrt[3]{x}$是比 x 低阶的无穷小量;而 $\sin 2x$ 与 x 是同

阶的无穷小量.

根据前面已知的极限,可以得到下面等价无穷小量:

当 $x\to0$ 时, $x\sim\sin x$、$x\sim\tan x$、$1-\cos x\sim\frac{1}{2}x^2$.

例 4 证明当 $x\to0$ 时,(1) $x\sim\arcsin x$; (2) $\sqrt{1+x}-1\sim\frac{1}{2}x$.

证 (1) 令 $y=\arcsin x$,则 $x=\sin y$,且 $x\to0$ 时,$y\to0$,于是

$$\lim_{x\to0}\frac{\arcsin x}{x}=\lim_{y\to0}\frac{y}{\sin y}=1,$$

所以当 $x\to0$ 时, $x\sim\arcsin x$.

(2) 因为

$$\lim_{x\to0}\frac{\sqrt{1+x}-1}{x}=\lim_{x\to0}\frac{1}{\sqrt{1+x}+1}=\frac{1}{2},$$

所以当 $x\to0$ 时, $\sqrt{1+x}-1\sim\frac{1}{2}x$.

前面给出的这些基本的等价无穷小量的结论是非常有用的,请务必记住. 除此以外,还有 $\ln(1+x)\sim x(x\to0)$、$e^x-1\sim x(x\to0)$ 以及 $(1+x)^\alpha-1\sim\alpha x(x\to0)$,其中 α 是常数,这些等价无穷小量也很常用,但它们的证明需要用到函数的连续性,将在下节给出.

另外,上述等价无穷小量中的 x 也可以换成 x 的某个函数 $\varphi(x)$,只要在自变量的变化过程中 $\varphi(x)\to0$ 即可,比如

$$\sqrt{x}\sim\sin\sqrt{x}\quad(x\to0),\ x^2\sim e^{x^2}-1(x\to0),\ \cdots.$$

定理 4 设 α、α_1、β、β_1 都是 $x\to x_0$ 时的无穷小量,且 $\alpha\sim\alpha_1$, $\beta\sim\beta_1$, $\lim\limits_{x\to x_0}\frac{\alpha_1}{\beta_1}$存在,则

$$\lim_{x\to x_0}\frac{\alpha}{\beta}=\lim_{x\to x_0}\frac{\alpha_1}{\beta_1}.$$

证 因为 $\frac{\alpha}{\beta}=\frac{\alpha}{\alpha_1}\cdot\frac{\alpha_1}{\beta_1}\cdot\frac{\beta_1}{\beta}$,而右边三乘积因子当 $x\to x_0$ 时的极限都存在,所以

$$\lim_{x\to x_0}\frac{\alpha}{\beta}=\lim_{x\to x_0}\frac{\alpha}{\alpha_1}\cdot\lim_{x\to x_0}\frac{\alpha_1}{\beta_1}\cdot\lim_{x\to x_0}\frac{\beta_1}{\beta}=\lim_{x\to x_0}\frac{\alpha_1}{\beta_1}.$$

这个定理使用在求商的极限时,若分子、分母中的乘积因子是无穷小量,这些因子就可以用相对简单的等价无穷小量进行替换,以简化求极限的过程. 请看下面例子.

例 5 计算:(1) $\lim\limits_{x\to0^+}\dfrac{(x^3+x^{\frac{5}{2}})\sqrt{\sin 2x}}{\tan^3 x}$; (2) $\lim\limits_{x\to0}\dfrac{\tan x-\sin x}{x^3}$.

解 (1) 因为 $\sin 2x\sim 2x$, $\tan^3 x\sim x^3$,所以

$$\lim_{x\to0^+}\frac{(x^3+x^{\frac{5}{2}})\sqrt{\sin 2x}}{\tan^3 x}=\lim_{x\to0^+}\frac{(x^3+x^{\frac{5}{2}})\sqrt{2x}}{x^3}=\lim_{x\to0^+}\frac{x^3\sqrt{2x}}{x^3}+\lim_{x\to0^+}\sqrt{2}\frac{x^3}{x^3}=\sqrt{2}.$$

(2) 因为当 $x\to0$ 时, $\tan x\sim x$, $1-\cos x\sim\dfrac{1}{2}x^2$,

所以

$$\lim_{x\to0}\frac{\tan x-\sin x}{x^3}=\lim_{x\to0}\frac{\tan x(1-\cos x)}{x^3}=\lim_{x\to0}\frac{x\cdot\frac{1}{2}x^2}{x^3}=\frac{1}{2}.$$

这里我们不能用 x 代替加减项中的 $\sin x$ 和 $\tan x$,不然就会得出以下错误的结论:

$$\lim_{x\to0}\frac{\tan x-\sin x}{x^3}=\lim_{x\to0}\frac{x-x}{x^3}=0.$$

这是由于当 $x\to0$ 时, $\tan x-\sin x$ 与 $x-x=0$ 不是等价的无穷小量. 所以分子、分母中的加减项要慎用等价无穷小量的替换.

注 例 5 第二小题之所以会产生错误解法,原因在于分子中相减的两项是等价无穷小量,替换后相减变成了 0,这样就出问题了.

思考 求极限时,如果分子中相减的两项不是等价无穷小量,是否就可以进行等价无穷小量的替换?

例 6 求 $\lim\limits_{x\to0}\dfrac{\sin 2\sqrt{x}-x}{\sqrt{x}+3x}$.

解 分子和分母中的加减项不是等价无穷小量,故先用其中最低阶的无穷小量 $\sqrt{x}$ 除以分子分母的各项,再用四则运算. 从而有

$$\lim_{x\to0}\frac{\sin 2\sqrt{x}-x}{\sqrt{x}+3x}=\lim_{x\to0}\frac{\frac{\sin 2\sqrt{x}}{\sqrt{x}}-\sqrt{x}}{1+3\sqrt{x}}$$

$$=\lim_{x\to0}\frac{\lim\limits_{x\to0}\left(\frac{\sin 2\sqrt{x}}{\sqrt{x}}-\sqrt{x}\right)}{\lim\limits_{x\to0}(1+3\sqrt{x})}=2.$$

习题 2.3

1. 以下命题是否正确,为什么?

(1) 两个无穷大量的和仍是无穷大量.

(2) 两个无穷小量的商仍是无穷小量.

(3) 无穷大量与无穷小量的乘积仍是无穷大量.

(4) 有界量与无穷大量的乘积仍是无穷大量.

2. 设$f(x)=x^a\sin\dfrac{1}{x}$,其中常数$a>0$,求$\lim\limits_{x\to0}f(x)$.

3. 利用无穷小量的性质计算下列极限:

(1) $\lim\limits_{x\to0}\dfrac{\tan^2 2x}{1-\cos x}$;　　(2) $\lim\limits_{x\to0}\dfrac{\arctan 4x}{2x+3x^2}$;

(3) $\lim\limits_{x\to0}\dfrac{1}{x}\left(\dfrac{1}{\sin x}-\dfrac{1}{\tan x}\right)$;　　(4) $\lim\limits_{x\to0}\dfrac{x+2\sqrt{x}+3\sqrt[3]{x}}{\sin x+4\sqrt[3]{x}}$;

(5) $\lim\limits_{x\to0}\dfrac{\sec x-1}{x^2}$;　　(6) $\lim\limits_{x\to0}\dfrac{\cos(\sin x)-1}{x\arctan x}$;

(7) $\lim\limits_{x\to+\infty}\left(\sqrt{x+\sqrt{x+\sqrt{x}}}-\sqrt{x}\right)$;　　(8) $\lim\limits_{x\to+\infty}\left(\sqrt{1+x+x^2}-\sqrt{1-x+x^2}\right)$;

(9) $\lim\limits_{x\to0}(\cos x)^{\frac{1}{x^2}}$.

4. 确定常数a和b的值,使得下列无穷小量(或者无穷大量)等价于ax^b:

(1) $x^5-2x^3+3x(x\to0)$;　　(2) $x^5-2x^3+3x(x\to+\infty)$;

(3) $\sqrt{1+\tan x}-\sqrt{1+\sin x}(x\to0)$;　　(4) $\sqrt{1+x^2}-x(x\to+\infty)$.

5. 确定常数a、b的值,使得$\lim\limits_{x\to\infty}\left(\sqrt[3]{1-x^3}-ax-b\right)=0$.

6. 证明:当$x\to0$时,$x\sim\arctan x$.

7. 设$\lim\limits_{x\to x_0}f(x)=0$, $g(x)$是有界函数,证明:$\lim\limits_{x\to x_0}[f(x)g(x)]=0$.

8. 证明:函数$f(x)=x\cos x$在$(-\infty,+\infty)$内无界,但$x\to+\infty$时,$f(x)$不是无穷大量.

2.4 连续函数

一、函数的连续性

函数是微积分学的基础,函数最重要的一个性质就是连续性. 从直观上看,自然界中的很多现象如气温的变化、植物的生长、动物的运动都是连续变化的. 连续反映在函数的图形上就是一条连绵不断的曲线,反映在变量关系上就是当自变量变化很小时,函数值的变化也很小.

定义 1 设函数 $f(x)$ 在 $U(x_0;h)$ 内有定义,如果

$$\lim_{x\to x_0} f(x)=f(x_0),$$

则称函数 $f(x)$ 在点 x_0 **连续**,并称点 x_0 为 $f(x)$ 的**连续点**.

这个定义很直观:连续就是当自变量 x 趋于 x_0 时,函数 $f(x)$ 的极限为函数在 x_0 处的函数值 $f(x_0)$.

在讨论 $f(x)$ 在 x_0 处的连续性时,$f(x)$ 在 x_0 处一定要有定义,这与讨论 $f(x)$ 当 $x\to x_0$ 时的极限有很大的区别.

设有变量 u,当 u 由初值 u_1 变到终值 u_2 时,称两者之间的差 u_2-u_1 为变量 u 的增量,记作 Δu,即 $\Delta u=u_2-u_1$,

用 Δx 表示自变量在 x_0 处的增量: $\Delta x=x-x_0$;用 Δy 表示函数值在 x_0 处相应的增量:

$$\Delta y=f(x)-f(x_0)=f(x_0+\Delta x)-f(x_0).$$

于是 $\Delta x\to 0$ 等价于 $x\to x_0$,而 $\Delta y\to 0$ 等价于 $f(x)\to f(x_0)$,这样函数在 x_0 处连续的等价定义为:

$$\lim_{\Delta x\to 0}\Delta y=\lim_{\Delta x\to 0}[f(x_0+\Delta x)-f(x_0)]=0.$$

即连续性是指当自变量增量趋于 0 时,函数值相应的增量也趋于 0(图 2-9).

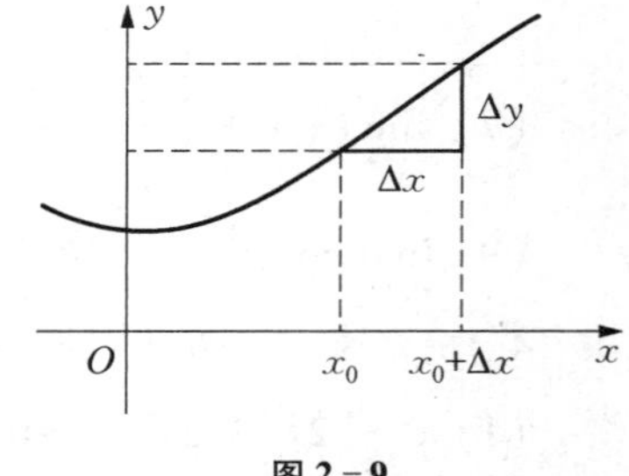

图 2-9

连续也可以用 $\varepsilon-\delta$ 来定义.

定义 2 设函数 $f(x)$ 在 $U(x_0;h)$ 内有定义,如果对于任意给定的 $\varepsilon>0$,存在 $\delta>0(\delta\leqslant h)$,使当 $|x-x_0|<\delta$ 时,有

$$|f(x)-f(x_0)|<\varepsilon,$$

则称函数 $f(x)$ 点 x_0 连续.

定义 3 设函数在区间 $[x_0,x_0+h)$(或 $(x_0-h,x_0]$)内有定义,如果

$$\lim_{x\to x_0^+} f(x)=f(x_0)\ (\text{或}\lim_{x\to x_0^-} f(x)=f(x_0)),$$

则称函数 $f(x)$ 在点 x_0 **右连续**(或**左连续**).

根据极限与左右极限的关系. 有

定理1 函数$f(x)$在x_0处连续的充分必要条件是函数$f(x)$在x_0处左连续且右连续.

例1 证明多项式$p(x)=a_0x^n+a_1x^{n-1}+\cdots+a_n$在任意实数$x_0$处连续.

证 因为
$$\begin{aligned}\lim_{x\to x_0}p(x)&=\lim_{x\to x_0}(a_0x^n+a_1x^{n-1}+\cdots+a_n)\\&=a_0\lim_{x\to x_0}x^n+a_1\lim_{x\to x_0}x^{n-1}+\cdots+a_n\\&=a_0x_0^n+a_1x_0^{n-1}+\cdots+a_n\\&=p(x_0).\end{aligned}$$
所以,多项式$p(x)=a_0x^n+a_1x^{n-1}+\cdots+a_n$在任意实数$x_0$处连续.

例2 有理函数$R(x)=\dfrac{P(x)}{Q(x)}$,其中$P(x)$、$Q(x)$是多项式,若x_0是使$Q(x_0)\neq0$的任意实数,则有$\lim\limits_{x\to x_0}R(x)=R(x_0)$.

例3 根据$|\sin x|\leqslant|x|$,有
$$|\sin x-\sin x_0|=\left|2\sin\frac{x-x_0}{2}\cos\frac{x+x_0}{2}\right|\leqslant|x-x_0|,$$
于是$\lim\limits_{x\to x_0}\sin x=\sin x_0$.

同理$\lim\limits_{x\to x_0}\cos x=\cos x_0$,所以$\sin x$、$\cos x$在任意实数$x_0$处连续.

当我们仔细研究定义1之后,可以说函数在x_0处连续就是**极限运算$\lim\limits_{x\to x_0}$与函数运算f可交换次序**:
$$\lim_{x\to x_0}f(x)=f(\lim_{x\to x_0}x)=f(x_0).$$

例4 讨论下列函数在指定点处的连续性:

(1) $f(x)=|x|$, $x=0$;　　　　(2) $f(x)=\dfrac{x^2-1}{x-1}$, $x=1$.

解 (1) 因为$\lim\limits_{x\to0}|x|=0=f(0)$,即$f(x)=|x|$在$x=0$处连续.

(2) 尽管$\lim\limits_{x\to1}\dfrac{x^2-1}{x-1}=\lim\limits_{x\to1}(x+1)=2$,由于$f(x)$在$x=1$处无定义,所以$f(x)$在$x=1$处不连续.

例 5 设函数 $f(x)=\begin{cases}\dfrac{1}{x}\sin x+a, & x<0,\\ b, & x=0,\\ x\sin\dfrac{1}{x}, & x>0\end{cases}$ 在 $x=0$ 处连续,求常数 a、b.

解 由于 $f(x)$ 是分段函数,$x=0$ 是其分段点,所以只能用左、右连续来讨论连续性. 根据定理 1,因为 $f(x)$ 在 $x=0$ 连续,所以有

$$\lim_{x\to0^-}f(x)=\lim_{x\to0^+}f(x)=f(0)=b.$$

而

$$\lim_{x\to0^-}f(x)=\lim_{x\to0^-}\left(\frac{1}{x}\sin x+a\right)=1+a,$$

$$\lim_{x\to0^+}f(x)=\lim_{x\to0^+}\left(x\sin\frac{1}{x}\right)=0,$$

因此 $1+a=0=b$,从而

$$a=-1,\ b=0.$$

如果函数 $f(x)$ 在某区间的每一点都连续,就称 $f(x)$ 在该区间内连续,或称 $f(x)$ 是该区间内的**连续函数**. 如果该区间包含了端点,则在左端点是指右连续,在右端点是指左连续.

当函数 $f(x)$ 在定义域内的每一点都连续,就称 $f(x)$ 在其定义域内连续,或称 $f(x)$ 是连续函数. 由前面例子可知 $P(x)$、$R(x)$、$\sin x$、$\cos x$ 都是在定义域内的连续函数.

二、函数的间断点

函数的不连续性表现在函数图形(曲线)上就是有间断,如例 4 中的函数 $f(x)=\dfrac{x^2-1}{x-1}$,其图形见图 2-10,由于函数在 $x=1$ 没有定义,所以函数的图形在 $x=1$ 处有一个间断点.

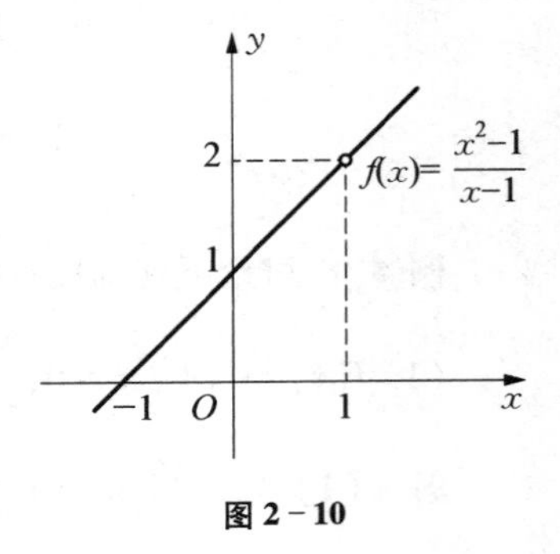

图 2-10

我们仔细分析导致 $f(x)$ 在 x_0 处不连续的各种原因,不外乎有三种情形:

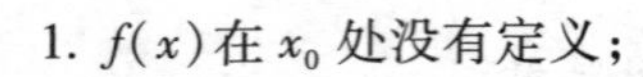
1. $f(x)$ 在 x_0 处没有定义;

2. $\lim\limits_{x\to x_0}f(x)$ 不存在;

3. $\lim\limits_{x\to x_0}f(x)$ 虽然存在,但不等于 $f(x_0)$.

只要出现其中一种情形,$f(x)$ 就在 x_0 处不连续,也称 x_0 是 $f(x)$ 的**间断点**.

根据上面分析,函数 $f(x)$ 的间断点可以分成两种类型:

1. 如果$f(x_0+0)$与$f(x_0-0)$都存在,则称点x_0是函数$f(x)$的**第一类间断点**;

2. 如果$f(x_0+0)$与$f(x_0-0)$中至少有一个不存在,则称点x_0是函数$f(x)$的**第二类间断点**.

第一类间断点根据不同情况,又可以分为**可去间断点**($\lim\limits_{x\to x_0}f(x)$存在,但不等于$f(x_0)$或$f(x)$在$x_0$处没有定义)和**跳跃间断点**($f(x_0+0)\neq f(x_0-0)$).可去间断点,顾名思义就是通过重新定义$f(x)$在$x_0$点的值:$f(x_0)=\lim\limits_{x\to x_0}f(x)$就可使$f(x)$在$x_0$处连续的间断点,如图2-10所示函数在$x=1$处是可去间断点.

例6 讨论下列函数的间断点,并说明间断点的类型:

(1) $f(x)=\operatorname{sgn}x$;　　(2) $f(x)=x\sin\dfrac{1}{x}$;

(3) $f(x)=\dfrac{1}{x}$;　　(4) $f(x)=\begin{cases}\sin\dfrac{1}{x}, & x\neq 0,\\ 0, & x=0.\end{cases}$

解 (1) $f(x)=\operatorname{sgn}x=\begin{cases}-1, & x<0,\\ 0, & x=0,\\ 1, & x>0,\end{cases}$ 由于$f(0+0)=1$,$f(0-0)=-1$,所以$x=0$是$\operatorname{sgn}x$的第一类间断点(跳跃间断点).

(2) $f(x)=x\sin\dfrac{1}{x}$在$x=0$处无定义,且$\lim\limits_{x\to 0}x\sin\dfrac{1}{x}=0$,故$x=0$是$f(x)=x\sin\dfrac{1}{x}$的可去间断点,只要补充定义$f(0)=0$,即:

$$f(x)=\begin{cases}x\sin\dfrac{1}{x}, & x\neq 0,\\ 0, & x=0\end{cases}$$

就可以使$f(x)$在$x=0$连续(图2-11).

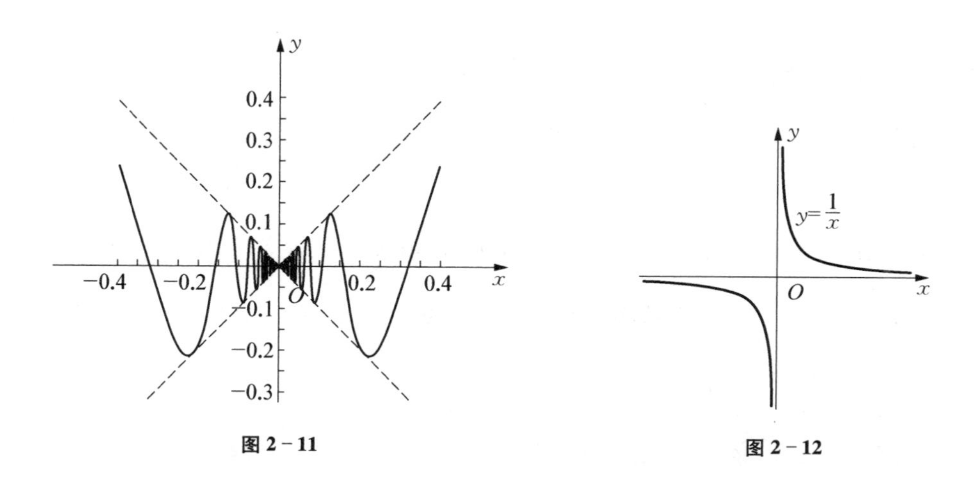

图2-11　　图2-12

(3) $f(x)=\frac{1}{x}$ 在 $x=0$ 处无定义,且 $\lim\limits_{x\to 0}\frac{1}{x}=\infty$,所以 $x=0$ 是 $f(x)$ 的第二类间断点,也称之为**无穷间断点**(图 2-12).

(4) 由于 $\lim\limits_{x\to 0}\sin\frac{1}{x}$ 不存在,$x=0$ 是 $f(x)$ 的第二类间断点. 由于当 $x\to 0$ 时,$f(x)=\sin\frac{1}{x}$ 的值始终在 1 和 -1 之间振动,也称之为**振荡间断点**(图 2-7).

思考 跳跃间断点哪些在函数中会比较多地出现,可去间断点呢?

三、连续函数的运算法则及初等函数的连续性

根据函数极限的运算法则,可以相应地得到连续函数的运算法则.

定理 2 设函数 $f(x)$ 与函数 $g(x)$ 都在 x_0 处连续,则 $f(x)\pm g(x)$、$f(x)g(x)$ 和 $\frac{f(x)}{g(x)}(g(x)\neq 0)$ 在 x_0 处也连续.

由于 $\sin x$、$\cos x$ 在 $(-\infty,+\infty)$ 内连续,所以由定理 2 知 $\tan x=\frac{\sin x}{\cos x}$、$\cot x=\frac{\cos x}{\sin x}$、$\sec x=\frac{1}{\cos x}$、$\csc x=\frac{1}{\sin x}$ 在它们相应的定义域内连续.

定理 3 设函数 $y=f(x)$ 是区间 I 上严格递增(或递减)的连续函数,则其反函数 $x=f^{-1}(y)$ 是区间 $J=\{y\mid y=f(x),\ x\in I\}$ 上严格递增(或递减)的连续函数.

例 7 $y=\sin x$ 在 $\left[-\frac{\pi}{2},\frac{\pi}{2}\right]$ 上严格递增且连续,于是 $x=\arcsin y$ 在 $[-1,1]$ 上连续,故 $y=\arcsin x$ 在它的定义域 $[-1,1]$ 上连续. 同理 $\arccos x$、$\arctan x$、$\operatorname{arccot} x$ 在它们相应的定义域内连续.

定理 4 设函数 $u=g(x)$ 当 $x\to x_0$ 时有极限 u_0 ($\lim\limits_{x\to x_0}g(x)=u_0$),函数 $y=f(u)$ 在 $u=u_0$ 处连续 ($\lim\limits_{u\to u_0}f(u)=f(u_0)$),则复合函数 $y=f[g(x)]$ 当 $x\to x_0$ 时的极限为 $f(u_0)$,即

$$\lim_{x\to x_0}f[g(x)]=f(u_0)=f[\lim_{x\to x_0}g(x)].$$

特别地,当 $u=g(x)$ 在 x_0 处连续,$y=f(u)$ 在 $u_0=g(x_0)$ 处连续时,复合函数 $y=f[g(x)]$ 在 x_0 处连续.

*证 设 $u=g(x)$ 在 x_0 处连续，$y=f(u)$ 在 $u_0=g(x_0)$ 处连续，要证 $y=f[g(x)]$ 在 x_0 处连续.

对于任意 $\varepsilon>0$，由 $y=f(u)$ 在 u_0 处连续，存在 $\eta>0$，当 $|u-u_0|<\eta$ 时，有

$$|f(u)-f(u_0)|<\varepsilon. \quad ①$$

对上述 $\eta>0$，由 $u=g(x)$ 在 x_0 处连续，存在 $\delta>0$，当 $|x-x_0|<\delta$ 时，有

$$|g(x)-g(x_0)|=|u-u_0|<\eta. \quad ②$$

综合上面论述，得到：对任意 $\varepsilon>0$，存在 $\delta>0$，当 $|x-x_0|<\delta$ 时，有②式成立，从而①式成立：

$$|f[g(x)]-f[g(x_0)]|=|f(u)-f(u_0)|<\varepsilon.$$

即

$$\lim_{x\to x_0}f[g(x)]=f[g(x_0)]=f[\lim_{x\to x_0}g(x)].$$

定理4说明如果复合函数的复合结构中每一层函数都是连续函数的话，求极限运算可以与求函数运算层层交换，即函数连续的本质是极限运算与函数运算可以交换次序.

可以证明**基本初等函数是其定义域内的连续函数**.

函数 $y=f(x)^{g(x)}$ 称为幂指函数.

推论 若 $\lim_{x\to x_0}f(x)=A(A>0, A\neq 1)$，$\lim_{x\to x_0}g(x)=B$，则

$$\lim_{x\to x_0}f(x)^{g(x)}=A^B.$$

证 因为 $f(x)^{g(x)}=e^{g(x)\ln f(x)}$，而 e^u、$\ln u$ 是连续函数，所以有

$$\lim_{x\to x_0}f(x)^{g(x)}=\lim_{x\to x_0}e^{g(x)\ln f(x)}=e^{B\ln A}=A^B.$$

思考 如何用上述推论证明 $\lim_{x\to\infty}\sqrt[n]{a}=1$（常数 $a>0$）.

例8 银行要对存贷款计算利息，计息方法有多种，最为常见的是复利计息方法. 所谓复利计息法，就是每个计息期满后，随后的计息期将前一计息期得到的利息加上原有本金一起作为本次计息期的本金. 如果每年计息一次，年利率为 r，本金 A 的存款在连续 n 年后到期本金和利息之和（简称本利和）为

$$S=A(1+r)^n. \quad ③$$

如果每年不是计息一次，而是计息 t 次，则每次计息期的利率是 $\frac{r}{t}$，这样公式③就变成

$$S=A\left[\left(1+\frac{r}{t}\right)^{t}\right]^{n}.$$

当 t 趋于无穷大时,就得到了**连续复利**公式

$$S=A\lim_{t\to\infty}\left[\left(1+\frac{r}{t}\right)^{t}\right]^{n}=A\lim_{t\to\infty}\left[\left(1+\frac{r}{t}\right)^{\frac{t}{r}}\right]^{rn}=A\left[\lim_{t\to\infty}\left(1+\frac{r}{t}\right)^{\frac{t}{r}}\right]^{rn}=Ae^{rn}. \quad ④$$

例 9 当 $x\to0$ 时,证明:

(1) $\ln(1+x)\sim x$; (2) $a^{x}-1\sim x\ln a$.(常数 $a>0$, $a\neq1$)

证 (1) 因为 $\ln(1+x)$ 连续,所以

$$\lim_{x\to0}\frac{\ln(1+x)}{x}=\lim_{x\to0}\ln(1+x)^{\frac{1}{x}}=\ln\left[\lim_{x\to0}(1+x)^{\frac{1}{x}}\right]=\ln e=1.$$

这就证明了当 $x\to0$ 时,$\ln(1+x)\sim x$.

(2) 令 $a^{x}-1=y$, $x=\log_{a}(y+1)=\dfrac{\ln(y+1)}{\ln a}$,且当 $x\to0$ 时,$y\to0$,于是

$$\lim_{x\to0}\frac{a^{x}-1}{x}=\lim_{y\to0}\frac{y\ln a}{\ln(1+y)}=\lim_{y\to0}\frac{\ln a}{\ln(1+y)^{\frac{1}{y}}}=\ln a.$$

即当 $x\to0$ 时, $a^{x}-1\sim x\ln a$.

特别地,当 $x\to0$ 时,$e^{x}-1\sim x$.

类似可证:$\lim\limits_{x\to0}\dfrac{\log_{a}(1+x)}{x}=\dfrac{1}{\ln a}$,即 $\log_{a}(1+x)\sim\dfrac{x}{\ln a}(x\to0)$.

例 10 计算下列极限:

(1) $\lim\limits_{x\to0}\cos(1+x)^{\frac{1}{x}}$; (2) $\lim\limits_{x\to0}\dfrac{(1+x)^{\alpha}-1}{x}$.($\alpha$ 为常数)

解 (1) $\lim\limits_{x\to0}\cos(1+x)^{\frac{1}{x}}=\cos\lim\limits_{x\to0}(1+x)^{\frac{1}{x}}=\cos e$.

(2) 令 $t=(1+x)^{\alpha}-1$,则 $\alpha\ln(1+x)=\ln(1+t)$,且当 $x\to0$ 时,$t\to0$,于是

$$\lim_{x\to0}\frac{(1+x)^{\alpha}-1}{x}=\lim_{x\to0}\frac{\alpha\ln(1+x)}{x}\cdot\lim_{t\to0}\frac{t}{\ln(1+t)}=\alpha.$$

即当 $x\to0$ 时,$(1+x)^{\alpha}-1\sim\alpha x$.

由基本初等函数在其定义域内连续,及定理2、3、4就可以得到:**初等函数是其定义区间内的连续函数**.因此可用初等函数在定义区间内的连续性求极限值.

例 11　计算：

(1) $\lim\limits_{x\to1}\dfrac{\arctan x}{\pi+\ln(1+x)}$；　　(2) $\lim\limits_{x\to\frac{\pi}{2}}\dfrac{e^{\frac{x}{2}}-\ln(2-\sin x)}{\sin x}$；

(3) $\lim\limits_{x\to0}(4+x)^{\frac{\tan 3x}{2x}}$.

解　(1) 因为 $\dfrac{\arctan x}{\pi+\ln(1+x)}$ 是初等函数，故

$$\lim_{x\to1}\frac{\arctan x}{\pi+\ln(1+x)}=\frac{\arctan 1}{\pi+\ln(1+1)}=\frac{\pi}{4(\pi+\ln 2)}.$$

(2) 因为 $\dfrac{e^{\frac{x}{2}}-\ln(2-\sin x)}{\sin x}$ 是初等函数，故

$$\lim_{x\to\frac{\pi}{2}}\frac{e^{\frac{x}{2}}-\ln(2-\sin x)}{\sin x}=\frac{e^{\frac{\pi}{4}}-\ln\left(2-\sin\dfrac{\pi}{2}\right)}{\sin\dfrac{\pi}{2}}=\frac{e^{\frac{\pi}{4}}-\ln 1}{\sin\dfrac{\pi}{2}}=e^{\frac{\pi}{4}}.$$

(3) 因为 $(4+x)^{\frac{\tan 3x}{2x}}$ 是幂指函数，由本节定理 4 的推论得

$$\lim_{x\to0}(4+x)^{\frac{\tan 3x}{2x}}=\lim_{x\to0}(4+x)^{\lim\limits_{x\to0}\frac{\tan 3x}{2x}}=4^{\frac{3}{2}}=8.$$

四、闭区间上连续函数的性质

闭区间上的连续函数有一些很好的性质. 这些性质在直观上是比较容易理解的，有助于读者对连续性本质的认识. 下面将不加证明地引入这些性质.

定理 5（最大最小值定理）　如果 $f(x)$ 在闭区间 $[a,\ b]$ 上连续，则在闭区间 $[a,\ b]$ 上至少存在两个点 ξ、η，使当 $x\in[a,\ b]$ 时，有

$$f(\xi)\leqslant f(x)\leqslant f(\eta).$$

这里 $f(\xi)$ 和 $f(\eta)$ 分别称为 $f(x)$ 在 $[a,\ b]$ 上的最小值和最大值. 其几何解释见图 2－13.

函数 $f(x)$ 在 $[a,\ b]$ 上连续是 $f(x)$ 在 $[a,\ b]$ 有最大、最小值的充分条件，如果函数 $f(x)$ 在 $[a,\ b]$ 上有间断点就不一定有最大、最小值，如（图 2－14）：

$$f(x)=\begin{cases}x, & \dfrac{1}{2}\leqslant x<1,\\[2mm] \dfrac{1}{2}, & x=1,\\[2mm] x-1, & 1<x\leqslant\dfrac{3}{2},\end{cases}$$

在$\left[\frac{1}{2}, \frac{3}{2}\right]$上有间断点$x=1$、没有最大值和最小值.

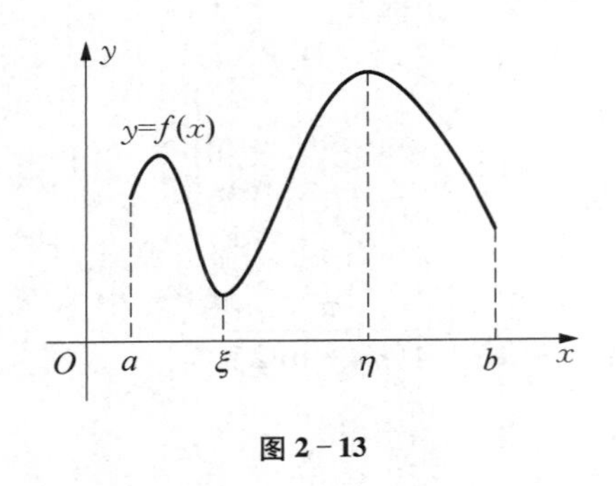

图 2－13

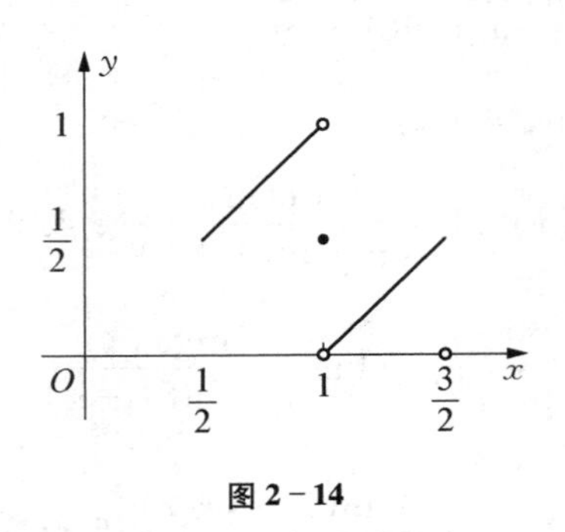

图 2－14

推论(有界性定理) 如果$f(x)$在闭区间$[a, b]$上连续,则$f(x)$在闭区间$[a, b]$上有界.

定理 6(介值定理) 如果函数$f(x)$在闭区间$[a, b]$上连续,且$f(a) \neq f(b)$,则对介于$f(a)$与$f(b)$之间的任何实数c,在开区间(a, b)内至少存在一点ξ,使得

$$f(\xi)=c.$$

推论 1 如果函数$f(x)$在闭区间$[a, b]$上连续,M、m分别是$f(x)$在$[a, b]$上的最大值和最小值$(M>m)$,则对于介于最大值M与最小值m的任何实数c,在(a, b)内至少存在一点ξ,使得

$$f(\xi)=c.$$

可以用图 2－15 和图 2－16 帮助理解介值定理及推论 1:闭区间$[a, b]$上的连续函数$y=f(x)$的图形与直线$y=c$(c介于$f(a)$与$f(b)$之间)一定相交,交点可能还不止一点,但具体是哪一点,却无法确定.

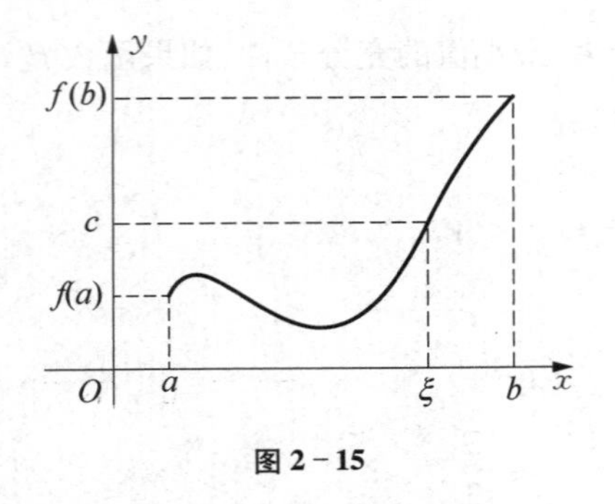

图 2－15

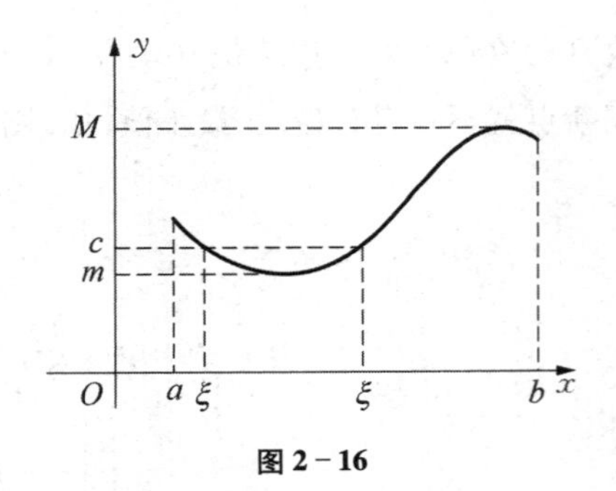

图 2－16

定理5和定理6是典型的“存在性”定理：存在但具体在哪里却不知道. 这种“存在性”问题在中学数学中也碰到过，如抽屉原理：M 个苹果放在 N 个抽屉里（$M > N$），那么一定存在一个抽屉，其中至少有两个苹果. 这里只知道存在这样的一个抽屉，具体是哪一个，无法确定.

唐朝诗人贾岛（779—843年）的诗《寻隐者不遇》：

松下问童子，言师采药去；

只在此山中，云深不知处.

在人文意境上对存在性定理做了非常生动的描述. 贾岛并非数学家，但是细细品味，觉得其诗的意境，就是为存在性定理而作：老药师在吗？“只在此山中”，但具体在山中何处？“云深不知处”. 存在性定理虽不完美，但确实能解决问题，它在数学理论和应用中有着重要的作用.

推论2（根的存在性定理） 如果 $f(x)$ 在闭区间 $[a, b]$ 上连续，且 $f(a) \cdot f(b) < 0$，则在开区间 (a, b) 内至少存在一点 ξ 使得

$$f(\xi) = 0.$$

事实上，由推论2的条件知，0是介于 $f(a)$ 与 $f(b)$ 之间的实数，由定理6，即得推论2的结论（图2-17）.

这里满足 $f(\xi) = 0$ 的点 ξ 称为方程 $f(x) = 0$ 的根，也称为函数 $f(x)$ 的零点.

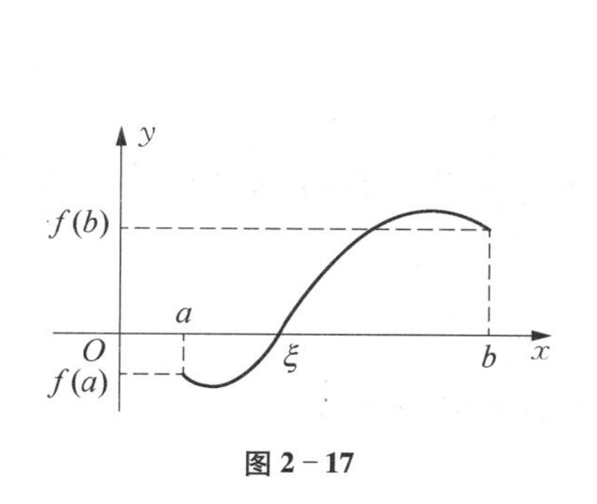

图2-17

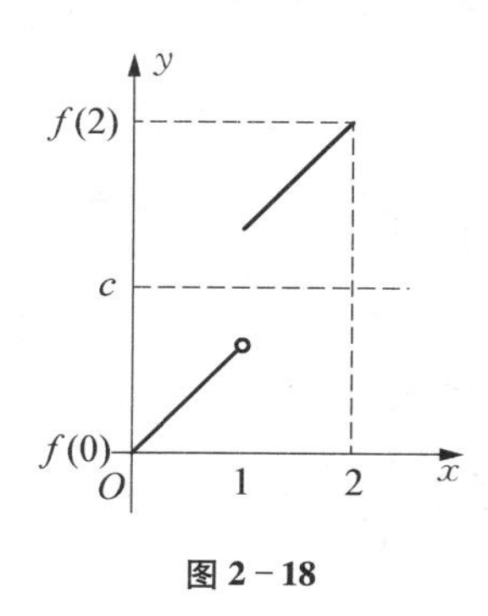

图2-18

当 $f(x)$ 在 $[a, b]$ 上有间断点时，定理6及推论中的结论不一定成立，如：

$$f(x) = \begin{cases} x, & 0 \leqslant x < 1, \\ x + 1, & 1 \leqslant x \leqslant 2, \end{cases}$$

当 $1 < c < 2$ 时，就没有函数值可以等于 c（图2-18）.

例12 证明：方程 $x^3 + x^2 + x - 1 = 0$ 在区间 $(0, 1)$ 内至少有一个实根.

证 设函数 $f(x) = x^3 + x^2 + x - 1$，则 $f(x)$ 在 $[0, 1]$ 上连续，且有 $f(0) = -1 < 0$，$f(1) = 2 > 0$. 所以根据根的存在性定理可知，在 $(0, 1)$ 内至少存在一点 ξ，使得

$$f(\xi)=0,$$

即ξ是方程$x^3+x^2+x-1=0$在$(0,1)$内的实根.

思考 如果把定理5和定理6及其推论中的$f(x)$在闭区间$[a,b]$上连续改为在开区间(a,b)内连续,结论还会成立吗?

习题 2.4

本章学习要点

1. 下列说法是否正确?为什么?

(1) 设函数$f(x)$在点x_0处有定义,且$\lim\limits_{x\to x_0^+}f(x)=\lim\limits_{x\to x_0^-}f(x)$,则函数$f(x)$在点$x_0$处连续.

(2) 设函数$|f(x)|$是区间I上的连续函数,则$f(x)$也是I上的连续函数.

(3) 设函数$f(x)$是区间I上的连续函数,则$|f(x)|$也是I上的连续函数.

(4) 设函数$f(x)$在(a,b)内无界,则$f(x)$在(a,b)内必有不连续点.

(5) 设函数$f(x)$在$[a,b]$上连续,且$f(a)\cdot f(b)>0$,则方程$f(x)=0$在(a,b)内一定无实根.

(6) 设函数$f(x)$在$[a,b]$上连续,且$f(a)\cdot f(b)<0$,则方程$f(x)=0$在(a,b)内至少有一个实根.

2. 设$f(x)=\begin{cases}x^a\sin\dfrac{1}{x}, & x\neq 0,\\ b, & x=0,\end{cases}$其中常数$a>0$,已知$f(x)$是连续函数,求常数$b$.

3. 求下列极限:

(1) $\lim\limits_{x\to 3}\dfrac{x+2}{x^2+4}$;

(2) $\lim\limits_{x\to 0}(2x-8)^{\frac{1}{3}}$;

(3) $\lim\limits_{x\to\frac{\pi}{2}}\ln(4-\sin x)$;

(4) $\lim\limits_{x\to 1}\ln\dfrac{x^2-1}{2(x-1)}$;

(5) $\lim\limits_{x\to\pi}\dfrac{\sin\pi}{x-\pi}$;

(6) $\lim\limits_{x\to 0}\dfrac{e^{x^2}-1}{x\sin x}$;

(7) $\lim\limits_{x\to+\infty}(\sin\sqrt{x+1}-\sin\sqrt{x})$;

(8) $\lim\limits_{x\to 0}\dfrac{\ln\cos x}{x^2}$;

(9) $\lim\limits_{x\to 0}e^{x\sin\frac{1}{x}}$;

(10) $\lim\limits_{x\to\frac{\pi}{4}}(\tan x)^{\sec 2x}$;

(11) $\lim\limits_{x\to 0}\left(\dfrac{1+2^x}{2}\right)^{\frac{1}{x}}$;

(12) $\lim\limits_{x\to 0}(1+2x)^{\frac{3}{\sin x}}$;

(13) $\lim\limits_{x\to 0}\dfrac{x}{1-\cos\sqrt{x}}$;　　(14) $\lim\limits_{x\to 0}\left(\dfrac{1+x}{1-x}\right)^{\cot x}$;

(15) $\lim\limits_{x\to\infty}\left[\dfrac{x^2}{(x-a)(x-b)}\right]^{x}$;　　(16) $\lim\limits_{x\to+\infty}\cos[\sqrt{(x+a)(x+b)}-x]$;

(17) $\lim\limits_{x\to 0}\dfrac{\sqrt[5]{1+x\sin x}-1}{(x+1)\arcsin(x^2)}$;

(18) $\lim\limits_{n\to\infty}\cos\dfrac{x}{2}\cos\dfrac{x}{4}\cdots\cos\dfrac{x}{2^n}$,其中常数 $x\neq 0$.

4. 判断函数 $f(x)=\dfrac{x^2-1}{x^2-3x+2}$ 的间断点及其类型.

5. 设 $f(x)=\begin{cases}x^2, & x\leqslant 1,\\ 2-x, & x>1,\end{cases}$ $g(x)=\begin{cases}x, & x\leqslant 1,\\ x+4, & x>1,\end{cases}$ 求 $f[g(x)]$,如果 $f[g(x)]$ 有间断点,判断间断点的类型.

6. 设 $f(x)=\lim\limits_{t\to 0}\left(1+\dfrac{\sin t}{x}\right)^{\frac{x^2}{t}}$,讨论 $f(x)$ 的连续性.

7. 设 $f(x)=\begin{cases}\dfrac{1}{1+e^{\frac{1}{x}}}, & x=0,\\ 0, & x=0,\end{cases}$ 讨论 $f(x)$ 在点 $x=0$ 处的左、右连续性.

8. 设 $f(x)=\begin{cases}\dfrac{1-\cos\sqrt{x}}{x}, & x>0,\\ a, & x\leqslant 0\end{cases}$ 在点 $x=0$ 处连续,求常数 a.

9. 证明:方程 $x^3-4x^2+1=0$ 在 $(0,1)$ 内至少存在一个实根.

10. 设 $f(x)$ 是 $[a,b]$ 上的连续函数,满足 $f(a)<a$, $f(b)>b$,证明:存在 $\xi\in(a,b)$ 使得 $f(\xi)=\xi$.

11. 设 $f(x)$ 是 $[0,1]$ 上的连续函数,满足 $0<f(x)<1$, $x\in[0,1]$,证明:存在 $\xi\in(0,1)$,使得 $f(\xi)=\xi$.

12. 证明:方程 $x-\sin x=1$ 在 $(0,\pi)$ 内至少存在一个实根.

13. 证明:实系数三次方程 $x^3+px^2+qx+r=0$ 必有实根.

14. 证明:方程 $x^3+2x-4=0$ 在 $(1,2)$ 内至少存在一个实根.

15. 证明:若 $f(x)$ 在 $(-\infty,+\infty)$ 内连续,且 $\lim\limits_{x\to\infty}f(x)=a$(常数),则 $f(x)$ 在 $(-\infty,+\infty)$ 内有界.

16. 某项工程需花四年建成,每年初向银行贷款100万元,年利率为8%,每月计息一次,工程建成后应向银行偿还的本利和是多少?

17. 某人将1万元存入银行,年利率为4.5%,存期三年,试用单利、年复利、月复利和连续复利公式,分别计算到期后的存款本利和.

18. 某人将2万元存入银行,如果年利率为r,复利计息,20年后可以获本利和4.6万元.问年利率r是多少?

总练习题

1. 求下列极限:

(1) $\lim\limits_{x\to+\infty}\dfrac{2x\sin x}{\sqrt{1+x^2}}\arctan\dfrac{1}{x}$;

(2) $\lim\limits_{x\to+\infty}(\sqrt{(x+p)(x+q)}-x)$, p、q为常数;

(3) $\lim\limits_{x\to1}\dfrac{\sqrt[3]{x^2}-2\sqrt[3]{x}+1}{(x-1)^2}$;

(4) $\lim\limits_{x\to1}\dfrac{x^n-1}{x-1}$, n为正整数;

(5) $\lim\limits_{x\to0}\dfrac{\sqrt{1+\tan x}-\sqrt{1+\sin x}}{x(1-\cos x)}$;

(6) $\lim\limits_{x\to\infty}\dfrac{3x^2+5}{5x+3}\sin\dfrac{2}{x}$;

(7) $\lim\limits_{x\to0}\left(\dfrac{1+\tan x}{1+\sin x}\right)^{\frac{1}{x^3}}$;

(8) $\lim\limits_{x\to0}\dfrac{\sin x-\tan x}{(\sqrt[3]{1+x^2}-1)(\sqrt{1+\sin x}-1)}$;

(9) $\lim\limits_{x\to\frac{\pi}{2}}(1+\cos x)^{2\sec x}$;

(10) $\lim\limits_{x\to0}\dfrac{\sqrt{1+x\sin x}-\cos x}{\sin^2\dfrac{x}{2}}$;

(11) $\lim\limits_{x\to4}\dfrac{\sqrt{2x+1}-3}{\sqrt{x-2}-\sqrt{2}}$.

2. 证明:$\lim\limits_{n\to\infty}\sqrt[n]{a^n+b^n+c^n}=\max\{a, b, c\}$,其中$a$、$b$、$c$为正数.

3. 设$\alpha(x)=x(\cos\sqrt{x}-1)$, $\beta(x)=\sqrt{x}\ln(1+\sqrt[3]{x})$, $\gamma(x)=\sqrt[3]{1+x}-1$,请把这三个$x\to0$时的无穷小量按照从低阶到高阶的顺序排列.

4. 设数列$\{x_n\}$满足$x_1>0$, $x_n e^{x_{n+1}}=e^{x_n}-1(n=1, 2, \cdots)$,证明:$\{x_n\}$收敛,并求$\lim\limits_{n\to\infty}x_n$.

5. 求$\lim\limits_{x\to x_0}[x]$, $\lim\limits_{x\to x_0^+}[x]$, $\lim\limits_{x\to x_0^-}[x]$.

6. 证明:$f(x)=x\sin x$在$(0, +\infty)$内是无界函数,但$\lim\limits_{x\to+\infty}x\sin x$不存在.

7. 设$f(x)$在(a, b)内连续,且$\lim\limits_{x\to a}f(x)=\lim\limits_{x\to b}f(x)=-\infty$,证明:$f(x)$在$(a, b)$内有最大值.

8. 求$\lim\limits_{x\to0}\left(\dfrac{a_1^x+a_2^x+a_3^x}{3}\right)^{\frac{1}{x}}$,其中$a_1$、$a_2$、$a_3$为正数.

9. 求$\lim\limits_{x\to0}(x+2^x)^{\frac{1}{x}}$.

10. 如果$\lim\limits_{x\to0}(e^x+ax^2+bx)^{\frac{1}{x^2}}=1$,求常数$a$、$b$.

11. 设$f(x)$在$[a, b]$上连续,且$f(x) > 0$,任取x_1、$x_2 \in (a, b)$,且$x_1 < x_2$,证明:存在$\xi \in [x_1, x_2]$,使得$f(\xi) = \sqrt{f(x_1)f(x_2)}$.

12. 设$f(x)$是$[0, 2a]$上的连续函数,满足$f(0)=f(2a)$;证明:存在$\xi \in [0, a]$,使得$f(\xi) = f(\xi + a)$.

13. 设$f(x)$是$[0, 1]$上的连续函数,$f(1) > 0$, $\lim\limits_{x \to 0^+}\dfrac{f(x)}{x} < 0$;证明:方程$f(x)=0$在区间$(0, 1)$内至少存在一个实根.

14. 已知$\lim\limits_{x \to \infty}\left(\dfrac{x+c}{x-c}\right)^{\frac{x}{3}} = 3$,求常数$c$.

15. 设$\lim\limits_{n \to \infty}\dfrac{n^{\alpha}}{n^{\beta}-(n-1)^{\beta}} = 2020$,求常数$\alpha$、$\beta$.

16. 设$p(x)$是多项式,且$\lim\limits_{x \to \infty}\dfrac{p(x)-x^3}{x^2} = 2$, $\lim\limits_{x \to 0}\dfrac{p(x)+1}{x} = 1$,求$p(x)$.

17. 设$\lim\limits_{x \to 1}\dfrac{x^2+ax+b}{x-1} = 3$,求常数$a$、$b$.

第3章 导数与微分

微积分的诞生是生产力发展的必然结果,同时微积分在很大程度上影响了工业革命的进程,开创了人类科学的黄金时代,成为人类理性精神胜利的标志.通常认为变速运动的瞬时速度问题、曲线的切线问题以及求函数的极值问题是微分学(导数)产生的三大原因.

导数是微分学的核心概念,是人们研究函数增量与自变量增量关系的产物,又是深刻研究函数性态的有力工具.所有学科中,只要涉及"**变化率**",就离不开导数.导数不仅在传统的物理学、力学中有重要应用,在经济学中也有着广泛的应用.

3.1 导数的概念

一、导数的定义

历史上,牛顿和莱布尼茨是各自在研究瞬时速度和曲线的切线时发现导数的,这两类问题的实质就是研究自变量 x 的增量 Δx 与相应的函数 $y=f(x)$ 的增量 Δy 之间的关系,都归为研究当 $\Delta x \to 0$ 时,$\dfrac{\Delta y}{\Delta x}$ 的极限.下面就是这两个关于导数的经典实例.

实例1 变速直线运动的瞬时速度

设质点沿直线运动,其位移 s 是时间 t 的函数 $s=s(t)$,当 t 在 t_0 处有一个增量 $\Delta t \neq 0$ 时,相应地,位移 s 也有一个增量

$$\Delta s = s(t_0+\Delta t)-s(t_0),$$

因而质点从时刻 t_0 到时刻 $t_0+\Delta t$ 这段时间内的平均速度为

$$\bar{v}=\frac{\Delta s}{\Delta t}=\frac{s(t_0+\Delta t)-s(t_0)}{\Delta t}.$$

当 $\Delta t \to 0$ 时,如果平均速度 $\bar{v}$ 的极限存在,则称其极限

$$v=\lim_{\Delta t\to 0}\bar{v}=\lim_{\Delta t\to 0}\frac{\Delta s}{\Delta t}=\lim_{\Delta t\to 0}\frac{s(t_0+\Delta t)-s(t_0)}{\Delta t}$$

为质点在时刻 t_0 的瞬时速度.

实例2　曲线在一点处切线的斜率

设曲线 C 是某函数 $y=f(x)$ 的图形，如图 3－1 所示，$A(x_0, f(x_0))$ 是曲线 C 上的一个定点，为了得到切线，先取曲线 C 上邻近于 A 的点 $B(x_0+\Delta x, f(x_0+\Delta x))$，其中 $\Delta x \neq 0$，则过 AB 的直线（称为曲线 C 的割线）的斜率为

$$\bar{k}=\frac{\Delta y}{\Delta x}=\frac{f(x_0+\Delta x)-f(x_0)}{\Delta x}.$$

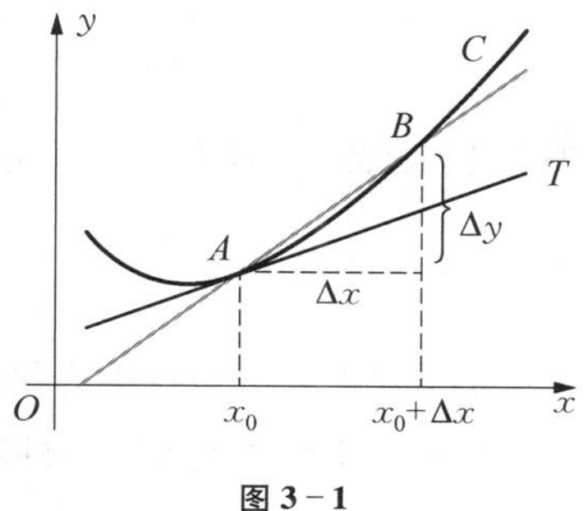

图 3－1

当点 B 沿曲线 C 移动并趋于点 A 时，若割线 AB 有极限位置 AT，则称直线 AT 为曲线 C 在点 A 处的切线. 并且，割线 AB 的斜率 $\bar{k}$ 的极限

$$k=\lim_{\Delta x\to 0}\frac{\Delta y}{\Delta x}=\lim_{\Delta x\to 0}\frac{f(x_0+\Delta x)-f(x_0)}{\Delta x}$$

就是曲线 $y=f(x)$ 在点 A 处切线的斜率.

上面两个问题虽然出发点相异，但都可归结为同一类型的数学问题：求函数 $y=f(x)$ 在点 x_0 处的增量 Δy 与自变量增量 Δx 之比当 $\Delta x\to 0$ 时的极限. 这个增量比 $\frac{\Delta y}{\Delta x}$ 称为函数 f 关于自变量的平均变化率，增量比的极限（如果存在）称为 f 在点 x_0 处关于 x 的**瞬时变化率**. 因此研究函数的增量 Δy 与自变量的增量 Δx 的比值 $\frac{\Delta y}{\Delta x}$ 当 $\Delta x\to 0$ 时的极限具有重要的实际意义.

定义1　设函数 $y=f(x)$ 在点 x_0 的某一邻域 $U(x_0)$ 内有定义，若极限

$$\lim_{\Delta x\to 0}\frac{\Delta y}{\Delta x}=\lim_{\Delta x\to 0}\frac{f(x_0+\Delta x)-f(x_0)}{\Delta x} \quad ①$$

存在，则称函数 $f(x)$ 在点 x_0 处可导，并称该极限为函数 $f(x)$ 在点 x_0 处的**导数**，记作 $f'(x_0)$，或 $y'|_{x=x_0}$，或 $\left.\frac{\mathrm{d}y}{\mathrm{d}x}\right|_{x=x_0}$，或 $\left.\frac{\mathrm{d}f(x)}{\mathrm{d}x}\right|_{x=x_0}$.

若①式的极限不存在，则称 $f(x)$ 在点 x_0 处**不可导**. 若①式的极限为无穷大，且 $f(x)$ 在点 x_0 处连续，则称 $f(x)$ 在点 x_0 处的**导数为无穷大**.

若令 $x=x_0+\Delta x$，则 $\Delta x=x-x_0$. 当 $\Delta x\to 0$ 时 $x\to x_0$. 于是可得 $f(x)$ 在点 x_0 处导数的等价定义

$$f'(x_0)=\lim_{x\to x_0}\frac{f(x)-f(x_0)}{x-x_0}.$$

定义 2 若 $\lim\limits_{\substack{\Delta x\to0^+\\(\text{或}\Delta x\to0^-)}}\dfrac{\Delta y}{\Delta x}=\lim\limits_{\substack{\Delta x\to0^+\\(\text{或}\Delta x\to0^-)}}\dfrac{f(x_0+\Delta x)-f(x_0)}{\Delta x}$ 存在,则称该极限为 $f(x)$ 在点 x_0 处的**右(左)导数**,记作 $f'_+(x_0)$(或 $f'_-(x_0)$). 若 $\lim\limits_{\Delta x\to0^+}\dfrac{\Delta y}{\Delta x}\left(\text{或}\lim\limits_{\Delta x\to0^-}\dfrac{\Delta y}{\Delta x}\right)$ 不存在,则称 $f(x)$ 在点 x_0 处的右(或)左导数不存在.

右导数与左导数统称为**单侧导数**.

根据导数定义及左、右极限与极限的关系知:

定理 1 $f(x)$ 在点 x_0 处可导的充分必要条件是右导数 $f'_+(x_0)$ 与左导数 $f'_-(x_0)$ 都存在且相等.

若函数 $f(x)$ 在区间 I 上每一点处都可导(若有端点,只要求左(右)端点处存在右(左)导数),则称 $f(x)$ 在 I 上可导. $f(x)$ 在区间 I 上的导数值是一个随 x 而变化的函数,称为**导函数(简称导数)**,记为 $f'(x)$,或 y',或 $\dfrac{\mathrm{d}y}{\mathrm{d}x}$,或 $\dfrac{\mathrm{d}f(x)}{\mathrm{d}x}$.

由导数的定义,函数 $f(x)$ 在点 x_0 的导数是导函数 $f'(x)$ 在点 x_0 处的函数值. 导函数的定义域是由 $f(x)$ 的可导点全体组成,是 $f(x)$ 定义域的一个子集.

例 1 求函数 $f(x)=x^2$ 在点 $x=0$、$x=2$ 处的导数.

解 $f'(0)=\lim\limits_{\Delta x\to0}\dfrac{(0+\Delta x)^2-0^2}{\Delta x}=\lim\limits_{\Delta x\to0}\Delta x=0$;

$f'(2)=\lim\limits_{\Delta x\to0}\dfrac{(2+\Delta x)^2-2^2}{\Delta x}=\lim\limits_{\Delta x\to0}\dfrac{2^2+2\cdot2\Delta x+(\Delta x)^2-2^2}{\Delta x}=\lim\limits_{\Delta x\to0}(2\cdot2+\Delta x)=4.$

例 2 已知 $f'(1)=2$,求 $\lim\limits_{h\to0}\dfrac{f(1)-f(1-2h)}{h}$.

解 $\lim\limits_{h\to0}\dfrac{f(1)-f(1-2h)}{h}=\lim\limits_{h\to0}\dfrac{f(1-2h)-f(1)}{-2h}\cdot2=f'(1)\cdot2=2\cdot2=4.$

上述极限可进一步理解其结构式为

$$f'(x_0)=\lim\frac{f(x_0+*)-f(x_0)}{*},$$

其中 $*$ 为此极限过程(六种极限形式之一)中的无穷小量.

二、可导与连续

根据导数的定义,函数 $y=f(x)$ 在某一点 x 可导,则函数在该点的增量 Δy 是当 $\Delta x\to0$ 时的无

穷小,即有

$$\lim_{\Delta x\to 0}\Delta y=\lim_{\Delta x\to 0}\left(\frac{\Delta y}{\Delta x}\cdot\Delta x\right)=\lim_{\Delta x\to 0}\frac{\Delta y}{\Delta x}\cdot\lim_{\Delta x\to 0}\Delta x=f'(x)\lim_{\Delta x\to 0}\Delta x=0.$$

这表明函数$f(x)$在点x连续.

定理2 如果函数$f(x)$在点x可导,则函数$f(x)$在点x连续.

定理2简称为**可导必连续**. 反过来,$f(x)$在点x连续一般不能得出$f(x)$在点x可导. 也就是说,**连续是可导的必要条件**:如果函数在某点不连续,则在该点一定不可导.

由函数$y=f(x)$在某点x可导,还可以得到$\frac{\Delta y}{\Delta x}-f'(x)=\alpha$,其中$\alpha$为$\Delta x\to 0$时的无穷小量,因此有

$$\Delta y=f'(x)\Delta x+\alpha\cdot\Delta x, \tag{②}$$

公式②称为函数$f(x)$在点x处的**有限增量公式**.

例3 函数$y=|x|$在点$x=0$处连续,且左、右导数存在,但不可导.

解 因为$\lim\limits_{x\to 0}y=\lim\limits_{x\to 0}|x|=0$,所以$y=|x|$在点$x=0$处连续. 由于

$$\frac{f(0+\Delta x)-f(0)}{\Delta x}=\frac{|\Delta x|}{\Delta x}=\begin{cases}-1, & \Delta x<0,\\ 1, & \Delta x>0,\end{cases}$$

从而$f'_-(0)=\lim\limits_{\Delta x\to 0^-}\frac{|\Delta x|}{\Delta x}=-1$,$f'_+(0)=\lim\limits_{\Delta x\to 0^+}\frac{|\Delta x|}{\Delta x}=1$,由$f'_-(0)\neq f'_+(0)$,可知$f(x)$在点$x=0$处不可导.

例4 函数$f(x)=\begin{cases}x\sin\frac{1}{x}, & x\neq 0,\\ 0, & x=0\end{cases}$在点$x=0$处连续,但因为

$$\frac{f(x)-f(0)}{x-0}=\sin\frac{1}{x},$$

当$x\to 0$时$\sin\frac{1}{x}$的极限不存在,所以$f(x)$在点$x=0$处不可导.

例3、例4说明函数连续不是函数可导的充分条件(只是必要条件).

三、几个简单函数的导数

例5 求常量函数$y=C$的导数.

解 $(C)'=\lim\limits_{\Delta x\to 0}\dfrac{f(x_0+\Delta x)-f(x_0)}{\Delta x}=\lim\limits_{\Delta x\to 0}\dfrac{C-C}{\Delta x}=0.$

例 6 求幂函数 x^n(n 为正整数)的导数.

解
$$(x^n)'=\lim_{\Delta x\to 0}\frac{(x+\Delta x)^n-x^n}{\Delta x}=\lim_{\Delta x\to 0}\frac{nx^{n-1}\Delta x+\dfrac{n(n-1)}{2}x^{n-2}\Delta x^2+\cdots+\Delta x^n}{\Delta x}$$
$$=\lim_{\Delta x\to 0}\left[nx^{n-1}+\frac{n(n-1)}{2}x^{n-2}\Delta x+\cdots+\Delta x^{n-1}\right]=nx^{n-1}.$$

例 7 求对数函数 $\log_a x(a>0,\ a\neq 1)$ 的导数.

解
$$(\log_a x)'=\lim_{\Delta x\to 0}\frac{\log_a(x+\Delta x)-\log_a x}{\Delta x}=\lim_{\Delta x\to 0}\frac{\log_a\left(1+\dfrac{\Delta x}{x}\right)}{\Delta x}$$
$$=\lim_{\Delta x\to 0}\frac{1}{x}\log_a\left(1+\frac{\Delta x}{x}\right)^{\frac{x}{\Delta x}}=\frac{1}{x}\log_a e=\frac{1}{x\ln a}.$$

特别地,$(\ln x)'=\dfrac{1}{x}$.

例 8 求三角函数 $\sin x$ 的导数.

解
$$(\sin x)'=\lim_{\Delta x\to 0}\frac{\sin(x+\Delta x)-\sin x}{\Delta x}=\lim_{\Delta x\to 0}\frac{2\sin\dfrac{\Delta x}{2}\cos\dfrac{2x+\Delta x}{2}}{\Delta x}$$
$$=\lim_{\Delta x\to 0}\frac{\sin\dfrac{\Delta x}{2}}{\dfrac{\Delta x}{2}}\lim_{\Delta x\to 0}\cos\frac{2x+\Delta x}{2}=\cos x.$$

类似可得,$(\cos x)'=-\sin x$.

四、平面曲线的切线和法线

从引入导数概念的几何问题可知,函数 $f(x)$ 在点 x_0 的导数 $f'(x_0)$ 是曲线 $y=f(x)$ 在点 $P(x_0, f(x_0))$ 处的切线的斜率,于是,曲线 $y=f(x)$ 在点 P 处的切线方程为 $y-f(x_0)=f'(x_0)(x-x_0)$,法线方程为 $x-x_0=-f'(x_0)[y-f(x_0)]$.

若 $f(x)$ 在点 x_0 的导数为无穷大量,且在点 x_0 连续,则曲线在点 $P(x_0, f(x_0))$ 处的切线垂直于 x 轴. 这时,曲线 $y=f(x)$ 在点 $P(x_0, f(x_0))$ 处的切线方程为 $x-x_0=0$,法线方程为 $y-f(x_0)=0$.

例 9 求曲线 $y=\ln x$ 在其上任一点 $P(x_0, \ln x_0)$ 处的切线方程与法线方程.

解 根据例 7，$y'|_{x=x_0}=(\ln x)'|_{x=x_0}=\frac{1}{x_0}$，因此曲线 $y=\ln x$ 在点 $P(x_0, \ln x_0)$ 处的切线方程为 $y-\ln x_0=\frac{1}{x_0}(x-x_0)$，法线方程为 $y-\ln x_0=-x_0(x-x_0)$.

例 10 求曲线 $y=\sqrt[3]{x}$ 在点 $P(0, 0)$ 处的切线方程与法线方程.

解 因为 $y'|_{x=0}=\lim\limits_{\Delta x\to 0}\frac{\sqrt[3]{0+\Delta x}-\sqrt[3]{0}}{\Delta x}=\lim\limits_{\Delta x\to 0}\frac{1}{\sqrt[3]{(\Delta x)^2}}=\infty$，所以曲线 $y=\sqrt[3]{x}$ 在点 $P(0, 0)$ 处的切线垂直于 x 轴，切线方程为 $x=0$，法线方程为 $y=0$.

习题 3.1

本节学习要点

1. 求下列函数在指定点处的导数：

(1) $f(x)=\frac{1}{(1+2x)^2}$, $x=1$；　　(2) $f(x)=\sqrt{x+2}$, $x=2$；

(3) $f(x)=\frac{x^2}{2}$, $x=2$.

2. 求下列函数的导数：

(1) $y=2x^3$；　　(2) $y=\ln(x+1)$；

(3) $y=\frac{1}{x+4}$.

3. 设 $f'(x_0)$ 存在，利用导数的定义，求下列极限：

(1) $\lim\limits_{t\to 0}\frac{f(x_0-t)-f(x_0)}{t}$；　　(2) $\lim\limits_{t\to 0}\frac{f(x_0-t)-f(x_0+t)}{t}$；

(3) $\lim\limits_{t\to 0}\frac{f(x_0+t)-f(x_0-3t)}{t}$.

4. 求下列函数的图形在指定点处的切线方程与法线方程：

(1) $f(x)=\sin x$, $\left(\frac{\pi}{4}, \frac{\sqrt{2}}{2}\right)$；　　(2) $f(x)=\frac{9}{\sqrt{x-2}}$, $(3, 9)$.

5. 函数 $f(x)=\begin{cases}\ln x, & x>1,\\ x-1, & x\leqslant 1\end{cases}$ 在点 $x=1$ 处是否可导？如果可导，求 $f'(1)$.

6. 设 $f(x)=\begin{cases}\sin x, & x<0,\\ x, & x\geqslant 0,\end{cases}$ 求 $f'(x)$.

7. 设 $f'(x_0)$ 存在,求 $\lim\limits_{x\to x_0}\dfrac{xf(x_0)-x_0f(x)}{x-x_0}$.

8. 设 $\varphi(x)$ 在点 $x=a$ 连续,$f(x)=(x^2-a^2)\varphi(x)$,求 $f'(a)$.

9. 分别求抛物线 $y=x^2$ 上的点,使得过该点的切线:

(1) 平行于直线 $y=x$;

(2) 与抛物线上横坐标为 1、3 的两点的连线平行.

3.2 求导法则和基本初等函数的求导公式

一、导数的四则运算

有了导数的定义,就可以用定义计算导数了,但是大家看到,即便是基本初等函数,用定义求导也不是一样容易的事,所以必须建立一些求导法则,才能使求导变得更为简便. 下面就是有关函数加、减、乘、除的求导法则.

定理 1 设函数 $u(x)$ 和 $v(x)$ 在点 x 处都可导,则

(1) $u(x)\pm v(x)$ 在点 x 处可导,且 $[u(x)\pm v(x)]'=u'(x)\pm v'(x)$.

(2) $u(x)v(x)$ 在点 x 处可导,且 $[u(x)v(x)]'=u'(x)v(x)+u(x)v'(x)$.

特别地,对于常数 k,有 $[ku(x)]'=ku'(x)$.

(3) $v(x)\neq 0$ 时,$\dfrac{u(x)}{v(x)}$ 在点 x 处可导,且 $\left[\dfrac{u(x)}{v(x)}\right]'=\dfrac{u'(x)v(x)-u(x)v'(x)}{v^2(x)}$.

特别地,$\left[\dfrac{1}{v(x)}\right]'=-\dfrac{v'(x)}{v^2(x)}$.

这里只证明(3),其他留作习题.

证 由(2)得

$$\left[\frac{u(x)}{v(x)}\right]'=\left[u(x)\frac{1}{v(x)}\right]'=u'(x)\frac{1}{v(x)}+u(x)\left[\frac{1}{v(x)}\right]',$$

又

$$\begin{aligned}\left[\frac{1}{v(x)}\right]'&=\lim_{\Delta x\to 0}\left[\frac{1}{v(x+\Delta x)}-\frac{1}{v(x)}\right]\frac{1}{\Delta x}\\&=\lim_{\Delta x\to 0}\frac{v(x)-v(x+\Delta x)}{\Delta x}\frac{1}{v(x+\Delta x)v(x)}\\&=\frac{-v'(x)}{v^2(x)}.\end{aligned}$$

代入上式整理后即得

$$\left[\frac{u(x)}{v(x)}\right]'=\frac{u'(x)v(x)-u(x)v'(x)}{v^2(x)}.$$

例 1 设 $y=\frac{3}{x^2}+5\sin x-6\log_a x+\cos\frac{\pi}{3}$,求 y'.

解 $y'=\left(\frac{3}{x^2}\right)'+(5\sin x)'-(6\log_a x)'+\left(\cos\frac{\pi}{3}\right)'$

$=-\frac{6}{x^3}+5\cos x-\frac{6}{x\ln a}.$

例 2 设 $y=x^2\cos x\ln x$,求 y'.

解 $y'=(x^2)'\cos x\ln x+x^2(\cos x)'\ln x+x^2\cos x(\ln x)'$

$=2x\cos x\ln x-x^2\sin x\ln x+x\cos x.$

例 3 求正切函数 $\tan x$ 的导数.

解 $(\tan x)'=\left(\frac{\sin x}{\cos x}\right)'=\frac{(\sin x)'\cos x-\sin x(\cos x)'}{\cos^2 x}$

$=\frac{\cos x\cos x+\sin x\sin x}{\cos^2 x}=\frac{1}{\cos^2 x}=\sec^2 x.$

类似可得 $(\cot x)'=-\csc^2 x$.

例 4 求正割函数 $\sec x$ 的导数.

解 $(\sec x)'=\left(\frac{1}{\cos x}\right)'=\frac{-(\cos x)'}{\cos^2 x}=\frac{\sin x}{\cos^2 x}=\tan x\sec x.$

类似可得 $(\csc x)'=-\cot x\csc x$.

例 5 求曲线 $y=\sin x$ 在点 $\left(\frac{\pi}{3},\frac{\sqrt{3}}{2}\right)$ 处的切线方程.

解 因为 $y'|_{x=\frac{\pi}{3}}=\cos x|_{x=\frac{\pi}{3}}=\frac{1}{2}$,所以曲线 $y=\sin x$ 在点 $\left(\frac{\pi}{3},\frac{\sqrt{3}}{2}\right)$ 处的切线方程为

$$y=\frac{1}{2}\left(x-\frac{\pi}{3}\right)+\frac{\sqrt{3}}{2}.$$

二、反函数的导数

定理 2 设函数 $x=g(y)$ 在区间 I_y 内严格单调、可导,且 $g'(y)\neq 0$,则反函数 $y=f(x)$ 在区间 $I_x=\{x \mid x=g(y),\ y\in I_y\}$ 内可导,且

$$f'(x)=\frac{1}{g'(y)}.$$

证 设函数 $x=g(y)$ 在区间 I_y 内严格单调、可导,且 $g'(y)\neq 0$,则它的反函数 $y=f(x)$ 在区间 I_x 内存在,且是严格单调、连续函数,于是 $\Delta x\neq 0$ 与 $\Delta y\neq 0$ 同时成立,$\Delta x\to 0$ 与 $\Delta y\to 0$ 同时成立. 由此可得:

$$f'(x)=\lim_{\Delta x\to 0}\frac{\Delta y}{\Delta x}=\frac{1}{\lim\limits_{\Delta y\to 0}\frac{\Delta x}{\Delta y}}=\frac{1}{g'(y)}.$$

例 6 求反正弦函数 $y=\arcsin x(-1<x<1)$ 的导数.

解 $y=\arcsin x(-1<x<1)$ 是 $x=\sin y\left(-\frac{\pi}{2}<y<\frac{\pi}{2}\right)$ 的反函数,由于 $x=\sin y$ 在 $\left(-\frac{\pi}{2},\frac{\pi}{2}\right)$ 内严格单调、可导,故

$$(\arcsin x)'=\frac{1}{(\sin y)'}=\frac{1}{\cos y}.$$

因为 $-\frac{\pi}{2}<y<\frac{\pi}{2}$,所以 $\cos y>0$,从而 $\cos y=\sqrt{1-\sin^2 y}=\sqrt{1-x^2}$,于是

$$(\arcsin x)'=\frac{1}{\sqrt{1-x^2}}(-1<x<1).$$

类似可得 $(\arccos x)'=-\frac{1}{\sqrt{1-x^2}}(-1<x<1)$.

例 7 求反正切函数 $y=\arctan x$ 的导数.

解 $(\arctan x)'=\frac{1}{(\tan y)'}=\frac{1}{\sec^2 y}=\frac{1}{1+\tan^2 y}=\frac{1}{1+x^2}(-\infty<x<+\infty)$.

类似可得 $(\operatorname{arccot} x)'=-\frac{1}{1+x^2}(-\infty<x<+\infty)$.

例 8 求指数函数 $y=a^x(a>0,a\neq 1)$ 的导数.

解 $y=a^x$ 是 $x=\log_a y$ 在 $(0,+\infty)$ 内的反函数,由 3.1 节的例 7,得

$$(a^x)'=\frac{1}{(\log_a y)'}=\frac{1}{\frac{1}{y\ln a}}=y\ln a=a^x\ln a,\ x\in(-\infty,+\infty).$$

三、复合函数的导数

设函数 $u=g(x)$ 在点 x 处可导,函数 $y=f(u)$ 在对应点 $u(u=g(x))$ 处可导,则有如下的复合函数的求导法则.

定理 3 设函数 $u=g(x)$ 在点 x 处可导,$y=f(u)$ 在点 $u=g(x)$ 处可导,且 $f[g(x)]$ 有意义,则复合函数 $y=f[g(x)]$ 在点 x 处可导,且其导数为

$$\frac{dy}{dx}=\frac{dy}{du}\cdot\frac{du}{dx} \tag{①}$$

或

$$\frac{dy}{dx}=f'(u)g'(x).$$

* **证** 因为 $y=f(u)$ 在点 u 处可导,则有有限增量公式(3.1 节 ② 式)

$$\Delta y=f'(u)\Delta u+\alpha(\Delta u)\Delta u, \tag{②}$$

其中 $\lim\limits_{\Delta u\to 0}\alpha(\Delta u)=0$,并且 ② 式对 $\Delta u=0$ 也成立(当 $\Delta u=0$ 时,只需补充定义 $\alpha(\Delta u)=0$ 即可). 两边同除 Δx,得到

$$\frac{\Delta y}{\Delta x}=f'(u)\frac{\Delta u}{\Delta x}+\alpha(\Delta u)\frac{\Delta u}{\Delta x}.$$

注意到 $u=g(x)$ 在点 x 处连续,所以当 $\Delta x\to 0$ 时,有 $\Delta u\to 0$,因此

$$\frac{dy}{dx}=\lim_{\Delta x\to 0}\frac{\Delta y}{\Delta x}=f'(u)\lim_{\Delta x\to 0}\frac{\Delta u}{\Delta x}+\lim_{\Delta u\to 0}\alpha(\Delta u)\lim_{\Delta x\to 0}\frac{\Delta u}{\Delta x}=f'(u)g'(x),$$

即

$$\frac{dy}{dx}=f'(u)g'(x)\ \text{或}\ \frac{dy}{dx}=\frac{dy}{du}\cdot\frac{du}{dx}.$$

复合函数求导法则又称为**链式法则**.

可将上述复合函数的求导法则推广到由三个或更多个函数复合而成的函数:例如若$z=f(y)$、$y=g(x)$、$x=h(t)$都可导,则

$$\frac{\mathrm{d}z}{\mathrm{d}t}=\frac{\mathrm{d}z}{\mathrm{d}y}\cdot\frac{\mathrm{d}y}{\mathrm{d}x}\cdot\frac{\mathrm{d}x}{\mathrm{d}t}$$

或

$$\frac{\mathrm{d}z}{\mathrm{d}t}=f'(y)g'(x)h'(t).$$

应用复合函数求导法则的关键是要理清其中的复合关系.

例9 设$y=(5x+3)^{10}$,求$\frac{\mathrm{d}y}{\mathrm{d}x}$.

解 $(5x+3)^{10}$是由$y=u^{10}$和$u=5x+3$复合而成的,由链式法则,得

$$\frac{\mathrm{d}y}{\mathrm{d}x}=\frac{\mathrm{d}u^{10}}{\mathrm{d}u}\cdot\frac{\mathrm{d}(5x+3)}{\mathrm{d}x}=10u^9\cdot 5=50(5x+3)^9.$$

例10 设$y=\cos\sqrt{x^2+1}$,求$\frac{\mathrm{d}y}{\mathrm{d}x}$.

解 $y=\cos\sqrt{x^2+1}$是由$y=\cos u$、$u=\sqrt{v}$、$v=x^2+1$复合而成的函数,由链式法则,得

$$\frac{\mathrm{d}y}{\mathrm{d}x}=\frac{\mathrm{d}y}{\mathrm{d}u}\cdot\frac{\mathrm{d}u}{\mathrm{d}v}\cdot\frac{\mathrm{d}v}{\mathrm{d}x}=-\sin u\,\frac{1}{2\sqrt{v}}2x=-\frac{x\sin\sqrt{x^2+1}}{\sqrt{x^2+1}}.$$

注 要进行复合函数的求导,就要首先将其分解成若干个简单函数(不含函数复合的结构),然后利用链式法则,因此分解特别重要.当熟练掌握链式法则后,就不必一一写出中间变量,只要分析清楚函数的复合关系,就可直接求出复合函数对自变量的导数.

例11 设$y=\mathrm{e}^{\sin\frac{1}{x}}$,求$y'$.

解 $y'=\left(\mathrm{e}^{\sin\frac{1}{x}}\right)'=\mathrm{e}^{\sin\frac{1}{x}}\cos\frac{1}{x}\left(\frac{1}{x}\right)'=-\frac{1}{x^2}\mathrm{e}^{\sin\frac{1}{x}}\cos\frac{1}{x}.$

例12 求幂函数$y=x^{\alpha}$的导数y',其中α为任意实数.

解 运用复合函数求导法则,得

$$y'=(x^{\alpha})'=(e^{\alpha\ln x})'=e^{\alpha\ln x}\frac{\alpha}{x}=\alpha x^{\alpha-1}.$$

至此,所有的基本初等函数的求导问题都已经解决了.

四、基本初等函数的导数公式与求导法则

由于初等函数是由基本初等函数经过有限次的四则运算和复合运算生成的,因此,我们由已知的基本初等函数的导数公式及四则运算、复合函数的求导法则,就解决了初等函数的求导问题了.

基本初等函数的导数公式:

1. $(C)'=0$(C 是常数).

2. $(x^{\alpha})'=\alpha x^{\alpha-1}$($\alpha$ 为任意实数).

3. $(\sin x)'=\cos x$, $(\cos x)'=-\sin x$,

$(\tan x)'=\sec^2 x$, $(\cot x)'=-\csc^2 x$,

$(\sec x)'=\sec x\tan x$, $(\csc x)'=-\csc x\cot x$.

4. $(\arcsin x)'=-(\arccos x)'=\dfrac{1}{\sqrt{1-x^2}}(|x|<1)$,

$(\arctan x)'=-(\operatorname{arccot} x)'=\dfrac{1}{1+x^2}$.

5. $(a^x)'=a^x\ln a(a>0,a\neq 1)$, $(e^x)'=e^x$.

6. $(\log_a x)'=\dfrac{1}{x\ln a}(a>0,a\neq 1)$, $(\ln x)'=\dfrac{1}{x}$.

求导法则:

1. $[u(x)\pm v(x)]'=u'(x)\pm v'(x)$.

2. $[u(x)v(x)]'=u'(x)v(x)+u(x)v'(x)$, k 为常数时, $[ku(x)]'=ku'(x)$.

3. $v(x)\neq 0$ 时, $\left[\dfrac{u(x)}{v(x)}\right]'=\dfrac{u'(x)v(x)-u(x)v'(x)}{v^2(x)}$.

4. 反函数求导法则 $\dfrac{dy}{dx}=\dfrac{1}{\frac{dx}{dy}}$.

5. 复合函数求导法则 $\dfrac{dy}{dx}=\dfrac{dy}{du}\cdot\dfrac{du}{dx}$.

思考 在基本初等函数的求导公式中,除常值函数外,有两个用定义得出求导公式后,其他都可以由这两个最基本的导数公式为基础,借助求导法则求出. 那么哪两个是最基本的求导公式? 请读者理清它们之间的关系.

例 13 求分段函数$f(x)=\begin{cases}2x, & x\leqslant 1,\\ x^2+1, & x>1\end{cases}$的导数.

解 分段函数求导须分段进行,并且在分段点处要先验证是否连续再用左右导数判别是否可导.

首先,容易验证函数$f(x)$在分段点$x=1$是连续的,也就是$f(x)$在其定义域内连续.

当$x=1$时,$f'_-(1)=\lim\limits_{x\to1^-}\dfrac{f(x)-f(1)}{x-1}=\lim\limits_{x\to1^-}\dfrac{2x-2}{x-1}=2$;

$$f'_+(1)=\lim_{x\to1^+}\frac{f(x)-f(1)}{x-1}=\lim_{x\to1^+}\frac{x^2+1-2}{x-1}=\lim_{x\to1^+}(x+1)=2.$$

所以,$f(x)$在$x=1$也可导,且$f'(1)=2$.

当$x<1$时,$f'(x)=(2x)'=2$;当$x>1$时,$f'(x)=(x^2+1)'=2x$.

因此$f'(x)=\begin{cases}2, & x\leqslant 1,\\ 2x, & x>1.\end{cases}$

习题 3.2

本节学习要点

1. 求下列函数的导数:

(1) $y=1+3x+5x^2$;

(2) $y=3^x+x^3$;

(3) $y=\tan x+\cot x$;

(4) $y=\arctan x+\operatorname{arccot} x$;

(5) $y=e^x\sin x$;

(6) $y=e^x\cos x$;

(7) $y=x^4\ln x$;

(8) $y=\sin x\cos^2 x$;

(9) $y=\dfrac{\ln x}{x}$;

(10) $y=(x+1)(x+2)(x+3)$;

(11) $y=\dfrac{2+\sin x}{2-\cos x}$;

(12) $y=\sqrt[4]{x}\cos x$;

(13) $y=x\cdot 2^x+2x^2$;

(14) $y=\dfrac{5x^2+3x-1}{x^2+1}$;

(15) $y=x^n\ln x$;

(16) $y=\dfrac{\arcsin x}{x}$;

(17) $y=\arcsin x+\arccos x$;

(18) $y=(x+1)\sec x$.

2. 求下列复合函数的导数:

(1) $y=(1+2x)^{2020}$;

(2) $y=\operatorname{arccot}\dfrac{1}{x^2}$;

(3) $y=\sqrt{a^2+x^2}$;

(4) $y=\arcsin(1-3x^2)$;

(5) $y=\arctan(\ln x)$;

(6) $y=\tan(x^2)$;

(7) $y=\arccos\dfrac{1}{x}$;

(8) $y=\ln(\sec x+\tan x)$;

(9) $y=\csc(3x+\mathrm{e}^{-4x})$;

(10) $y=\mathrm{e}^{-2x^2}$;

(11) $y=\cot\sqrt{a^2-x^2}$;

(12) $y=\ln(\csc x-\cot x)$.

3. 求下列函数的导数:

(1) $y=\mathrm{e}^{-\frac{x^2}{2}}\cos x$;

(2) $y=\ln\dfrac{1+x}{1-x}$;

(3) $y=\ln\tan\dfrac{x}{2}$;

(4) $y=x\sqrt{1-x^2}+\arcsin x$;

(5) $y=\ln(x+\sqrt{x^2+a^2})$;

(6) $y=\sqrt{1+\ln^2 x}$;

(7) $y=\mathrm{e}^{\arctan\sqrt[3]{x}}$;

(8) $y=\sqrt{x+\sqrt{x+\sqrt{x}}}$;

(9) $y=\ln(x+\sqrt{x^2-a^2})$;

(10) $y=\ln\ln x$;

(11) $y=\arcsin\sqrt{\dfrac{1-x}{1+x}}$;

(12) $y=\ln\sqrt{\dfrac{\mathrm{e}^{4x}}{\mathrm{e}^{4x}+1}}$;

(13) $y=10^{x\tan 2x}$;

(14) $y=\arccos\sqrt[3]{x}$;

(15) $y=\dfrac{2^x+3^x}{4^x+5^x}$;

(16) $y=\ln|x|$.

4. 设$f(x)$为可导函数,求下列函数的导数:

(1) $y=f(x^3)$;

(2) $y=f(\sin^2 x)+f(\cos^2 x)$;

(3) $y=f\left(\arcsin\dfrac{1}{x}\right)$;

(4) $y=\mathrm{e}^{f(x)}$;

(5) $y=\arccos f(x)$;

(6) $y=f[f(x)]$;

(7) $y=\ln|f(x)|$.

5. 设$f(1+x)=x\mathrm{e}^x$,且$f(x)$ 可导,求$f'(x)$.

6. 设$f(x)=x^{\frac{1}{3}}$,问$f(x)$ 在点 $x=0$ 处是否可导? 并说明理由.

7. 已知$\psi(x)=a^{f^2(x)}$,其中常数 $a>0$,且$f'(x)=\dfrac{1}{f(x)\ln a}$,证明:$\psi'(x)=2\psi(x)$.

8. 设$f(x)$在$(-\infty,+\infty)$内可导,且$F(x)=f(x^2-1)+f(1-x^2)$,证明:$F'(1)=F'(-1)$.

9. 设函数$f(x)=\begin{cases}2\tan x+1, & x<0,\\ \mathrm{e}^x, & x\geqslant 0,\end{cases}$求$f'(x)$.

10. 设$f(x)=(x-1)(x-2)\cdots(x-99)(x-100)$,求$f'(1)$.

11. 求$f(x)=x^{a^a}+a^{x^a}+a^{a^x}$的导数,其中常数$a>0$.

12. 设$f(x)=\begin{cases}\arctan\dfrac{1}{x}, & x>0,\\ ax+b, & x\leqslant 0\end{cases}$在$x=0$处可导,求常数$a$、$b$.

13. 设$f(x)=\sec x$, $x\in\left(0,\dfrac{\pi}{2}\right)$, $f^{-1}(x)$为$f(x)$的反函数,求$f^{-1}(x)$的导数$[f^{-1}(x)]'$.

14. 设$f(x)=x^2+x+1$, $x\in(0,+\infty)$, $f^{-1}(x)$为$f(x)$的反函数,求曲线$y=f^{-1}(x)$在点$(3,1)$处的切线方程和法线方程.

3.3 高阶导数

物理学中,已知变速直线运动的速度$v(t)$是位移函数$s(t)$对时间t的导数,而加速度$a(t)$是速度$v(t)$对时间t的导数,所以加速度$a(t)$是位移函数$s(t)$对时间t的导数的导数,即$a(t)$是$s(t)$的二阶导数. 这就是高阶导数的由来.

一、高阶导数的概念

定义1 如果函数$y=f(x)$的导数$f'(x)$仍然可导,则称$f'(x)$的导数为函数$y=f(x)$的二阶导数,记作

$$y'',\text{或}f''(x),\text{或}\frac{\mathrm{d}^2y}{\mathrm{d}x^2},\text{或}\frac{\mathrm{d}^2f(x)}{\mathrm{d}x^2}.$$

类似可定义三阶导数: y''', 或$f'''(x)$, 或$\dfrac{\mathrm{d}^3y}{\mathrm{d}x^3}$, 或$\dfrac{\mathrm{d}^3f(x)}{\mathrm{d}x^3}$; 及$n(n>3)$阶导数:$y^{(n)}$, 或$f^{(n)}(x)$,或$\dfrac{\mathrm{d}^ny}{\mathrm{d}x^n}$,或$\dfrac{\mathrm{d}^nf(x)}{\mathrm{d}x^n}$.

二阶及二阶以上的导数都称为**高阶导数**. 相应地把$f'(x)$叫做函数$f(x)$的一阶导数. 函数$f(x)$的各阶导数在点$x=x_0$处的导数分别记作$f'(x_0)$, $f''(x_0)$, …, $f^{(n)}(x_0)$,或$y'|_{x=x_0}$, $y''|_{x=x_0}$, …, $y^{(n)}|_{x=x_0}$.

求高阶导数就是多次求一阶导数,所以,仍可用前面学过的求导方法来计算高阶导数.

例1 设$y=x^4$,求$y^{(n)}$.

解 $y'=4x^3$, $y''=12x^2$, $y'''=24x$, $y^{(4)}=24$, $y^{(5)}=0$, $\cdots$,

故当 $n>4$ 时,有 $y^{(n)}=0$.

例2 设 $y=a^x$,其中常数 $a>0$, $a\neq 1$,求 $y^{(n)}$.

解 $y'=a^x\ln a$, $y''=a^x\ln^2 a$.

一般地, $y^{(n)}=a^x\ln^n a$, $n\in\mathbf{N}_+$.

例3 设 $y=\sin x$,求 $y^{(n)}|_{x=0}$.

解 $y'=\cos x=\sin\left(x+\dfrac{\pi}{2}\right)$;

$y''=\cos\left(x+\dfrac{\pi}{2}\right)=\sin\left(x+\dfrac{\pi}{2}+\dfrac{\pi}{2}\right)=\sin\left(x+2\cdot\dfrac{\pi}{2}\right)$;

$y'''=\cos\left(x+2\cdot\dfrac{\pi}{2}\right)=\sin\left(x+3\cdot\dfrac{\pi}{2}\right)$;

……

一般地, $y^{(n)}=(\sin x)^{(n)}=\sin\left(x+\dfrac{n\pi}{2}\right)$.

所以 $y^{(n)}|_{x=0}=\sin\dfrac{n\pi}{2}=\begin{cases}0, & n=2k,\\(-1)^{k-1}, & n=2k-1,\end{cases}\quad k\in\mathbf{N}_+$.

类似可得 $(\cos x)^{(n)}=\cos\left(x+\dfrac{n\pi}{2}\right)$.

例4 设 $y=\dfrac{1}{ax+b}$,求 $y^{(n)}$.

解 $y'=\left(\dfrac{1}{ax+b}\right)'=\dfrac{-a}{(ax+b)^2}$; $y''=\left[\dfrac{-a}{(ax+b)^2}\right]'=\dfrac{2a^2}{(ax+b)^3}$;

$y'''=\left[\dfrac{2a^2}{(ax+b)^3}\right]'=\dfrac{-2\cdot 3a^3}{(ax+b)^4}$.

一般地, $y^{(n)}=\dfrac{(-1)^n n!a^n}{(ax+b)^{n+1}}$.

例5 设 $y=\ln(1+x)$,求 $y^{(n)}$.

解 $y'=\dfrac{1}{x+1}$,利用例4的结果可得

$$y^{(n)}=\frac{(-1)^{n-1}(n-1)!}{(x+1)^n}.$$

注 计算高阶导数的最基本方法是逐阶计算导数,如果求的是 n 阶导数,则需归纳出 n 阶导数的结果.

二、高阶导数运算法则

定理 1 如果函数 $u=u(x)$、$v=v(x)$ 在 x 处具有 n 阶导数,则

(1) $[u(x)\pm v(x)]^{(n)}=u^{(n)}(x)\pm v^{(n)}(x)$.

(2) $[cu(x)]^{(n)}=cu^{(n)}(x)$,其中 c 为常数.

(3) $[u(x)v(x)]^{(n)}=\sum\limits_{k=0}^{n}\mathrm{C}_n^k u^{(k)}(x)v^{(n-k)}(x)$.

公式(3)称为**莱布尼茨(Leibniz)公式**. 其中 $u^{(0)}(x)=u(x)$, 系数 $\mathrm{C}_n^k=\dfrac{n(n-1)\cdot\cdots\cdot(n-k+1)}{k!}$是组合数,与牛顿二项展开的系数是相同的. 有兴趣的读者可以运用数学归纳法证明这个公式.

例 6 设 $y=x^2\sin x$,求 $y^{(50)}$.

解 设 $u=x^2$, $v=\sin x$,则

$$u'=2x,\ u''=2,\ u'''=0,\ \cdots,\ u^{(50)}=0.$$

$$v^{(n)}=\sin\left(x+n\frac{\pi}{2}\right),其中\ n=0,\ 1,\ 2,\ \cdots,\ 50,$$

代入莱布尼茨公式得

$$\begin{aligned}y^{(50)}=(x^2\sin x)^{(50)}&=\mathrm{C}_{50}^0x^2\sin\left(x+50\frac{\pi}{2}\right)+\mathrm{C}_{50}^1 2x\sin\left(x+49\frac{\pi}{2}\right)+\mathrm{C}_{50}^2 2\sin\left(x+48\frac{\pi}{2}\right)\\&=-x^2\sin x+50\cdot 2x\cos x+\frac{50\cdot 49}{2}\cdot 2\cdot\sin x\\&=-x^2\sin x+100x\cos x+2450\sin x\\&=(2450-x^2)\sin x+100x\cos x.\end{aligned}$$

习题 3.3

1. 求下列函数的二阶导数：

(1) $y = x^5 + 4x^3 + 2x$；

(2) $y = e^{3x-2}$；

(3) $y = x^2 \sin x$；

(4) $y = e^{-2x} \sin x$；

(5) $y = \ln(1 - x^2)$；

(6) $y = \sqrt{1 - x^2}$；

(7) $y = \dfrac{\tan x}{x}$；

(8) $y = \arcsin x$；

(9) $y = \ln(x + \sqrt{1 + x^2})$.

2. 设 $f(x) = (3x+1)^{100}$，求 $f^{(100)}(0)$.

3. 求下列函数在点 x_0 处的三阶导数：

(1) $y = \sec x,\ x_0 = \dfrac{\pi}{4}$；

(2) $y = \tan 2x,\ x_0 = \dfrac{\pi}{6}$；

(3) $y = \arcsin x,\ x_0 = 0$.

4. 验证函数 $y = C_1 e^{\lambda x} + C_2 e^{-\lambda x}$ 满足关系式：$y'' - \lambda^2 y = 0$，其中 λ、C_1、C_2 是常数.

5. 设 $g'(x)$ 连续，且 $f(x) = (x-a)^2 g(x)$，求 $f''(a)$.

6. 设 $f''(x)$ 存在，求下列函数的二阶导数：

(1) $y = f(x^3)$；

(2) $y = e^{f(x)}$.

7. 求下列函数的指定阶的导数：

(1) $y = e^x \sin x,\ y^{(4)}$；

(2) $y = x\ln x,\ y^{(n)}$；

(3) $y = \dfrac{x}{x^2 - 3x + 2},\ y^{(n)}$；

(4) $y = \sqrt{2x+1},\ y^{(n)}$；

(5) $y = \dfrac{1}{x^2 - 1},\ y^{(100)}$；

(6) $y = \ln(1 + 2x - 3x^2),\ y^{(4)}$.

8. 设 $f(x) = x^2 2^x$，求 $f^{(n)}(0)$.

9. 设 $f(x) = \arctan x$，求 $f^{(n)}(0)$.

3.4 隐函数和由参数方程确定的函数的导数

一、隐函数的导数

如果在方程 $F(x, y) = 0$ 中，对于在某区间 I 上的每一个 x 值，相应地总有满足该方程的唯一的 y 值与之对应，则称方程 $F(x, y) = 0$ 在 I 上确定了一个**隐函数** $y = y(x)$.

一个隐函数如果可以写成显函数形式，称为隐函数的显化，如 $x^2 - y^3 = 1$，就可以写成显函数形式:$y=\sqrt[3]{x^2-1}$. 但不是所有的隐函数都可以显化的,比如,$\sin(xy)-\mathrm{e}^x-\mathrm{e}^y=0$就不能显化了.那么如何在不显化的情况下,求隐函数的导数呢?

如果方程 $F(x, y)=0$ 能确定 y 是 x 的函数 $y=y(x)$,则将 $y=y(x)$ 代入到 $F(x, y)=0$ 中,得到恒等式

$$F[x, y(x)]=0. \qquad ①$$

在①式两端对 x 求导,其中 $y(x)$ 是 x 的函数,利用复合函数求导法可得到一个关于 y' 的方程,解该方程便可得 y' 的表达式.

注 在 y' 的表达式中允许含有 y,不必(有时也不可能)将 y' 表示为 x 的显函数.

例 1 求由方程 $y\sin x-\cos(x-y)=0$ 所确定的隐函数 $y(x)$ 的导数 y'.

解 将方程 $y\sin x-\cos(x-y)=0$ 两边对 x 求导,得

$$y'\sin x+y\cos x+\sin(x-y)(1-y')=0,$$

解出 y',得

$$y'=\frac{\sin(x-y)+y\cos x}{\sin(x-y)-\sin x}.$$

当然,其分母 $\sin(x-y)-\sin x$ 不能为零.

例 2 求椭圆 $\frac{x^2}{16}+\frac{y^2}{9}=1$ 在点$\left(2, \frac{3}{2}\sqrt{3}\right)$ 处的切线方程.

解 由导数的几何意义知道,所求切线的斜率为

$$k=y'|_{x=2}.$$

将椭圆方程两边对 x 求导,得

$$\frac{x}{8}+\frac{2}{9}yy'=0,$$

所以

$$y'=-\frac{9x}{16y}.$$

将 $x=2$, $y=\frac{3}{2}\sqrt{3}$ 代入上式,得 $y'|_{x=2}=-\frac{\sqrt{3}}{4}$.

于是所求切线方程为

$$y-\frac{3}{2}\sqrt{3}=-\frac{\sqrt{3}}{4}(x-2)\text{ 或 }\sqrt{3}x+4y-8\sqrt{3}=0.$$

例 3 设方程 $y=\sin(x+y)$ 确定隐函数 $y(x)$，求 y''.

解 将 $y=\sin(x+y)$ 两边对 x 求导，得

$$y'=\cos(x+y)(1+y'), \tag{②}$$

即

$$y'=\frac{\cos(x+y)}{1-\cos(x+y)}, \tag{③}$$

再将②式两边对 x 求导

$$y''=-\sin(x+y)(1+y')^2+y''\cos(x+y),$$

解得

$$y''=\frac{\sin(x+y)}{\cos(x+y)-1}(1+y')^2. \tag{④}$$

将③式代入④式得

$$y''=\frac{\sin(x+y)}{\cos(x+y)-1}\left[1+\frac{\cos(x+y)}{1-\cos(x+y)}\right]^2=\frac{\sin(x+y)}{[\cos(x+y)-1]^3}.$$

注 在求隐函数二阶导数过程中，若整理出二阶导数 y'' 可用 y'、y、x 来表示，如④式，此时应将 y' 用已求得的 y' 的关于 x、y 的表达式代入，即 y'' 的表达式允许含有 x、y，但不应出现 y'.

二、对数求导法

对于幂指函数 $y=f(x)^{g(x)}$，直接用求导法则求导比较困难，可以采用**对数求导法**：将 $y=f(x)^{g(x)}$ 两边先取对数，然后用隐函数求导法求出 y'. 对数求导法不仅能求出幂指函数的导数，还能简化含多个因子乘、除、乘方、开方的函数的求导过程. 请看下面的例子.

例 4 求 $y=x^{\sin x}$ 的导数.

解 两边取对数,得

$$\ln y=\sin x\cdot\ln x.$$

其中 $y=y(x)$,两边对 x 求导,有

$$\frac{1}{y}y'=(\sin x\cdot\ln x)'=\cos x\cdot\ln x+\frac{\sin x}{x}.$$

于是

$$y'=x^{\sin x}\left(\cos x\cdot\ln x+\frac{\sin x}{x}\right).$$

注 也可将 $y=x^{\sin x}$ 写成 $y=\mathrm{e}^{\sin x\ln x}$,直接用求导法则得到结果.

例 5 求由方程 $x^y=y^x(x>0,\ y>0,\ x\neq1,\ y\neq1)$ 确定的隐函数 $y(x)$ 的导数$\frac{\mathrm{d}y}{\mathrm{d}x}$.

解 方程两边都是幂指函数,故对方程两边取对数,得

$$y\ln x=x\ln y.$$

两边对 x 求导,得

$$\frac{\mathrm{d}y}{\mathrm{d}x}\ln x+\frac{y}{x}=\ln y+\frac{x}{y}\frac{\mathrm{d}y}{\mathrm{d}x},$$

即

$$\frac{\mathrm{d}y}{\mathrm{d}x}=\frac{y(x\ln y-y)}{x(y\ln x-x)}.$$

例 6 设 $y=\frac{(x^2+1)^3\sqrt[4]{x-2}}{\sqrt[5]{(5x-9)^2}}$,求 y'.

解 对 $y=\frac{(x^2+1)^3\sqrt[4]{x-2}}{\sqrt[5]{(5x-9)^2}}$ 两边取对数,得

$$\ln y=3\ln(x^2+1)+\frac{1}{4}\ln(x-2)-\frac{2}{5}\ln(5x-9),$$

两边对 x 求导,得

$$\frac{1}{y}y' = \left[3\ln(x^2+1)+\frac{1}{4}\ln(x-2)-\frac{2}{5}\ln(5x-9)\right]',$$

因此

$$\begin{aligned} y' &= y\cdot\left[3\ln(x^2+1)+\frac{1}{4}\ln(x-2)-\frac{2}{5}\ln(5x-9)\right]' \\ &= \frac{(x^2+1)^3\sqrt[4]{x-2}}{\sqrt[5]{(5x-9)^2}}\left[\frac{6x}{x^2+1}+\frac{1}{4(x-2)}-\frac{2}{5x-9}\right]. \end{aligned}$$

取对数可以简化函数:变乘幂为乘积,还可以化积、商为加、减,读者可以根据这一特点决定是否用对数求导法求导数.

三、由参数方程确定的函数的导数

在实际问题中,函数 y 与自变量 x 可能不是直接由 $y=f(x)$ 表示,而是通过一参变量 t 来确定函数关系,即给定参数方程

$$\begin{cases} x=\varphi(t), \\ y=\psi(t), \end{cases} \tag{5}$$

如果⑤式可以确定变量 y 是 x 的函数,我们称该函数为**由参数方程所确定的函数.**

设 $x=\varphi(t)$ 有连续的反函数 $t=\varphi^{-1}(x)$,且 $\varphi(t)$、$\psi(t)$ 都可导,$\varphi'(t)\neq 0$,则由复合函数和反函数的求导法则可得

$$\frac{\mathrm{d}y}{\mathrm{d}x}=\frac{\mathrm{d}y}{\mathrm{d}t}\cdot\frac{\mathrm{d}t}{\mathrm{d}x}=\frac{\mathrm{d}y}{\mathrm{d}t}\cdot\frac{1}{\frac{\mathrm{d}x}{\mathrm{d}t}}=\frac{\psi'(t)}{\varphi'(t)}, \tag{6}$$

⑥式是由参数方程⑤确定的函数的导数公式.

设 $x=\varphi(t)$、$y=\psi(t)$ 还是二阶可导的,则有二阶导数公式

$$\frac{\mathrm{d}^2y}{\mathrm{d}x^2}=\frac{\mathrm{d}}{\mathrm{d}x}\left(\frac{\mathrm{d}y}{\mathrm{d}x}\right)=\frac{\frac{\mathrm{d}}{\mathrm{d}t}\left(\frac{\mathrm{d}y}{\mathrm{d}x}\right)}{\frac{\mathrm{d}x}{\mathrm{d}t}}=\frac{\frac{\mathrm{d}}{\mathrm{d}t}\left[\frac{\psi'(t)}{\varphi'(t)}\right]}{\varphi'(t)}=\frac{\psi''(t)\varphi'(t)-\varphi''(t)\psi'(t)}{[\varphi'(t)]^3}. \tag{7}$$

例7 求由摆线的参数方程 $\begin{cases} x=a(t-\sin t), \\ y=a(1-\cos t) \end{cases}$ 所确定的函数 $y=y(x)$ 的一阶导数 $\frac{\mathrm{d}y}{\mathrm{d}x}$ 和二阶导数 $\frac{\mathrm{d}^2y}{\mathrm{d}x^2}$.

解 由公式⑥,得

$$\frac{\mathrm{d}y}{\mathrm{d}x}=\frac{\frac{\mathrm{d}y}{\mathrm{d}t}}{\frac{\mathrm{d}x}{\mathrm{d}t}}=\frac{a\sin t}{a(1-\cos t)}=\frac{\sin t}{1-\cos t},\text{其中 } t\neq 2n\pi,\ n \text{ 为整数};$$

求二阶导数时,一般不套用公式⑦,而是直接对上式求导(t 作为中间变量),因此有

$$\frac{\mathrm{d}^2y}{\mathrm{d}x^2}=\frac{\mathrm{d}}{\mathrm{d}t}\left(\frac{\sin t}{1-\cos t}\right)\frac{1}{\frac{\mathrm{d}x}{\mathrm{d}t}}=\frac{\cos t(1-\cos t)-\sin^2 t}{(1-\cos t)^2}\cdot\frac{1}{a(1-\cos t)}$$

$$=-\frac{1}{a(1-\cos t)^2},\text{其中 } t\neq 2n\pi,\ n \text{ 为整数}.$$

读者也可以尝试用公式⑦计算.

习题 3.4

本节学习要点

1. 求由下列方程所确定的隐函数 $y=y(x)$ 的导数:

(1) $\sqrt{x}+\sqrt{y}=\sqrt{a}$;　　(2) $x^3+y^3-3xy=0$;

(3) $x\mathrm{e}^y+y\mathrm{e}^x=1$;　　(4) $\arctan\frac{y}{x}=\ln\sqrt{x^2+y^2}$.

2. 求由下列方程所确定的隐函数 $y=y(x)$ 的二阶导数:

(1) $\sin y=\ln(x-2y)$;　　(2) $x=y+\arctan y$.

3. 用对数求导法求下列函数的导数:

(1) $y=x^x$;　　(2) $y=x^{x^x}$;

(3) $y=\frac{\sqrt[3]{x-4}\sqrt[5]{3x+2}}{\sqrt{x+2}}$;　　(4) $y=\frac{\sqrt{x+3}(3-x)^4}{(x+1)^5}$.

4. 设函数 $y=y(x)$ 是由方程 $\mathrm{e}^y-xy=2$ 所确定的隐函数,求 $y'(0)$,并求曲线 $\mathrm{e}^y-xy=2$ 在横坐标为 0 的点处的切线方程和法线方程.

5. 设函数 $y=y(x)$ 是由方程 $x+y+\mathrm{e}^{xy}=0$ 所确定的隐函数,求 $y''(0)$.

6. 设 $z=f[\varphi(x)+y^2]$,其中 x、y 满足 $y+\mathrm{e}^y=x$,且 f、φ 均有二阶导数,求 $\frac{\mathrm{d}z}{\mathrm{d}x}$ 与 $\frac{\mathrm{d}^2z}{\mathrm{d}x^2}$.

7. 求下列由参数方程所确定的函数 $y=y(x)$ 的一阶导数和二阶导数:

(1) $\begin{cases}x=at^2,\\ y=bt^3;\end{cases}$　　(2) $\begin{cases}x=\mathrm{e}^t\cos t,\\ y=\mathrm{e}^t\sin t;\end{cases}$

(3) $\begin{cases} x = a\cos t, \\ y = a\sin t; \end{cases}$ (4) $\begin{cases} x = \ln(1+t^2), \\ y = t - \arctan t. \end{cases}$

8. 求曲线 $\begin{cases} x = \arctan t, \\ y = \ln(1+t^2) \end{cases}$ 在 $t=1$ 对应的点处的切线方程和法线方程.

9. 设 $y=y(x)$ 是由参数方程 $\begin{cases} x = \sin t, \\ y = t\sin t + \cos t \end{cases}$ 所确定的函数,求 $\left.\dfrac{d^2y}{dx^2}\right|_{t=\frac{\pi}{4}}$.

3.5 微　　分

一、微分的概念

在许多场合,需要考察函数 $y=f(x)$ 的增量 $\Delta y=f(x_0+\Delta x)-f(x_0)$,当函数 $y=f(x)$ 的表达式比较复杂(如三角函数、指数函数及更复杂的复合函数)时,增量 Δy 就不容易计算了. 一个自然的想法就是当 $|\Delta x|$ 很小时,是否可以有容易计算的 Δx 的线性函数来近似替代 Δy?

定义 1 若函数 $y=f(x)$ 在点 x_0 处的增量

$$\Delta y=f(x_0+\Delta x)-f(x_0)$$

可以表示为 Δx 的线性函数 $A\Delta x$(A 是与 Δx 无关的常数)与较 Δx 高阶的无穷小量 $o(\Delta x)$之和,即

$$\Delta y = A\Delta x + o(\Delta x),$$

则称函数 $y=f(x)$ 在点 x_0 处可微,并称 $A\Delta x$ 为函数 $y=f(x)$ 在点 x_0 处的**微分**,记作 $dy|_{x=x_0}$ 或 $df(x_0)$,即 $dy|_{x=x_0}=A\Delta x$.

例 1 一块正方形金属薄片因受温度变化的影响,其边长由 x_0 变到 $x_0+\Delta x$,则其面积的增量为

$$\Delta A=(x_0+\Delta x)^2-x_0^2=2x_0\Delta x+(\Delta x)^2.$$

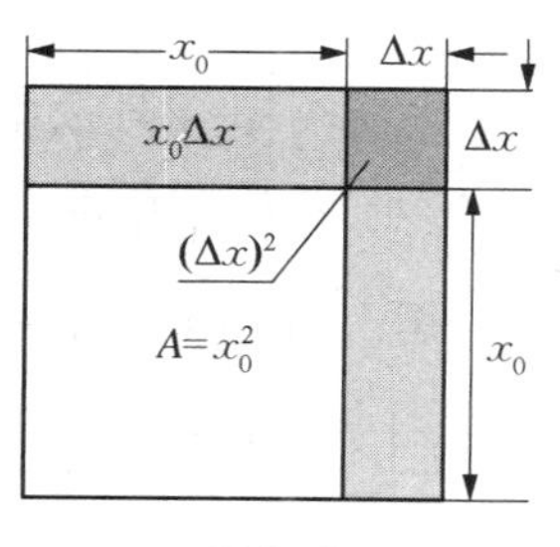

图 3-2

其中 Δx 的线性函数 $2x_0\Delta x$(图 3-2 中两个矩形面积之和),是面积函数 $A=x^2$ 在 x_0 处的微分:$dA=2x_0\Delta x$; dA 与 ΔA 相差一个边长为 Δx 的小正方形的面积$(\Delta x)^2$,$(\Delta x)^2$ 是 Δx 的高阶无穷小量(图 3-2 中小正方形面积). 当 $|\Delta x|$ 很小时,dA 与 ΔA 非常接近,所以, dA 就是 ΔA 的**线性近似**.

函数 $y=f(x)$ 在任意点 x 的微分,称为函数 $f(x)$ 的微分,记作 dy 或 $df(x)$,即

$$dy = A\Delta x.$$

通常将自变量 x 的增量 Δx 记作 dx,于是微分又可记作 $dy = Adx$.

若函数 $y = f(x)$ 在点 x 处可微,则 $\Delta y = A\Delta x + o(\Delta x)$,两边除以 Δx,得

$$\frac{\Delta y}{\Delta x} = A + \frac{o(\Delta x)}{\Delta x},$$

于是,当 $\Delta x \to 0$ 时,可得

$$A = \lim_{\Delta x \to 0} \frac{\Delta y}{\Delta x} = f'(x).$$

因此,如果函数 $y = f(x)$ 在点 x 处可微,则 $y = f(x)$ 在点 x 处也一定可导,且 $A = f'(x)$. 反之如果函数 $y = f(x)$ 在点 x 处可导,则有有限增量公式:

$$\Delta y = f'(x)\Delta x + \alpha\Delta x,$$

其中 $\lim\limits_{\Delta x \to 0}\alpha = 0$, $\alpha\Delta x = o(\Delta x)$. 这表明函数在点 x 处可微. 这就是下面的定理.

定理 1 函数 $y = f(x)$ 在点 x 处可微的充分必要条件是 $y = f(x)$ 在点 x 处可导,并且

$$dy = f'(x)dx.$$

导数 $f'(x) = \dfrac{dy}{dx}$,可看成是函数微分与自变量微分的商,故导数也称作"**微商**".

函数的微分是函数增量的一部分,且它与函数增量只相差一个关于自变量增量 Δx 的高阶无穷小量,因此函数的微分也称为函数增量的**线性主部**:说是"主部",是因为它与增量之差只是关于 Δx 的一个高阶无穷小量;说是"线性",是因为它是 Δx 的线性(一次)函数 $f'(x)\Delta x$.

例 2 设 $y = x^3$,求:

(1) $dy\big|_{x=1}$ 和 $dy\big|_{x=0.1}$; (2) 在 $x = 1$, $\Delta x = 0.001$ 时的微分.

解 (1) $dy\big|_{x=1} = (x^3)'\big|_{x=1}\Delta x = 3x^2\big|_{x=1}\Delta x = 3\Delta x$,

$dy\big|_{x=0.1} = (x^3)'\big|_{x=0.1}\Delta x = 3x^2\big|_{x=0.1}\Delta x = 0.03\Delta x$.

(2) $dy\big|_{\substack{x=1\\ \Delta x=0.001}} = 3x^2\big|_{x=1}\Delta x\big|_{\Delta x=0.001} = 0.003$.

二、微分的几何意义

如图 3-3 所示,设函数 $y = f(x)$ 在点 x_0 处可微,由定理 1 知 $y = f(x)$ 在点 x_0 处可导. 又设

曲线 $y=f(x)$ 在点 $A(x_0, f(x_0))$ 处的切线为 AC，其倾角为 α，则函数 $y=f(x)$ 在点 x_0 处的微分为

$$f'(x_0)\Delta x=\tan\alpha\cdot AD=CD.$$

由此可知，曲线 $y=f(x)$ 在点 A 处的切线的纵坐标增量 CD 就是函数 $y=f(x)$ 在点 x_0 处的微分 $\mathrm{d}y$，而 $y=f(x)$ 在点 x_0 处函数的增量为

$$\Delta y=f(x_0+\Delta x)-f(x_0)=BD.$$

图 3-3

由函数微分的定义可知 Δy 与 $\mathrm{d}y$ 之差 BC 是 Δx 的高阶无穷小，因此，在点 A 附近的曲线段可用切线段来近似代替.

图 3-4 是函数 $y=x^2$ 在点 $x=1$ 处的情形. 可以看出微分 $\mathrm{d}y$ 与 Δy 在 $x=1$ 附近相差非常小，当 $0.9<x<1.1$ 时，如图 3-4(c) 所示，$\mathrm{d}y$ 与 Δy 几乎已经看不出差别了.

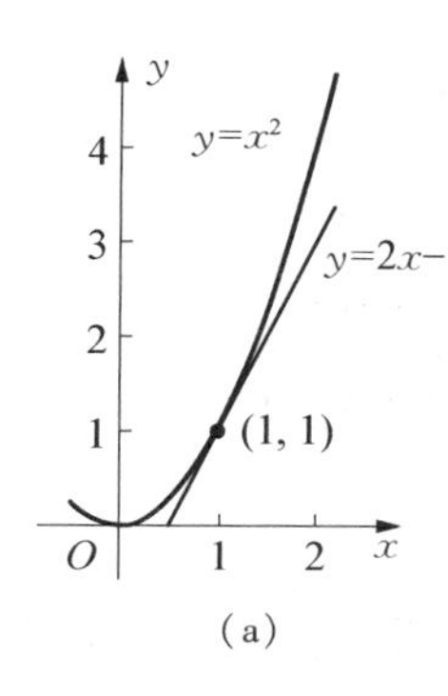

(a)

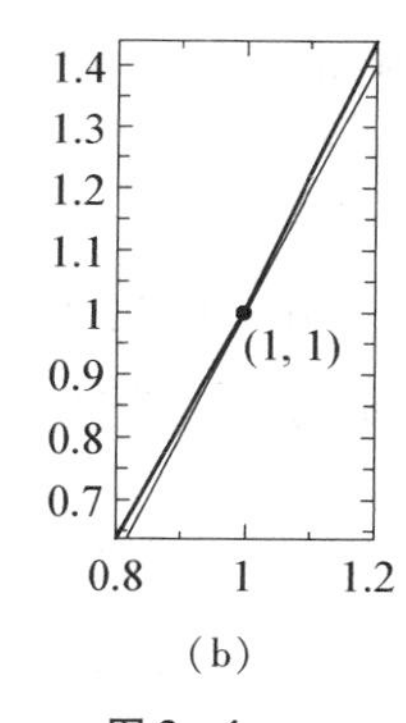

(b)

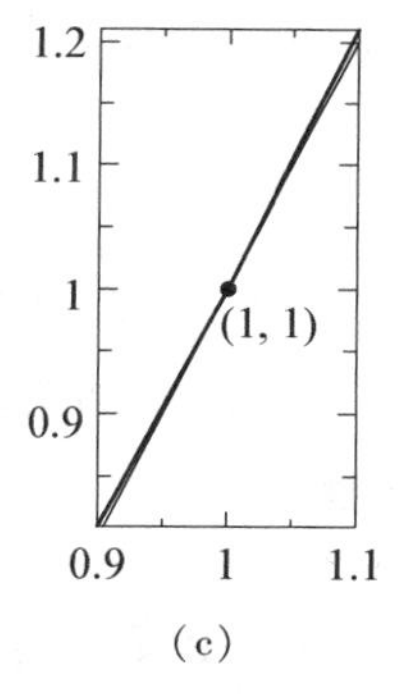

(c)

图 3-4

三、微分基本公式与运算法则

从函数的微分表达式

$$\mathrm{d}y=f'(x)\mathrm{d}x$$

可以看出，要计算函数的微分，只要计算函数的导数，再乘以自变量的微分即可. 由此可得如下微分公式和微分运算法则.

微分公式

1. $\mathrm{d}(C)=0$（C 是常数）.

2. $\mathrm{d}(x^\alpha)=\alpha x^{\alpha-1}\mathrm{d}x$（$\alpha$ 为任意实常数）.

3. $\mathrm{d}(\sin x)=\cos x\mathrm{d}x$，　　$\mathrm{d}(\cos x)=-\sin x\mathrm{d}x$，

$\mathrm{d}(\tan x)=\sec^2 x\mathrm{d}x$，　　$\mathrm{d}(\cot x)=-\csc^2 x\mathrm{d}x$，

$\mathrm{d}(\sec x)=\sec x\tan x\mathrm{d}x$，　　$\mathrm{d}(\csc x)=-\csc x\cot x\mathrm{d}x$.

4. $d(\arcsin x) = -d(\arccos x) = \dfrac{1}{\sqrt{1-x^2}}dx \quad (|x| < 1)$,

$d(\arctan x) = -d(\operatorname{arccot} x) = \dfrac{dx}{1+x^2}$.

5. $d(a^x) = a^x \ln a dx$(常数 $a > 0$, $a \neq 1$), $d(e^x) = e^x dx$.

6. $d(\log_a x) = \dfrac{dx}{x\ln a}$(常数 $a > 0$, $a \neq 1$), $d(\ln x) = \dfrac{dx}{x}$.

微分运算法则

1. $d[u(x) \pm v(x)] = du(x) \pm dv(x)$.
2. $d[u(x)v(x)] = v(x)du(x) + u(x)dv(x)$, k 为常数时, $d[ku(x)] = kdu(x)$.
3. $v(x) \neq 0$ 时, $d\left[\dfrac{u(x)}{v(x)}\right] = \dfrac{v(x)du(x) - u(x)dv(x)}{v^2(x)}$.
4. $df[g(x)] = f'(u)g'(x)dx$,其中 $u = g(x)$.

微分运算法则的第 4 式为**复合法则**,由于 $du = g'(x)dx$,因此该式也写成

$$df(u) = f'(u)du,\text{其中 } u \text{ 是中间变量.}$$

当 u 是自变量时,显然有 $df(u) = f'(u)du$. 由此可知,对函数 $y = f(u)$ 来说,不论 u 是自变量还是自变量的可导函数(中间变量),它的微分形式都是 $dy = df(u) = f'(u)du$. 这个性质称为**一阶微分形式的不变性**.

思考 一阶导数是否具备类似一阶微分形式不变性的不变性?请举例说明.

例 3 求下列函数的微分 dy:

(1) $y = e^{\sin x}$; (2) $y = \ln(1 + e^{x^2})$; (3) $y = e^{1+2x}\cos x$.

解 (1) 根据微分形式不变性,将 $\sin x$ 看成中间变量,有

$$dy = de^{\sin x} = e^{\sin x}d\sin x = e^{\sin x}\cos x dx.$$

(2) $dy = d\ln(1 + e^{x^2}) = \dfrac{1}{1+e^{x^2}}d(1 + e^{x^2}) = \dfrac{e^{x^2}}{1+e^{x^2}}dx^2 = \dfrac{2xe^{x^2}}{1+e^{x^2}}dx.$

(3) $$\begin{aligned} dy &= d(e^{1+2x}\cos x) = \cos x d(e^{1+2x}) + e^{1+2x}d\cos x \\ &= 2e^{1+2x}\cos x dx - e^{1+2x}\sin x dx \\ &= e^{1+2x}(2\cos x - \sin x)dx. \end{aligned}$$

例 4 求 $y = \sin x$ 对 e^x 的导数.

解 将$\frac{dy}{de^x}$看成是 dy 与 de^x 的商,因此

$$\frac{dy}{de^x}=\frac{d\sin x}{de^x}=\frac{\cos x dx}{e^x dx}=\frac{\cos x}{e^x}.$$

例 5 设参数方程$\begin{cases}x=a\cos t,\\y=b\sin t\end{cases}$确定函数 $y=y(x)$,其中 a、b 为常数,求$\frac{dy}{dx}$.

解 $\frac{dy}{dx}=\frac{d(b\sin t)}{d(a\cos t)}=\frac{b\cos t dt}{-a\sin t dt}=-\frac{b}{a}\cot t.$

例 6 求 $xy=e^{x+y}$ 所确定的函数 $y=y(x)$ 的微分.

解 等式两边求微分,得

$$xdy+ydx=e^{x+y}d(x+y)=e^{x+y}(dx+dy),$$

整理可得

$$(e^{x+y}-x)dy=(y-e^{x+y})dx,$$

即

$$dy=\frac{y-e^{x+y}}{e^{x+y}-x}dx.$$

四、利用微分进行近似计算

由上面讨论知,一个函数在某一点的微小的增量可以用函数在该点的微分来近似,换句话说,一个较复杂的函数的计算可以用一个简单的线性函数来近似.这种近似方法无论在经济学、工程学还是数学上都十分有用.

设 $y=f(x)$ 在点 x_0 可微,由微分的定义,当 $|\Delta x|$ 很小时,有

$$\Delta y\approx dy=f'(x_0)\Delta x.$$

即

$$f(x_0+\Delta x)\approx f(x_0)+f'(x_0)\Delta x. \quad ①$$

令 $x_0+\Delta x=x$,① 式变为函数 $f(x)$ 在 x_0 附近的近似计算公式

$$f(x)\approx f(x_0)+f'(x_0)(x-x_0), \quad ②$$

②式表明在 x_0 附近,可以用 x 的线性函数 $f(x_0)+f'(x_0)(x-x_0)$ 来近似 $f(x)$.

当 $x_0=0$ 时,② 式就变为

$$f(x)\approx f(0)+f'(0)x. \tag{③}$$

根据③式以及常用微分公式得近似计算式:当 $|x|$ 很小时,有

$$\sin x\approx x;\ \tan x\approx x;\ \ln(1+x)\approx x;\ \mathrm{e}^x\approx 1+x;\ \sqrt[n]{1+x}\approx 1+\frac{1}{n}x.$$

读者可以将这些近似计算式与相应的等价无穷小量的关系式进行比较.

例 7 求 $\sin 29°$ 的近似值.

解 令 $f(x)=\sin x$, $x_0=30°=\dfrac{\pi}{6}$,而 $x=29°=\dfrac{\pi}{6}-\dfrac{\pi}{180}$. 取 $\Delta x=-\dfrac{\pi}{180}\approx-0.01745$,因而 $|\Delta x|$ 很小,根据公式 ①,得

$$\sin 29°=\sin\left(\frac{\pi}{6}-\frac{\pi}{180}\right)\approx\sin\frac{\pi}{6}+\cos\frac{\pi}{6}(-0.01745)$$

$$=\frac{1}{2}-\frac{\sqrt{3}}{2}\times 0.01745\approx 0.4849.$$

例 8 求 $\sqrt{26}$ 的近似值.

解 由 $\sqrt{26}=\sqrt{25+1}=5\sqrt{1+\dfrac{1}{25}}$,令 $f(x)=\sqrt{x}$,取 $x_0=1$, $\Delta x=\dfrac{1}{25}=0.04$,因而 $|\Delta x|$ 很小,又 $f(1)=1$, $f'(1)=\left.\dfrac{1}{2\sqrt{x}}\right|_{x=1}=\dfrac{1}{2}$,根据公式 ①,有

$$\sqrt{26}=5\sqrt{1+\frac{1}{25}}\approx 5\left(1+\frac{1}{2}\times 0.04\right)=5.10.$$

本例也可直接利用公式 $\sqrt[n]{1+x}\approx 1+\dfrac{1}{n}x$ 计算,读者可以自行尝试.

习题 3.5

本节学习要点

1. 已知 $y=x^3$,计算在 $x=1$ 处:

(1) 微分 $\mathrm{d}y$; (2) 当 Δx 分别为 1、0.1、0.01 时的增量 Δy.

2. 求下列函数的微分:

(1) $y=\ln x+2\sqrt{x}$; (2) $y=x^2\mathrm{e}^x$;

(3) $y=\ln(1+e^x)$; (4) $y=\sqrt{x+\sqrt{x+\sqrt{x}}}$;

(5) $y=\arctan\dfrac{1-x^2}{1+x^2}$; (6) $y=\ln(x+\sqrt{x^2\pm a^2})$.

3. 求下列函数在指定点 x_0 处的微分:

(1) $y=e^{2-3x}\sin x$, $x_0=0$; (2) $y=(x+\ln x)^6$, $x_0=1$.

4. 将适当的函数填入下列括号内,使等式成立:

(1) $2dx=d(\quad)$; (2) $(2x+1)dx=d(\quad)$;

(3) $\sin 3xdx=d(\quad)$; (4) $\dfrac{1}{1-x}dx=d(\quad)$;

(5) $\dfrac{1}{\sqrt{x}}dx=d(\quad)$; (6) $\dfrac{1}{\sqrt{1-x^2}}dx=d(\quad)$;

(7) $\sin x\cos xdx=d(\quad)$; (8) $\dfrac{\sin x}{\cos^2 x}dx=d(\quad)$.

5. 求由方程 $2y-x=(x-y)\ln(x-y)$ 所确定的隐函数 $y=y(x)$ 的微分.

6. 求由方程 $y=e^{-\frac{x}{y}}$ 所确定的隐函数 $y=y(x)$ 在点 $x=0$ 处的微分.

7. 设 $f(x)=x^2+x+1$, $x\in(0,+\infty)$, $f^{-1}(x)$ 为 $f(x)$ 的反函数,求 $f^{-1}(x)$ 的微分.

8. 求由参数方程 $\begin{cases}x=\arctan t-t,\\ y=\ln(1+t^2)\end{cases}$ 所确定的函数 $y=y(x)$ 在 $t=1$ 所对应的点处的微分.

9. 证明当 $|x|$ 很小时,有近似公式 $\sqrt[n]{1+x}\approx 1+\dfrac{1}{n}x$(公式右端称为左端的线性近似).

10. 计算下列各式的近似值:

(1) $\sqrt[9]{500}$; (2) $\tan 46°$; (3) $\arcsin 0.49$.

11. 设边长为 a 的立方体的体积和表面积分别为 $V(a)$、$S(a)$,当立方体的边长由 a 变化到 $a+\Delta a$ 时,$V(a)$ 与 $S(a)$ 各变化了多少?

3.6 导数和微分在经济学中的简单应用

一、边际

所谓边际,就是在原产量的基础上再增加一单位产量引起的经济量(成本、收入、利润等)的增加量. 下面就边际成本做一个简单的讨论.

设成本函数 $C=C(x)$(其中 x 表示产量)可导,当产量 x 在原产量 x_0 的基础上变动 Δx 时,成本的变化量是 $\Delta C=C(x_0+\Delta x)-C(x_0)$,根据微分定义,当 $|\Delta x|$ 很小时,$\Delta C\approx dC$,即

$$\Delta C = C(x_0 + \Delta x) - C(x_0) \approx C'(x_0)\Delta x.$$

由于产量增加(减少)量至少是1,即$|\Delta x|$的最小单位是1,因此边际成本

$$\Delta C = C(x_0 + 1) - C(x_0) \approx C'(x_0).$$

这样就可以用成本函数$C(x)$在x_0处的导数$C'(x_0)$来近似代替$C(x)$在x_0处的边际成本ΔC. 在实际应用中,一般成本函数的导数$C'(x_0)$比成本函数的增量$C(x_0 + 1) - C(x_0)$更容易计算,所以现在习惯用成本函数的导数来定义边际成本.

边际收入、边际利润也可用同样的方法来定义.

例1 某产品的成本函数为$C(x) = x^3 - 2x^2 + 12x$,单位为元. 问:(1)现在每天生产10件,再每天增加一件的产量,成本将增加多少?(2)如果在每天生产15件的基础上再增加一件的产量,成本又会增加多少?

解 (1) 实际上是问当$x = 10$时的边际成本,此时边际成本为

$$\begin{aligned} C'(10) &= (x^3 - 2x^2 + 12x)'\big|_{x=10} = (3x^2 - 4x + 12)\big|_{x=10} \\ &= 272(\text{元}). \end{aligned}$$

(2) 就是求$C'(15)$,

$$\begin{aligned} C'(15) &= (x^3 - 2x^2 + 12x)'\big|_{x=15} = (3x^2 - 4x + 12)\big|_{x=15} \\ &= 627(\text{元}). \end{aligned}$$

所以,在产量为10件时,增加一件产品需要增加成本272元;在产量为15件时,增加一件产品需要增加成本627元. 所以,如果售价不能高于边际成本,就不要再增产了.

例2 某厂生产牛仔裤,其收入函数为$R(x) = 83x - 0.04x^2$(元),成本函数为$C(x) = 6000 + 3x + 0.01x^2$(元),其中$x$为产量(单位:条). 求:

(1) $x = 500$时的边际利润;

(2) 边际利润为零时x的值.

解 (1) 利润就是收入减去成本,故利润函数为

$$\begin{aligned} L(x) &= R(x) - C(x) = 83x - 0.04x^2 - (6000 + 3x + 0.01x^2) \\ &= -6000 + 80x - 0.05x^2, \end{aligned}$$

于是$x = 500$时的边际利润为

$$L'(500) = (80 - 0.1x)\big|_{x=500} = 30(\text{元}).$$

(2) 令$L'(x) = 80 - 0.1x = 0$,得$x = 800$.

即当产量为800时，边际利润为零，也就是说第800条牛仔裤已经没有利润了. 可以想象，如果继续提高产量，边际成本的增加将大于边际收入的增加，边际利润为负. 所以不是产量越高，赚钱越多！边际分析是生产经营管理的理论基础.

二、弹性

经济学中的弹性是一个变量对另一个变量相对变化的描述.

设函数 $y=f(x)$ 可导，则函数的相对改变量 $\frac{\Delta y}{y}=\frac{f(x+\Delta x)-f(x)}{y}$ 与自变量的相对改变量 $\frac{\Delta x}{x}$ 之比 $\frac{\Delta y}{y}\Big/\frac{\Delta x}{x}=\frac{\Delta y}{\Delta x}\Big/\frac{y}{x}$ 的极限为

$$\lim_{\Delta x\to 0}\frac{\Delta y}{\Delta x}\Big/\frac{y}{x}=\frac{\mathrm{d}y}{\mathrm{d}x}\cdot\frac{x}{y},$$

称该极限为函数 $f(x)$ 在 x 处的**弹性**（相对变化率），记作

$$\frac{Ey}{Ex}=\frac{\mathrm{d}y}{\mathrm{d}x}\cdot\frac{x}{y}=f'(x)\frac{x}{f(x)}.$$

函数 $f(x)$ 在 x 处的弹性反映的是 $f(x)$ 随 x 的变化而变化的幅度的大小，即 $f(x)$ 对 x 变化反应的灵敏度. 数值上，$\frac{Ey}{Ex}$ 表示函数 $f(x)$ 在 x 处，当 x 发生1%的改变时，$f(x)$ 大约有 $\frac{Ey}{Ex}$% 的改变.

在经济学中有**需求弹性**和**供给弹性**.

例3 设某商品的需求函数是 $Q(P)=10\,000\left(\frac{4}{5}\right)^P$，其中 P 是商品的价格（单位:元），Q 表示需求量（单位:个）. 求当 $P=12$ 时的需求弹性.

解 因为

$$\frac{EQ}{EP}=Q'(P)\frac{P}{Q(P)}=10\,000\left(\frac{4}{5}\right)^P\ln\frac{4}{5}\cdot\frac{P}{10\,000\left(\frac{4}{5}\right)^P}=P\ln\frac{4}{5}$$

$$\approx-0.2231P.$$

所以当 $P=12$ 时的需求弹性为

$$\left.\frac{EQ}{EP}\right|_{P=12}\approx-0.2231P\big|_{P=12}\approx-2.68.$$

需求弹性一般是负值，表示当价格上涨时，需求量是下降的，这是由普通商品的需求曲线（需

求量关于价格是严格递减函数)决定的.

上面结果说明,当 $P=12$ 时,价格变化1%,需求量大约变化 -2.68%,即价格上涨(下降)1%,需求量将减少(增加)2.68%. 从营销上讲,此时适宜降价,降价 1%,换来的是需求量(销量)增加 2.68%.

通常当一个普通商品的价格为 P 时,需求弹性的绝对值 $\left|\frac{EQ}{EP}\right|\Big|_P>1$,适宜降价;$\left|\frac{EQ}{EP}\right|\Big|_P<1$,适宜涨价.

习题 3.6

1. 某煤炭公司每天生产煤 x 吨的成本函数为 $C(x)=0.001x^3-0.3x^2+40x+2000$,每吨煤的售价 490 元,求:

(1) 边际成本 $C'(x)$; (2) 利润函数 $L(x)$ 和边际利润 $L'(x)$;

(3) 边际利润为零时的产量.

2. 某型号电视机销售 x 台的收益函数为 $Y(x)=200x-0.01x^2$,求边际收益函数 $Y'(x)$,以及产量分别为 9000、10 000、11 000 时的边际收益,并说明其经济意义.

3. 设某商品的需求函数为 $Q=300-0.5P$,求 P 分别为 200、500、800 时的需求弹性.

4. 设某产品准备降价促销. 经测算该产品的需求弹性在 1.6 到 2.2(指绝对值)之间. 如果降价 10%,销量可增加多少?

总 练 习 题

1. 设 $f(x)=\begin{cases}x^{\alpha}\sin\dfrac{1}{x}, & x<0,\\ 0, & x\geqslant 0,\end{cases}$ 其中常数 $\alpha>0$,问:

(1) 当 α 为何值时,$f(x)$ 在点 $x=0$ 处不可导;

(2) 当 α 为何值时,$f(x)$ 在点 $x=0$ 处可导,但 $f(x)$ 的导函数不连续;

(3) 当 α 为何值时,$f(x)$ 在点 $x=0$ 处可导,且 $f(x)$ 的导函数连续.

2. 设 $f(x)=\begin{cases}ax^2+b\sin x+c, & x\leqslant 0,\\ \ln(1+x), & x>0,\end{cases}$ 问常数 a、b、c 取何值时,$f(x)$ 在点 $x=0$ 处的一阶导数连续,但二阶导数不存在.

3. 设 $f(x)=\begin{cases}e^{-\frac{1}{x^2}}, & x\neq 0,\\ 0, & x=0,\end{cases}$ 求 $f^{(4)}(0)$.

4. 设由参数方程$\begin{cases}x=t^2+|t|,\\y=t^2+4t|t|\end{cases}$所确定的函数为$y=y(x)$,求$\left.\dfrac{dy}{dx}\right|_{t=0}$.

5. 设$f(x)$为可导函数,求下列函数的导数$\dfrac{dy}{dx}$:

(1) $y=f(2^x+x^2)$;　(2) $y=2^{[f(x)]^2}$;　(3) $y=e^{f(e^x)}+f[e^{f(x)}]$.

6. 已知$y=f\left(\dfrac{x-1}{x+1}\right)$, $f'(x)=e^{-x^2}$,求$\left.\dfrac{dy}{dx}\right|_{x=0}$.

7. 求曲线$x^{\frac{2}{3}}+y^{\frac{2}{3}}=a^{\frac{2}{3}}$在点$\left(\dfrac{27}{125}a,\ \dfrac{64}{125}a\right)$处的切线方程和法线方程,其中常数$a>0$.

8. 设函数$y=y(x)$由方程$\sqrt[x]{y}=\sqrt[y]{x}\ (x>0,\ y>0,\ x\neq 1,\ y\neq 1)$所确定的隐函数,求$\dfrac{d^2y}{dx^2}$.

9. 求由下列方程所确定的隐函数$y=y(x)$的二阶导数:

(1) $y=\sin(x+y)$;　(2) $xy=e^{x+y}$.

10. 求下列函数的n阶导数:

(1) $y=\cos^2x$;　(2) $y=\dfrac{1}{x^2-x-2}$.

11. 设$f(x)=\arctan x-\dfrac{x}{1+ax^2}$满足$f'''(0)=1$,求常数$a$.

12. 求下列函数的导数y':

(1) $y=\dfrac{1}{\sqrt[3]{x\sqrt[3]{x}}}$;　(2) $y=x^{x^a}+a^{x^x}+x^{a^x}$,其中常数$a>0$;

(3) $y=(1+x^2)^{\sin x}$;　(4) $y=\sqrt{x\sqrt{1-e^x}}$;

(5) $y=(\tan x)^{\sec x}$;　(6) $y=\sqrt{\sqrt{x}-\sqrt[3]{x}}$;

(7) $y=\dfrac{1}{2}\arctan\sqrt{1+x^2}+\dfrac{1}{4}\ln\dfrac{\sqrt{1+x^2}+1}{\sqrt{1+x^2}-1}$;

(8) $y=\dfrac{\sqrt{1+x}-\sqrt{1-x}}{\sqrt{1+x}+\sqrt{1-x}}$.

13. 用数学归纳法证明:$y=(\arcsin x)^2$对任意$n\geqslant 1$满足方程

$$(1-x^2)y^{(n+2)}-(2n+1)xy^{(n+1)}-n^2y^{(n)}=0.$$

14. 设$f(t)$二阶可导,且$f''(t)\neq 0$,设由参数方程$\begin{cases}x=f'(t),\\y=tf'(t)-f(t)\end{cases}$所确定的函数为$y=y(x)$,求$\dfrac{d^2y}{dx^2}$.

15. 设$y=f(\ln x)e^{f(x)}$,且$f(x)$是可微函数,求dy.

16. 设函数 $y=y(x)$ 是由方程 $e^y+xy=e$ 所确定的隐函数，求 $y''(0)$.

17. 设可微函数 $y=y(x)$ 的反函数为 $x=x(y)$，试从$\frac{dx}{dy}=\frac{1}{y'}$导出：

(1) $\frac{d^2x}{dy^2}=-\frac{y''}{(y')^3}$；　　(2) $\frac{d^3x}{dy^3}=\frac{3(y'')^2-y'y'''}{(y')^5}$.

18. 设 $x>0$ 时，可导函数 $f(x)$ 满足 $f(x)+2f\left(\frac{1}{x}\right)=\frac{3}{x}$，求 $f'(x)$.

19. 设 $f(x)$ 满足方程 $f(x_1+x_2)=f(x_1)+f(x_2)$，其中 x_1、x_2 是任意实数，且 $f'(0)=1$. 证明：$f(x)$ 可导，且 $f'(x)=1$.

20. 设 $y=y(x)$ 是由参数方程$\begin{cases}x=t^2+1,\\y=4t-t^2\end{cases}(t\geqslant 0)$ 所确定的函数，求$\lim\limits_{n\to\infty}n\left[y\left(\frac{2n+1}{n}\right)-3\right]$.

第 4 章　微分中值定理及应用

为了利用导数解决更复杂的问题，在这一章中要建立微分学的重要理论基础—中值定理. 中值定理建立了函数与其导数的联系，由此可以利用导数在区间上的局部性质来得到函数在该区间上的整体性质，从而使中值定理在数学理论和数学应用上有着非常重要的作用.

4.1　微分中值定理

一、罗尔(Rolle)定理

首先引入极值的概念和费马(Fermat)定理.

定义 1　设函数 $f(x)$ 在点 x_0 的某邻域 $U(x_0)$ 内有定义，若对任意 $x \in U(x_0)$ 成立

$$f(x) \leqslant f(x_0) \quad (\text{或} f(x) \geqslant f(x_0)),$$

则称 $f(x)$ 为函数 $f(x)$ 的一个**极大值**(或**极小值**)，并称点 x_0 为 $f(x)$ 的**极大值点**(或**极小值点**).

函数的极大值、极小值统称为**极值**，极大值点、极小值点统称为**极值点**.

如果函数在极值点处可导，则有

定理 1（费马定理）　若函数 $f(x)$ 在点 x_0 可导，且 x_0 是 $f(x)$ 的极值点，则 $f'(x_0)=0$.

* **证**　不失一般性，设在 x_0 的某邻域 $U(x_0)$ 内 $f(x) \leqslant f(x_0)$，于是

$$\frac{f(x)-f(x_0)}{x-x_0} \begin{cases} \geqslant 0, & x < x_0, \\ \leqslant 0, & x > x_0, \end{cases}$$

根据极限局部保号性及导数的性质，有

$$0 \geqslant \lim_{x \to x_0^+} \frac{f(x)-f(x_0)}{x-x_0} = f'(x_0) = \lim_{x \to x_0^-} \frac{f(x)-f(x_0)}{x-x_0} \geqslant 0,$$

从而 $f'(x_0)=0$.

导数为零的点也称为**驻点(稳定点,临界点)**,费马定理告诉我们,可导函数的极值点一定是驻点. 但驻点不一定是极值点,如函数 $y=x^3$ 的驻点为 $x=0$,但显然 $x=0$ 不是 $y=x^3$ 的极值点.

费马定理的几何意义是:若函数 $f(x)$ 有极值点 x_0,曲线 $y=f(x)$ 在点 $(x_0, f(x_0))$ 处有切线,则该切线是与 x 轴平行的切线(图 4-1).

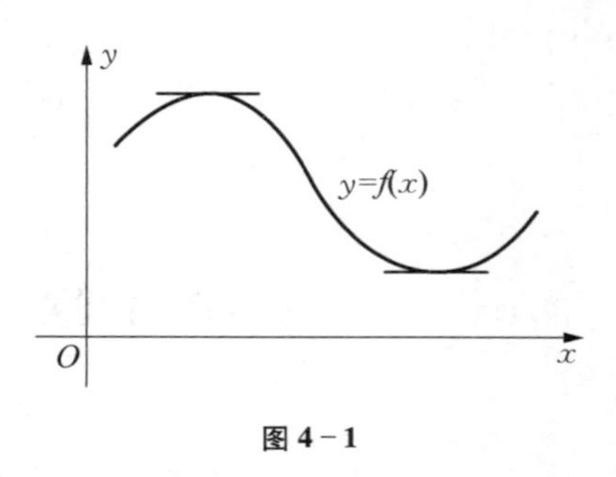

图 4-1

定理 2(罗尔定理) 若函数 $f(x)$ 在闭区间 $[a, b]$ 上连续,在开区间 (a, b) 内可导,且 $f(a)=f(b)$,则至少存在一点 $\xi \in (a, b)$,使得 $f'(\xi)=0$.

* **证** 因 $f(x)$ 在 $[a, b]$ 上连续,故 $f(x)$ 在 $[a, b]$ 上取得最大值 M 及最小值 m.

如果 $M=m$,则 $f(x)$ 在 $[a, b]$ 上为常数,此时在 $[a, b]$ 上处处有 $f'(x)=0$,因此可取 (a, b) 内任意点作为 ξ,结论自然成立.

如果 $M>m$,由于 $f(a)=f(b)$,故 M 与 m 之中至少有一个不等于 $f(a)$ $(=f(b))$,不妨设 $M\neq f(a)$,于是存在 $\xi\in(a, b)$,使得 $f(\xi)=M$,因为 $f(x)$ 在 ξ 可导,且对一切 $x\in(a, b)$,$f(x)\leqslant f(\xi)$,即 ξ 是极大值点,所以由费马定理得 $f'(\xi)=0$.

罗尔定理的几何意义是:如果曲线段在两个端点处的割线平行于 x 轴且每一点都有切线,则至少有一条切线与 x 轴平行(如图 4-2).

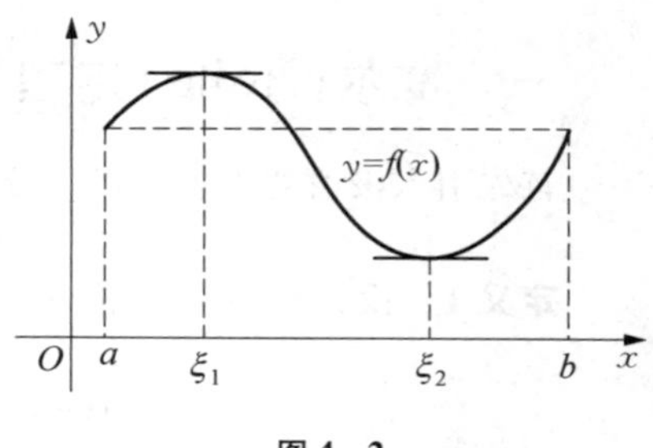

图 4-2

注 罗尔定理中三个条件缺一不可,如果有一个不满足,定理的结论就可能不成立,如图 4-3 所示.

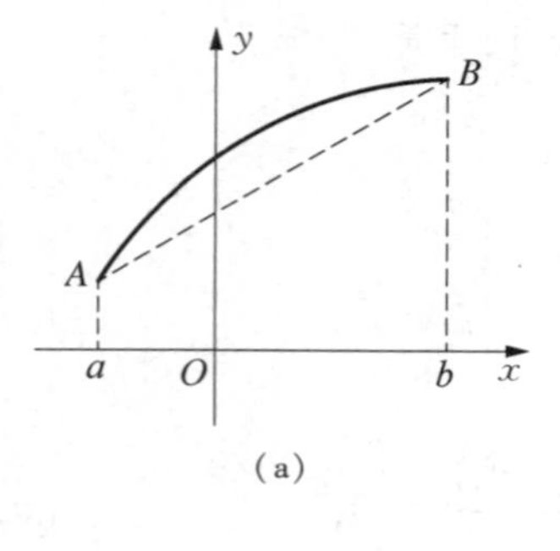

(a)

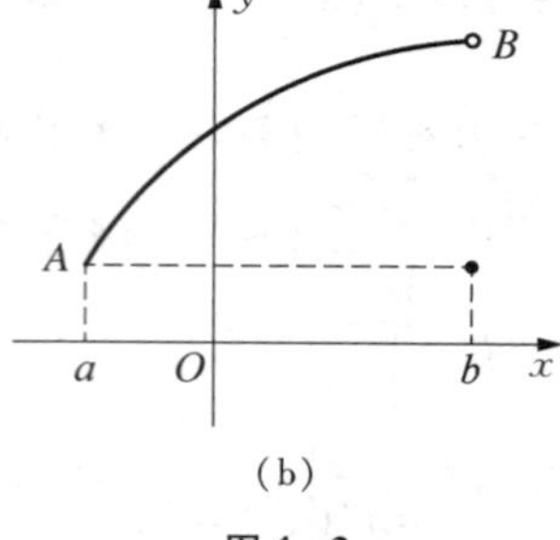

(b)

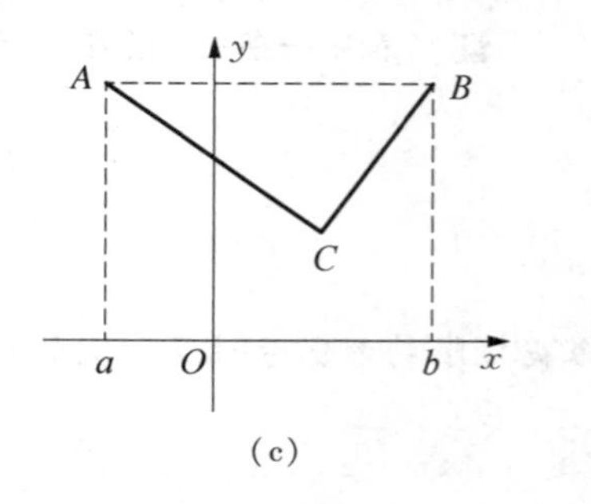

(c)

图 4-3

思考　请读者给出具体例子解释图 4 - 3.

例 1　证明：$f(x)=x^3-3x+a$ 在 $(0,1)$ 内不可能有两个零点.

证　用反证法. 若 $f(x)$ 在 $(0,1)$ 内有两个零点 x_1、x_2（不妨设 $x_1<x_2$），即 $f(x_1)=f(x_2)=0$. 易见 $f(x)$ 在 $[x_1,x_2]$ 满足罗尔定理条件，故存在 $\xi\in(x_1,x_2)\subset(0,1)$，使得 $f'(\xi)=0$.

由于 $\xi\in(0,1)$，所以 $f'(\xi)=3\xi^2-3<0$，这与 $f'(\xi)=0$ 矛盾！故 $f(x)$ 在 $(0,1)$ 内不可能有两个零点.

二、拉格朗日(Lagrange)中值定理

定理 3（拉格朗日中值定理）　若函数 $f(x)$ 在闭区间 $[a,b]$ 上连续，在开区间 (a,b) 内可导，则至少存在一点 $\xi\in(a,b)$，使得

$$f'(\xi)=\frac{f(b)-f(a)}{b-a}. \qquad ①$$

①式称为**拉格朗日中值公式**，此公式也可写为

$$f(b)-f(a)=f'(\xi)(b-a)\quad a<\xi<b. \qquad ②$$

拉格朗日中值定理的条件比罗尔定理少了 $f(a)=f(b)$，几何上，拉格朗日中值定理如图 4 - 4 所示，即曲线在 $(\xi,f(\xi))$ 处的切线斜率等于曲线在两个端点处连线的斜率，这个解释也提示了我们证明拉格朗日中值定理的方法.

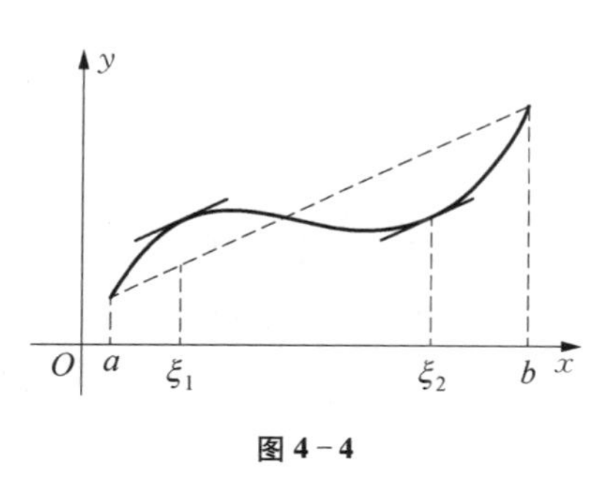

图 4 - 4

* **证**　作辅助函数

$$\varphi(x)=f(x)-\left[\frac{f(b)-f(a)}{b-a}(x-a)+f(a)\right].$$

容易验证 $\varphi(x)$ 在 $[a,b]$ 上连续，在 (a,b) 内可导，且 $\varphi(a)=\varphi(b)=0$，由罗尔定理知至少存在一点 $\xi\in(a,b)$，使得 $\varphi'(\xi)=0$，又由

$$\varphi'(\xi)=f'(\xi)-\frac{f(b)-f(a)}{b-a},$$ 故

$$f'(\xi)=\frac{f(b)-f(a)}{b-a}.$$

从拉格朗日中值定理可以得到以下推论.

推论 1 若在开区间(a, b)内,恒有$f'(x)=0$,则$f(x)$在(a, b)内恒等于常数.

推论 2 若开区间(a, b)内恒有$f'(x)=g'(x)$,则在(a, b)内恒有

$$f(x)=g(x)+C \quad (C\text{为常数}).$$

这两个推论的证明并不难,请读者自行完成.

注 如果在两个推论中增加条件:$f(x)$在闭区间$[a, b]$上连续,则结论也在闭区间$[a, b]$上成立.

例 2 证明恒等式: $\arcsin x+\arccos x=\frac{\pi}{2}, x\in[-1, 1]$.

证 设$f(x)=\arcsin x+\arccos x$,则$f(x)$在$[-1, 1]$上连续,在$(-1, 1)$内可导,并且

$$f'(x)=\frac{1}{\sqrt{1-x^2}}-\frac{1}{\sqrt{1-x^2}}=0, x\in(-1, 1).$$

由上述推论的注,知在$[-1, 1]$上$f(x)\equiv C$. 而$f(0)=\frac{\pi}{2}$,所以在$[-1, 1]$上,$f(x)\equiv\frac{\pi}{2}$,即

$$\arcsin x+\arccos x=\frac{\pi}{2}, x\in[-1, 1].$$

拉格朗日中值定理给我们传递这样一个信息:当知道了导函数$f'(x)$在区间内每一点的性质(即局部性质),就可以借助$f'(x)$的性质得到函数$f(x)$在(a, b)(或$[a, b]$)上的整体性质. 如例2,如果没有拉格朗日中值定理的帮助,要验证这个恒等式恐怕是一件很不容易的事.

例 3 设$b>a>0, n>1$,证明不等式:

$$na^{n-1}(b-a)<b^n-a^n<nb^{n-1}(b-a).$$

证 根据不等式,设$f(x)=x^n, x\in[a, b]$,易见$f(x)$在$[a, b]$上满足拉格朗日中值定理的条件,因此有

$$b^n-a^n=n\xi^{n-1}(b-a), a<\xi<b.$$

由于$n-1>0$,所以$a^{n-1}<\xi^{n-1}<b^{n-1}$. 代入上式,得

$$na^{n-1}(b-a)<b^n-a^n<nb^{n-1}(b-a).$$

拉格朗日中值定理的物理解释：公式①右边$\frac{f(b)-f(a)}{b-a}$表示函数在区间$[a, b]$上函数的平均变化率(整体性质)，左边$f'(\xi)$是表示函数在$\xi\in(a, b)$处的瞬时变化率(局部性质). 如果将函数$y=f(x)$看成是一个位移函数，x表示时间，则①式表明在时间段$[a, b]$上平均速度等于其中某一时刻$\xi\in(a, b)$的瞬时速度. 所以有时也称拉格朗日中值定理为"**平均值定理**".

三、柯西(Cauchy)中值定理

定理4(柯西中值定理) 若函数$f(x)$和$g(x)$在闭区间$[a, b]$上都连续，在开区间(a, b)内都可导，且$g'(x)\neq 0$，则在(a, b)内至少存在一点ξ，使得

$$\frac{f'(\xi)}{g'(\xi)}=\frac{f(b)-f(a)}{g(b)-g(a)}. \quad ③$$

证明从略.

注 柯西中值定理可以看成是拉格朗日中值定理的参数方程形式. 即$Y=\varphi(X)$是由方程$\begin{cases}X=g(x)\\Y=f(x)\end{cases}(a\leqslant x\leqslant b)$所确定.

例4 设函数$f(x)$在$[0, 1]$上连续，在$(0, 1)$上可导. 证明至少存在一点$\xi\in(0, 1)$，使得

$$f'(\xi)=2\xi[f(1)-f(0)].$$

证 将等式变形为$\frac{f'(\xi)}{2\xi}=\frac{f(1)-f(0)}{1^2-0}$，故令$g(x)=x^2$，则$f(x)$、$g(x)$在$[0, 1]$上满足柯西中值定理的条件，于是至少存在一点$\xi\in(0, 1)$满足③式，即

$$\frac{f'(\xi)}{2\xi}=\frac{f(1)-f(0)}{1^2-0^2},$$

故$f'(\xi)=2\xi[f(1)-f(0)]$.

罗尔定理、拉格朗日中值定理、柯西中值定理与第2章的介值定理一样，都是**存在性定理**，虽然不知道ξ的确切位置，但其重要性却一点也不受影响. 中值定理就像一座桥梁，连接了函数与其导数，可以用导数逐点的性质来得到函数在区间上的整体性质，使得导数得到了更广泛的应用，真是"**一桥飞架南北，天堑变通途**"！

若在拉格朗日中值定理中增加条件$f(a)=f(b)$，则拉格朗日中值公式就变成$f'(\xi)=0$. 因此

罗尔中值定理是拉格朗日中值定理的特殊情形. 又若在柯西中值定理中令 $g(x) \equiv x$,则柯西中值定理的结论就变成拉格朗日中值公式. 因此柯西中值定理是拉格朗日中值定理的推广.

本节学习要点

习题 4.1

1. 下列函数在给定区间上是否满足罗尔定理的所有条件? 如果满足,求出满足定理的 ξ 的值:

(1) $f(x)=x^2+x+1$, $[-1, 0]$;　(2) $f(x)=|x^{\frac{1}{3}}|$, $[-1, 1]$.

2. 验证函数 $f(x)=x^5$ 在区间 $[1, 2]$ 上满足拉格朗日中值定理的条件,并求满足定理的 ξ 的值.

3. 证明: $f(x)=\begin{cases}1+x^2, & 0 \leqslant x \leqslant 1, \\ 1-x^2, & -1 \leqslant x<0\end{cases}$ 在区间 $[-1, 1]$ 上满足拉格朗日中值定理的条件,并求满足定理的 ξ 的值.

4. 若函数 $f(x)$ 在 (a, b) 内有二阶导数,且 $f(x_1)=f(x_2)=f(x_3)$,其中 $a<x_1<x_2<x_3<b$. 证明:在 (x_1, x_3) 内存在一点 ξ,使得 $f''(\xi)=0$.

5. 证明下列函数在给定区间内有且仅有一个实根:

(1) $f(x)=x^4+3x+1$, $[-2, -1]$;　(2) $f(x)=\sec x-\dfrac{1}{x^3}+5$, $\left(0, \dfrac{\pi}{2}\right)$.

6. 证明:三次多项式最多有三个不同的实根.

7. 证明下列不等式:

(1) 当 $x>0$ 时, $\ln(1+x)<x$;　(2) 当 $x>1$ 时, $e^x>ex$;

(3) 当 $x>0$ 时, $\ln(1+x)>\dfrac{x}{1+x}$.

8. 证明恒等式:当 $x \geqslant 1$ 时, $\arctan x-\dfrac{1}{2}\arcsin \dfrac{2x}{1+x^2}=\dfrac{\pi}{4}$.

9. 设函数 $f(x)$ 在 $[a, b]$ 上连续,在 (a, b) 内可导, $f(a)=f(b)$,且 $f(x)$ 在 $[a, b]$ 上不恒为常数. 证明:存在相异的 ξ、$\eta \in (a, b)$,使得 $f'(\xi) \cdot f'(\eta)<0$.

10. 设 $f(x)$ 在 $[0, 1]$ 上连续,在 $(0, 1)$ 内可导,且 $f(1)=0$. 证明:至少存在一点 $\xi \in (0, 1)$ 使得 $f'(\xi)=-\dfrac{2f(\xi)}{\xi}$.

*11. 设 a、b 为正数,证明:至少存在一点 $\xi \in (a, b)$,使得 $\dfrac{ae^b-be^a}{a-b}=e^{\xi}(1-\xi)$.

4.2 洛必达法则

一、$\frac{0}{0}$型和$\frac{\infty}{\infty}$型不定式极限

如果在 x 的某个变化过程中，两个函数 $f(x)$ 与 $g(x)$ 都趋于零（或者都趋于无穷大），那么极限 $\lim \frac{f(x)}{g(x)}$ 可能存在，也可能不存在. 我们称这两种极限为**不定式极限**，或直接称为 $\frac{0}{0}$ 型 $\left(\text{或}\frac{\infty}{\infty}\text{型}\right)$ 不定式极限. 这类极限不能直接用极限运算法则来求，下面介绍求这类极限的一种简单且重要的方法——**洛必达（L'Hospital）法则**.

定理 1（洛必达法则） 设

（1）$\lim\limits_{x\to x_0}\frac{f(x)}{g(x)}$ 为 $\frac{0}{0}$ 型 $\left(\text{或}\frac{\infty}{\infty}\text{型}\right)$ 不定式极限；

（2）在 x_0 的某去心邻域 $\mathring{U}(x_0)$ 内，$f'(x)$ 及 $g'(x)$ 都存在，且 $g'(x)\neq 0$；

（3）$\lim\limits_{x\to x_0}\frac{f'(x)}{g'(x)}$ 存在（或为无穷大），

则

$$\lim_{x\to x_0}\frac{f(x)}{g(x)}=\lim_{x\to x_0}\frac{f'(x)}{g'(x)}\text{（或为无穷大）}.$$

定理证明需要用到柯西中值定理，证明从略.

注 对 x 的其他极限形式，定理同样成立.

例 1 求 $\lim\limits_{x\to 1}\frac{x^2-1}{x-1}$.

解 这是 $\frac{0}{0}$ 型不定式极限，使用洛必达法则得

$$\lim_{x\to 1}\frac{x^2-1}{x-1}=\lim_{x\to 1}\frac{2x}{1}=2.$$

例 2 求 $\lim\limits_{x\to+\infty}\dfrac{\ln x}{x^{\alpha}}$,其中常数 $\alpha>0$.

解 这是 $\dfrac{\infty}{\infty}$ 型不定式极限,使用洛必达法则得

$$\lim_{x\to+\infty}\frac{\ln x}{x^{\alpha}}=\lim_{x\to+\infty}\frac{\frac{1}{x}}{\alpha x^{\alpha-1}}=\lim_{x\to+\infty}\frac{1}{\alpha x^{\alpha}}=0.$$

注 若 $\lim\dfrac{f'(x)}{g'(x)}$ 仍是不定式极限,则只要该极限满足洛必达法则的条件,就可以再一次应用洛必达法则.

例 3 求 $\lim\limits_{x\to0}\dfrac{e^{x}-e^{-x}-2x}{x-\sin x}$.

解 这是 $\dfrac{0}{0}$ 型不定式极限,三次应用洛必达法则得

$$\lim_{x\to0}\frac{e^{x}-e^{-x}-2x}{x-\sin x}=\lim_{x\to0}\frac{e^{x}+e^{-x}-2}{1-\cos x}=\lim_{x\to0}\frac{e^{x}-e^{-x}}{\sin x}=\lim_{x\to0}\frac{e^{x}+e^{-x}}{\cos x}=2.$$

例 4 求 $\lim\limits_{x\to+\infty}\dfrac{x^{\alpha}}{e^{x}}$,其中常数 $\alpha>0$.

解 这是 $\dfrac{\infty}{\infty}$ 型不定式极限,使用洛必达法则得

$$\lim_{x\to+\infty}\frac{x^{\alpha}}{e^{x}}=\lim_{x\to+\infty}\frac{\alpha x^{\alpha-1}}{e^{x}}.$$

当 $0<\alpha\leqslant1$ 时,右端极限值为 0;当 $\alpha>1$ 时,右端仍是 $\dfrac{\infty}{\infty}$ 型不定式极限:继续应用洛必达法则,直到在分子上第一次出现非正指数为止,而分母始终是 e^{x},故右端极限值为 0. 因此,只要 $\alpha>0$,恒有

$$\lim_{x\to+\infty}\frac{x^{\alpha}}{e^{x}}=0.$$

从例 2 和例 4 可见,当 $x\to+\infty$ 时,$\ln x$、$x^{\alpha}(\alpha>0)$ 和 e^{x} 都是无穷大量,但他们趋于无穷大的速度不同,指数函数 e^{x} 是比幂函数 x^{α} 高阶的无穷大量,而幂函数 x^{α} 是比对数函数 $\ln x$ 高阶的无穷大量.

二、其他类型不定式极限

除$\frac{0}{0}$型和$\frac{\infty}{\infty}$型外，不定式极限还有$0\cdot\infty$型、$\infty-\infty$型、0^0型、∞^0型、1^∞型等类型. 这些类型不定式极限总可化为$\frac{0}{0}$型或$\frac{\infty}{\infty}$型不定式极限，然后再应用洛必达法则求解.

例5 求$\lim\limits_{x\to0^+}x^\alpha\ln x$，其中常数$\alpha>0$.

解 这是$0\cdot\infty$型不定式极限，可化为$\frac{\infty}{\infty}$型不定式极限后再用洛必达法则计算，

$$\lim_{x\to0^+}x^\alpha\ln x=\lim_{x\to0^+}\frac{\ln x}{\frac{1}{x^\alpha}}=\lim_{x\to0^+}\frac{\frac{1}{x}}{-\frac{\alpha}{x^{\alpha+1}}}=\lim_{x\to0^+}-\frac{x^\alpha}{\alpha}=0.$$

例6 求$\lim\limits_{x\to\frac{\pi}{2}}(\sec x-\tan x)$.

解 这是$\infty-\infty$型不定式极限，通分后即为$\frac{0}{0}$型不定式极限，

$$\lim_{x\to\frac{\pi}{2}}(\sec x-\tan x)=\lim_{x\to\frac{\pi}{2}}\left(\frac{1}{\cos x}-\frac{\sin x}{\cos x}\right)=\lim_{x\to\frac{\pi}{2}}\frac{1-\sin x}{\cos x}$$

$$=\lim_{x\to\frac{\pi}{2}}\frac{-\cos x}{-\sin x}=0.$$

例7 求$\lim\limits_{x\to0^+}(1-\cos x)^{\frac{1}{\ln x}}$.

解 这是0^0型不定式极限，可以通过指数函数的连续性将幂指函数化为指数函数，然后在指数部分应用洛必达法则，

$$\lim_{x\to0^+}(1-\cos x)^{\frac{1}{\ln x}}=\lim_{x\to0^+}e^{\frac{\ln(1-\cos x)}{\ln x}}=e^{\lim\limits_{x\to0^+}\frac{\ln(1-\cos x)}{\ln x}}=e^{\lim\limits_{x\to0^+}\frac{\frac{\sin x}{1-\cos x}}{\frac{1}{x}}}=e^{\lim\limits_{x\to0^+}\frac{x\sin x}{1-\cos x}}$$

$$=e^{\lim\limits_{x\to0^+}\frac{\sin x+x\cos x}{\sin x}}=e^{\lim\limits_{x\to0^+}\frac{\cos x+\cos x-x\sin x}{\cos x}}=e^2.$$

例8 求$\lim\limits_{x\to1}x^{\frac{1}{1-x}}$.

解 将1^∞型不定式极限化为指数部分为$\frac{0}{0}$型不定式极限,再用洛必达法则,

$$\lim_{x\to1} x^{\frac{1}{1-x}} = e^{\lim\limits_{x\to1}\frac{\ln x}{1-x}} = e^{\lim\limits_{x\to1}\frac{\frac{1}{x}}{-1}} = e^{-1}.$$

这个极限也可以利用重要极限求得:

$$\lim_{x\to1} x^{\frac{1}{1-x}} = \lim_{x\to1}\{[1+(x-1)]^{\frac{1}{x-1}}\}^{-1} = e^{-1}.$$

思考 1^∞型不定式极限是否都可以利用重要极限$\lim\limits_{x\to0}(1+x)^{\frac{1}{x}}$求出?

例9 求数列极限$\lim\limits_{n\to\infty}\dfrac{\frac{\pi}{2}-\arctan n}{\frac{1}{n}}$.

解 这是数列的$\frac{0}{0}$型不定式极限,可以利用函数极限的洛必达法则求出极限后,再回到数列极限.

因为

$$\lim_{x\to+\infty}\frac{\frac{\pi}{2}-\arctan x}{\frac{1}{x}} = \lim_{x\to+\infty}\frac{-\frac{1}{1+x^2}}{-\frac{1}{x^2}} = \lim_{x\to+\infty}\frac{x^2}{1+x^2} = 1.$$

所以

$$\lim_{n\to\infty}\frac{\frac{\pi}{2}-\arctan n}{\frac{1}{n}} = 1.$$

应用洛必达法则,应注意以下几点:

1. 每次应用洛必达法则之前均应检查是否为不定式极限,是不是满足洛必达法则的条件,否则就可能出错,请看下例.

例10 求$\lim\limits_{x\to0}\dfrac{e^x-\cos x}{x\sin x}$.

解　这是$\frac{0}{0}$型不定式极限，应用洛必达法则一次可得：

$$\lim_{x\to0}\frac{e^x-\cos x}{x\sin x}=\lim_{x\to0}\frac{e^x+\sin x}{x\cos x+\sin x}=\infty.$$

但若不检验是否为不定式极限就再次应用洛必达法则，将得出如下错误的结论：

$$\lim_{x\to0}\frac{e^x-\cos x}{x\sin x}=\lim_{x\to0}\frac{e^x+\sin x}{x\cos x+\sin x}=\lim_{x\to0}\frac{e^x+\cos x}{-x\sin x+2\cos x}=\frac{2}{2}=1.$$

2. 洛必达法则的条件是充分的，但并非必要的. 因此若应用洛必达法则不能解决某不定式极限问题时，并不意味着所求极限不存在，而仅表明洛必达法则对该极限失效，请看下例.

例 11　求$\lim\limits_{x\to\infty}\frac{x+\sin x}{x}$.

解　直接计算极限可得

$$\lim_{x\to\infty}\frac{x+\sin x}{x}=\lim_{x\to\infty}\frac{1+\frac{\sin x}{x}}{1}=\frac{1+0}{1}=1.$$

但若对该$\frac{\infty}{\infty}$型不定式极限应用洛必达法则，得

$$\lim_{x\to\infty}\frac{x+\sin x}{x}=\lim_{x\to\infty}\frac{1+\cos x}{1},$$

该极限不存在.

3. 使用洛必达法则时，极限$\lim\frac{f'(x)}{g'(x)}$应比极限$\lim\frac{f(x)}{g(x)}$容易计算，否则就失去应用洛必达法则的意义，请看下例.

例 12　求$\lim\limits_{x\to0}\frac{e^{-\frac{1}{x^2}}}{x^4}$.

解　令$\frac{1}{x^2}=y$，则当$x\to0$时，$y\to+\infty$，于是

$$\lim_{x\to0}\frac{e^{-\frac{1}{x^2}}}{x^4}=\lim_{y\to+\infty}\frac{y^2}{e^y}=\lim_{y\to+\infty}\frac{2y}{e^y}=\lim_{y\to+\infty}\frac{2}{e^y}=0.$$

但若将该$\frac{0}{0}$型不定式极限直接应用洛必达法则:

$$\lim_{x\to0}\frac{e^{-\frac{1}{x^2}}}{x^4}=\lim_{x\to0}\frac{(e^{-\frac{1}{x^2}})'}{(x^4)'}=\lim_{x\to0}\frac{\frac{2}{x^3}e^{-\frac{1}{x^2}}}{4x^3}=\lim_{x\to0}\frac{e^{-\frac{1}{x^2}}}{2x^6}.$$

这比原来的极限更复杂,无助于问题的解决.

4. 在用洛必达法则求不定式极限的过程中,还可结合使用其他求极限的有效方法(比如等价无穷小代换)使计算简化,请看下例.

例 13 求$\lim\limits_{x\to0}\frac{(e^x+e^{-x}-2)\cos x}{(e^x-1)\sin x}$.

解 这是$\frac{0}{0}$型不定式极限. 若不进行化简直接用洛必达法则,会使计算繁琐. 可以先用等价无穷小量x将分母中的$\sin x$、e^x-1替换掉,再利用洛必达法则计算就较为简便了.

$$\lim_{x\to0}\frac{(e^x+e^{-x}-2)\cos x}{(e^x-1)\sin x}=\lim_{x\to0}\frac{e^x+e^{-x}-2}{(e^x-1)\sin x}\cdot\lim_{x\to0}\cos x=\lim_{x\to0}\frac{e^x+e^{-x}-2}{x^2}$$

$$=\lim_{x\to0}\frac{e^x-e^{-x}}{2x}=\lim_{x\to0}\frac{e^x+e^{-x}}{2}=1.$$

习题 4.2

1. 用洛必达法则求下列极限:

(1) $\lim\limits_{x\to0}\frac{e^{3x}-e^{4x}}{\sin x}$;

(2) $\lim\limits_{x\to a}\frac{\tan x-\tan a}{x-a}$;

(3) $\lim\limits_{x\to1}\left[\frac{\cos(\pi x)}{x-1}+\frac{1}{\ln x}\right]$;

(4) $\lim\limits_{x\to\frac{\pi}{4}}\frac{\ln\tan x}{4x-\pi}$;

(5) $\lim\limits_{x\to0}\frac{\sin x-\tan x}{\sin x-x}$;

(6) $\lim\limits_{x\to+\infty}\left[x^2\ln\left(1+\frac{1}{x}\right)-x\right]$;

(7) $\lim\limits_{x\to\frac{\pi}{4}}\frac{\cot 2x}{\pi-4x}$;

(8) $\lim\limits_{x\to2}\frac{\ln(3-x)}{e^x-e^2}$;

(9) $\lim\limits_{x\to\infty}(x^2e^{\frac{1}{x}}-x^2-x)$;

(10) $\lim\limits_{x\to\infty}\left(x\tan\frac{1}{1+x}\right)^x$;

(11) $\lim\limits_{x\to0^+}x^x$;

(12) $\lim\limits_{x\to0}x^ne^{\frac{1}{x^2}}$,其中$n$为正整数;

(13) $\lim\limits_{x\to\pi}\frac{\ln\cos 2x}{(x-\pi)^2}$;

(14) $\lim\limits_{x\to\infty}\left(\frac{x-a}{x+a}\right)^x$;

(15) $\lim\limits_{x\to0}\left[\dfrac{1}{\sin x}-\dfrac{1}{\ln(1+x)}\right]$；　　(16) $\lim\limits_{x\to\frac{\pi}{4}}(\tan x)^{\sec 2x}$；

(17) $\lim\limits_{x\to0}(\cos 2x)^{\frac{1}{x^2}}$；　　(18) $\lim\limits_{x\to+\infty}[2x(\sqrt{1+x^2}-x)]^{x^2}$；

(19) $\lim\limits_{x\to+\infty}\dfrac{\ln(1+x)-\arctan x}{x}$；　　(20) $\lim\limits_{x\to+\infty}x(\pi-2\arctan x)$.

2. 设$f(x)$具有二阶导数，求 $\lim\limits_{h\to0}\dfrac{f(x+h)+f(x-h)-2f(x)}{h^2}$.

3. 设$f(x)$具有二阶导数，$f(0)=0$, $f'(0)=1$, $f''(0)=2$，求$\lim\limits_{x\to0}\dfrac{f(x)-x}{x^2}$.

4. 设$f(x)=\begin{cases}\left[\dfrac{\ln(x+1)}{x}\right]^{\frac{1}{e^x-1}}, & x\neq0,\\ a, & x=0\end{cases}$是连续函数，求常数 a.

5. 设$f(x)=\begin{cases}\dfrac{g(x)-1}{x}, & x\neq0,\\ a, & x=0\end{cases}$是可微函数，其中 $g(x)$ 在 $x=0$ 处具有二阶导数. 试确定 $g(0)$ 和常数 a，并求$f'(0)$.

4.3 泰勒公式

一、泰勒(Taylor)公式

对于一些结构和计算都复杂的函数，为了便于研究，往往希望用一些简单的函数来近似它. 由于多项式是除线性函数外最简单的一种函数，因此用多项式来逼近函数是十分自然的想法.

在学习微分时我们已经知道，当函数$f(x)$在 x_0 可微时，在 x_0 附近可以用一个线性函数 $f(x_0)+f'(x_0)(x-x_0)$ 来近似$f(x)$，其误差是关于 $x-x_0$ 的高阶无穷小. 现在的问题是：如果函数 $f(x)$ 在含有 x_0 的开区间内具有 $n+1$ 阶导数，如何找出一个关于 $x-x_0$ 的 n 次多项式

$$P_n(x)=a_0+a_1(x-x_0)+a_2(x-x_0)^2+\cdots+a_n(x-x_0)^n,$$

使得$f(x)$ 与 $P_n(x)$ 之差是比$(x-x_0)^n$ 高阶的无穷小？或者说如何确定 a_0, a_1, a_2, $\cdots$, a_n 的值使得$f(x)$ 与 $P_n(x)$ 之差是比$(x-x_0)^n$ 高阶的无穷小？

如果$f(x)$ 与 $P_n(x)$ 在 $x=x_0$ 处具有直到 n 阶的导数，且

$$f^{(k)}(x_0)=P_n^{(k)}(x_0)\quad k=0,1,\cdots,n,$$

由于 $P_n^{(k)}(x_0)=a_kk!$，这样就可得

$$a_k=\frac{P_n^{(k)}(x_0)}{k!}=\frac{f^{(k)}(x_0)}{k!}.$$

下面的定理表明,这样确定的多项式就是所要找的多项式.

定理1(泰勒中值定理) 设函数$f(x)$在点x_0的某个邻域$U(x_0)$内具有$n+1$阶导数,则在该邻域内有

$$f(x)=f(x_0)+f'(x_0)(x-x_0)+\frac{f''(x_0)}{2!}(x-x_0)^2+\cdots+\frac{f^{(n)}(x_0)}{n!}(x-x_0)^n+ \quad ①$$

$$\frac{f^{(n+1)}(\xi)}{(n+1)!}(x-x_0)^{n+1},\text{其中}\ \xi\ \text{是介于}\ x_0\ \text{与}\ x\ \text{之间的某个值}.$$

***证** 设 $$R_n(x)=f(x)-\left[f(x_0)+f'(x_0)(x-x_0)+\frac{f''(x_0)}{2!}(x-x_0)^2+\cdots+\frac{f^{(n)}(x_0)}{n!}(x-x_0)^n\right],$$

易见$R_n(x_0)=R'_n(x_0)=\cdots=R_n^{(n)}(x_0)=0$.

对两个函数$R_n(x)$和$(x-x_0)^{n+1}$,在以x_0及x为端点的闭区间上应用柯西中值定理,得

$$\frac{R_n(x)}{(x-x_0)^{n+1}}=\frac{R_n(x)-R_n(x_0)}{(x-x_0)^{n+1}-0}=\frac{R'_n(\xi_1)}{(n+1)(\xi_1-x_0)^n},\text{其中}\ \xi_1\ \text{在}\ x_0\ \text{与}\ x\ \text{之间}.$$

再对$R'_n(x)$与$(n+1)(x-x_0)^n$在x_0及ξ_1为端点的闭区间上应用柯西中值定理,得

$$\frac{R'_n(\xi_1)}{(n+1)(\xi_1-x_0)^n}=\frac{R'_n(\xi_1)-R'_n(x_0)}{(n+1)(\xi_1-x_0)^n-0}=\frac{R''_n(\xi_2)}{n(n+1)(\xi_2-x_0)^{n-1}},\text{其中}\ \xi_2\ \text{在}\ x_0\ \text{及}\ \xi_1\ \text{之间}.$$

以此类推,应用柯西中值定理$n+1$次后,得

$$\frac{R_n(x)}{(x-x_0)^{n+1}}=\frac{R_n^{(n+1)}(\xi)}{(n+1)!},\text{其中}\ \xi\ \text{在}\ x_0\ \text{与}\ \xi_n\ \text{之间,因而}\ \xi\ \text{也在}\ x_0\ \text{与}\ x\ \text{之间}.$$

由$R_n(x)$的定义知$R_n^{(n+1)}(\xi)=f^{(n+1)}(\xi)$,于是

$$R_n(x)=\frac{f^{(n+1)}(\xi)}{(n+1)!}(x-x_0)^{n+1}. \quad ②$$

$R_n(x)$的表达式②称为**拉格朗日型余项**,公式①称为$f(x)$按$x-x_0$的幂展开的**带有拉格朗日型余项的n阶泰勒公式**.

注1　当$f^{(n+1)}(x)$有界时,容易验证$x\to x_0$时$R_n(x)$是$(x-x_0)^n$的高阶无穷小.故n阶泰勒公式①也可写成

$$f(x)=f(x_0)+f'(x_0)(x-x_0)+\frac{f''(x_0)}{2!}(x-x_0)^2+\cdots+\frac{f^{(n)}(x_0)}{n!}(x-x_0)^n+o[(x-x_0)^n].$$

这里$R_n(x)=o[(x-x_0)^n]$称为皮亚诺型余项.n阶带有皮亚诺型余项的泰勒公式的条件只需$f(x)$具有n阶导数.

注2　当$n=0$时,泰勒公式①变为拉格朗日中值公式$f(x)=f(x_0)+f'(\xi)(x-x_0)$,其中$\xi$在$x_0$与$x$之间,所以泰勒中值定理是拉格朗日中值定理的推广.

二、麦克劳林(Maclaurin)公式

$x_0=0$处的泰勒公式①称为**麦克劳林公式**:

$$f(x)=f(0)+f'(0)x+\frac{f''(0)}{2}x^2+\cdots+\frac{f^{(n)}(x)}{n!}x^n+\frac{f^{n+1}(\xi)}{(n+1)!}x^{n+1},\text{其中}\xi\text{介于}0\text{与}x\text{之间}.$$

例1　求$f(x)=\mathrm{e}^x$带拉格朗日型余项的n阶麦克劳林公式.

解　因为$f^{(n)}(x)=\mathrm{e}^x$,故$f^{(k)}(0)=1,\ k=0,\ 1,\ 2,\ \cdots,\ n,\ f^{(n+1)}(\xi)=\mathrm{e}^{\xi}$.

从而

$$\mathrm{e}^x=1+x+\frac{x^2}{2!}+\cdots+\frac{x^n}{n!}+\frac{\mathrm{e}^{\xi}}{(n+1)!}x^{n+1},\text{其中}\xi\text{介于}0\text{与}x\text{之间}.$$

例2　求$f(x)=\sin x$带皮亚诺型余项的n阶麦克劳林公式.

解　因为$f^{(k)}(x)=\sin\left(x+k\dfrac{\pi}{2}\right)$,故$f^{(2m)}(0)=0,\ f^{(2m+1)}(0)=(-1)^m,\ m=0,\ 1,\ 2,\ \cdots$

从而

$$\sin x=x-\frac{x^3}{3!}+\frac{x^5}{5!}+\cdots+(-1)^m\frac{x^{2m+1}}{(2m+1)!}+o(x^{2m+2}).$$

类似地

$$\cos x=1-\frac{x^2}{2!}+\frac{x^4}{4!}+\cdots+(-1)^m\frac{x^{2m}}{(2m)!}+o(x^{2m+1}).$$

例 3 求$f(x)=\ln(1+x)$带皮亚诺型余项的n阶麦克劳林公式.

解 由$f^{(k)}(x)=(-1)^{(k-1)}\dfrac{(k-1)!}{(1+x)^k}$,得

$$f(0)=0,f^{(k)}(0)=(-1)^{k-1}(k-1)!,k=1,2,\cdots,$$

从而

$$\ln(1+x)=x-\frac{x^2}{2}+\frac{x^3}{3}+\cdots+(-1)^{n-1}\frac{x^n}{n}+o(x^n).$$

类似地,有

$$(1+x)^\alpha=1+\alpha x+\frac{\alpha(\alpha-1)x^2}{2}+\cdots+\frac{\alpha(\alpha-1)\cdots(\alpha-(n-1))x^n}{n!}+o(x^n).$$

特别地,$\dfrac{1}{1+x}=1-x+x^2+\cdots+(-1)^n x^n+o(x^n)$.

思考 对于上述带皮亚诺型余项的n阶麦克劳林公式,请读者写出相应的带拉格朗日型余项的麦克劳林公式.

下面给出麦克劳林公式的一些应用.

例 4 求$\lim\limits_{x\to 0}\dfrac{\cos x-e^{-\frac{x^2}{2}}}{x^4}$.

解 若用洛必达法则计算,计算步骤会比较多且分子会越求越复杂. 可考虑用麦克劳林公式.

因为

$$\cos x=1-\frac{x^2}{2!}+\frac{x^4}{4!}+o(x^4),\ e^{-\frac{x^2}{2}}=1-\frac{x^2}{2}+\frac{\left(\frac{x^2}{2}\right)^2}{2!}+o(x^4),$$

故

$$\lim_{x\to 0}\frac{\cos x-e^{-\frac{x^2}{2}}}{x^4}=\lim_{x\to 0}\frac{\left(1-\frac{x^2}{2}+\frac{x^4}{24}+o(x^4)\right)-\left(1-\frac{x^2}{2}+\frac{x^4}{8}+o(x^4)\right)}{x^4}$$

$$=\lim_{x\to 0}\frac{-\frac{1}{12}x^4+o(x^4)}{x^4}=-\frac{1}{12}.$$

例 5　求 $f(x)=\dfrac{1}{3-x}$ 带有皮亚诺型余项的 n 阶麦克劳林公式.

解　因为 $\dfrac{1}{1+x}=1-x+x^2+\cdots+(-1)^n x^n+o(x^n)$,

所以

$$\frac{1}{3-x}=\frac{1}{3}\frac{1}{1-\frac{x}{3}}=\frac{1}{3}\left\{1+\frac{x}{3}+\left(\frac{x}{3}\right)^2+\cdots+\left(\frac{x}{3}\right)^n+o\left[\left(\frac{x}{3}\right)^n\right]\right\}$$

$$=\frac{1}{3}+\frac{x}{3^2}+\frac{x^2}{3^3}+\cdots+\frac{x^n}{3^{n+1}}+o(x^n).$$

泰勒公式表明在 x_0 的附近可以用多项式 $P_n(x-x_0)$ 来近似代替函数 $f(x)$. 一般来说,n 越大,用 $P_n(x-x_0)$ 代替 $f(x)$ 的近似程度越好,并且当 $|x\to x_0|$ 较小时,这种近似产生的误差是拉格朗日型余项 $R_n(x)=\dfrac{f^{(n+1)}(\xi)}{(n+1)!}(x-x_0)^{n+1}$. 如果 $|f^{(n+1)}(\xi)|<M$(M 为常数),就有

$$\left|\frac{f^{(n+1)}(\xi)}{(n+1)!}(x-x_0)^{n+1}\right|<\frac{M}{(n+1)!}|x-x_0|^{n+1},$$

因而可以取 $\dfrac{M}{(n+1)!}|x-x_0|^{n+1}$ 作为用 $P_n(x-x_0)$ 代替 $f(x)$ 所产生的误差的估计.

例 6　求 $\sqrt{e}$ 的近似值,并使误差小于 0.001.

解　由例 1, e^x 带拉格朗日型余项的 n 阶麦克劳林公式为

$$e^x=1+x+\frac{x^2}{2!}+\cdots+\frac{x^n}{n!}+\frac{e^{\xi}}{(n+1)!}x^{n+1},\text{其中 }\xi\text{ 介于 0 与 }x\text{ 之间}.$$

令 $x=\dfrac{1}{2}$,由 $\left|\dfrac{e^{\xi}}{(n+1)!}\left(\dfrac{1}{2}\right)^{n+1}\right|<\dfrac{\sqrt{3}}{(n+1)!}\left(\dfrac{1}{2}\right)^{n+1}$ 经过试算取 $n=4$,则其误差的估计式为 $\left(0<e<3,\ 0<\xi<\dfrac{1}{2}\right)$

$$R_4\left(\frac{1}{2}\right)=\left|\frac{e^{\xi}}{5!}\left(\frac{1}{2}\right)^5\right|<\frac{3^{\frac{1}{2}}}{120}\frac{1}{2^5}<\frac{2}{120}\frac{1}{32}=\frac{1}{1920}<0.001.$$

所以

$$\sqrt{e} \approx 1+\frac{1}{2}+\frac{1}{2!}\frac{1}{2^2}+\frac{1}{3!}\frac{1}{2^3}+\frac{1}{4!}\frac{1}{2^4}$$

$$\approx 1+0.5+0.125+0.02083+0.00260 \approx 1.6484.$$

本节学习要点

习题 4.3

1. 求函数 $f(x)=\cos 2x$ 的带皮亚诺型余项的 $2n$ 阶麦克劳林公式.

2. 求函数 $f(x)=\dfrac{1}{x}$ 按 $(x+1)$ 的幂展开的带有拉格朗日型余项的 n 阶泰勒公式.

3. 求函数 $f(x)=\ln(3-2x-x^2)$ 的带皮亚诺型余项的 n 阶麦克劳林公式.

4. 计算 $\sin 18°$ 的近似值,精确到 0.0001.

5. 利用泰勒公式,求下列极限:

(1) $\lim\limits_{x\to 0}\dfrac{\sin x-x+\frac{1}{6}x^3}{x^5}$;　　(2) $\lim\limits_{x\to 0}\dfrac{1+\frac{x^2}{2}-\sqrt{1+x^2}}{(\cos x-e^{x^2})\sin x^2}$;

(3) $\lim\limits_{x\to\infty}\left[x-x^2\ln\left(1+\dfrac{1}{x}\right)\right]$.

6. 设 a、b 是常数,且 $\lim\limits_{x\to 0}\left(\dfrac{\sin 3x}{x^3}+\dfrac{a}{x^2}+b\right)=0$,求 a、b 的值.

4.4 函数的单调性和极值

利用导数研究函数的性质是导数应用的一个重要方面. 本节将利用一阶导数来讨论函数的单调性和极值——通常所说的函数性态.

一、函数的单调性的判别法

定理 1 设函数 $f(x)$ 在开区间 I(有限区间或者无限区间)内可导,且在 I 内有

$$f'(x)>0 \quad (\text{或} <0),$$

则 $f(x)$ 在 I 内严格递增(或严格递减).

证 对于任意两点 x_1、$x_2\in I$, $x_1<x_2$. 易见 $f(x)$ 在 $[x_1, x_2]$ 上满足拉格朗日中值定理条件,故存在 $\xi\in(x_1, x_2)$,使

$$f(x_2)-f(x_1)=f'(\xi)(x_2-x_1).$$

因为 $f'(\xi)>0$,且 $x_2-x_1>0$,所以 $f(x_2)-f(x_1)>0$,从而 $f(x)$ 在 I 内严格递增.

同理可证严格递减的情形.

思考 如果定理条件改为:$f(x)$ 在 $[a,b]$(或半开半闭的有限区间或无限区间)上连续,在 (a,b) 内可导,且在 (a,b) 内有 $f'(x)>0$,可以得出什么结论?

例1 讨论函数 $y=x^3$ 的单调性.

解 $y=x^3$ 在 $(-\infty,+\infty)$ 内可导,且 $y'=3x^2$. 除了 $x=0$ 外,其余各点都有

$$y'>0.$$

分别讨论函数在 $(-\infty,0]$ 和 $[0,+\infty)$ 的单调性.

在 $(-\infty,0)$ 内,$y'>0$,又 x^3 在 $x=0$ 处连续,故 $y=x^3$ 在 $(-\infty,0]$ 上严格递增;

在 $(0,+\infty)$ 内,$y'>0$,又 x^3 在 $x=0$ 处连续,故 $y=x^3$ 在 $[0,+\infty)$ 上严格递增.

因此,$y=x^3$ 在 $(-\infty,+\infty)$ 内是严格递增的.

这个例子告诉我们,如果函数只是在区间的个别点上导数为零,其余各点均严格大于零(或严格小于零),那么函数在该区间仍是严格递增(或严格递减)的!

若要确定函数 $f(x)$ 的单调区间,可先在 $f(x)$ 的定义域内找出所有 $f(x)$ 的不可导点和驻点. 用这些点将 $f(x)$ 的定义域与分成若干个小区间,在每个小区间上确定 $f(x)$ 的符号,然后根据定理1,确定 $f(x)$ 在每个小区间上的单调性.

例2 确定函数 $y=2x^3-3x^2-12x-3$ 的单调区间.

解 $y=2x^3-3x^2-12x-3$ 在其定义域 $(-\infty,+\infty)$ 内可导,且

$$y'=6x^2-6x-12=6(x+1)(x-2).$$

令 $y'=0$,得驻点 $x_1=-1$、$x_2=2$,用这两个驻点将函数的定义域 $(-\infty,+\infty)$ 分成三个小区间,在小区间上由 y' 的符号确定函数的单调性. 列表讨论如表4-1:

表4-1

x	$(-\infty,-1)$	-1	$(-1,2)$	2	$(2,+\infty)$
y'	+	0	−	0	+
y	严格增		严格减		严格增

因此函数在 $(-\infty,-1]$,$[2,+\infty)$ 上严格递增,在 $[-1,2]$ 上严格递减.

应用函数的单调性还可以证明不等式.

例3 证明:当 $x>0$ 时,$1+x\ln(x+\sqrt{1+x^2})>\sqrt{1+x^2}$.

证 令 $f(x)=1+x\ln(x+\sqrt{1+x^2})-\sqrt{1+x^2}$,函数 $f(x)$ 在 $[0,+\infty)$ 上可导,且

$$f'(x)=\ln(x+\sqrt{1+x^2})+\frac{x}{x+\sqrt{1+x^2}}\left(1+\frac{x}{\sqrt{1+x^2}}\right)-\frac{x}{\sqrt{1+x^2}}$$

$$=\ln(x+\sqrt{1+x^2})+\frac{x}{\sqrt{1+x^2}}-\frac{x}{\sqrt{1+x^2}}$$

$$=\ln(x+\sqrt{1+x^2})>0.$$

因此 $f(x)$ 在 $[0,+\infty)$ 上严格递增,从而当 $x>0$ 时,有

$$f(x)=1+x\ln(x+\sqrt{1+x^2})-\sqrt{1+x^2}>f(0)=0,$$

即当 $x>0$ 时,

$$1+x\ln(x+\sqrt{1+x^2})>\sqrt{1+x^2}.$$

二、函数极值及求法

由费马定理知,可导函数的极值点必是驻点. 因此,驻点和导数不存在的点是极值点的可疑点,所以还需要对驻点和不可导点是否是极值点作进一步的判定.

定理2(极值点的第一充分条件) 设函数 $f(x)$ 在点 x_0 的某邻域 $U(x_0;\delta)$ 内连续,在去心邻域 $\mathring{U}(x_0;\delta)$ 内可导,若函数 $f(x)$ 满足:

(1) 在 $(x_0-\delta,x_0)$ 内 $f'(x)>0$(或 <0);

(2) 在 $(x_0,x_0+\delta)$ 内 $f'(x)<0$(或 >0),

则 $f(x)$ 在点 x_0 处取得极大值(或极小值).

证 由定理1知,函数 $f(x)$ 在 $(x_0-\delta,x_0)$ 内严格递增,在 $(x_0,x_0+\delta)$ 内严格递减,且在 x_0 连续. 因而当 $x\in\mathring{U}(x_0;\delta)$ 时,都有 $f(x)<f(x_0)$,即 $f(x)$ 在点 x_0 处取得极大值.

极小值的情形可类似证明.

求函数的极值,一般可先求出函数的驻点和不可导点,再结合定理1和定理2,找出单调区间与极值点,并由此计算出极值.

例4 求函数 $y=x^3-6x^2+9x-1$ 的单调区间和极值.

解 求解此类问题可以遵循下面的步骤:

1. 求出函数的定义域:$(-\infty, +\infty)$;

2. 求出函数的驻点和不可导点:

令 $y' = 3x^2 - 12x + 9 = 3(x-3)(x-1) = 0$,得驻点 $x_1 = 1$、$x_2 = 3$,没有不可导点;

3. 用上述驻点及不可导将函数定义域分成三个小区间,列表讨论如表4-2:

表4-2

x	$(-\infty, 1)$	1	$(1, 3)$	3	$(3, +\infty)$
y'	+	0	−	0	+
y	严格增	极大值	严格减	极小值	严格增

所以,函数严格递增区间为 $(-\infty, 1]$、$[3, +\infty)$;严格递减区间为 $[1, 3]$;在 $x = 1$ 处取极大值 $y|_{x=1} = 3$. 在 $x = 3$ 处取极小值 $y|_{x=3} = -1$. 如图4-5所示.

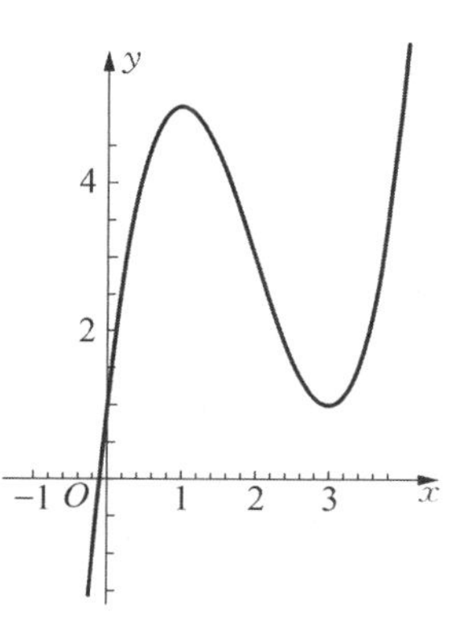

图4-5

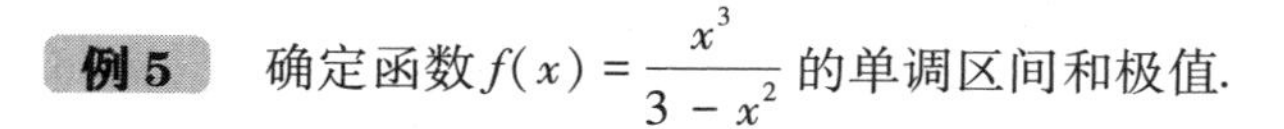

例5 确定函数 $f(x) = \dfrac{x^3}{3-x^2}$ 的单调区间和极值.

解 1. $f(x)$ 的定义域为 $(-\infty, -\sqrt{3}) \cup (-\sqrt{3}, \sqrt{3}) \cup (\sqrt{3}, +\infty)$;

2. 令 $f'(x) = \dfrac{3x^2(3-x^2) - x^3(-2x)}{(3-x^2)^2} = \dfrac{x^2(3+x)(3-x)}{(3-x^2)^2} = 0$,

得 $f(x)$ 的三个驻点 $x_1 = -3$、$x_2 = 0$、$x_3 = 3$,$f(x)$ 在其定义域内没有不可导点.

3. 用这些驻点将定义域分成六个小区间,列表讨论如表4-3:

表4-3

x	$(-\infty, -3)$	-3	$(-3, -\sqrt{3})$	$(-\sqrt{3}, 0)$	0	$(0, \sqrt{3})$	$(\sqrt{3}, 3)$	3	$(3, +\infty)$
$f'(x)$	−	0	+	+	0	+	+	0	−
$f(x)$	严格减	极小值	严格增	严格增		严格增	严格增	极大值	严格减

因此,$f(x)$ 在 $(-\infty, -3]$、$[3, +\infty)$ 上严格递减,在 $[-3, -\sqrt{3})$、$(-\sqrt{3}, \sqrt{3})$、$(\sqrt{3}, 3]$ 上严格递增. 在 $x = -3$ 处取极小值 $f(-3) = \dfrac{9}{2}$. 在 $x = 3$ 处取极大值 $f(3) = -\dfrac{9}{2}$. 如图4-6所示.

还可以用二阶导数来判定极值点的可疑点是否为极值点.

定理 3（极值点的第二充分条件） 设函数 $f(x)$ 在点 x_0 处具有二阶导数，且

$$f'(x_0)=0,\ f''(x_0)>0(<0),$$

则 $f(x)$ 在点 x_0 处取极小值(或极大值).

图 4－6

证 由二阶导数的定义知

$$f''(x_0)=\lim_{x\to x_0}\frac{f'(x)-f'(x_0)}{x-x_0}=\lim_{x\to x_0}\frac{f'(x)}{x-x_0}>0.$$

根据函数极限的局部保号性，存在 x_0 的去心邻域 $\mathring{U}(x_0)$，在 $\mathring{U}(x_0)$ 内恒有

$$\frac{f'(x)}{x-x_0}>0.$$

因此，当 $x<x_0$ 时，$f'(x)<0$；当 $x>x_0$ 时，$f'(x)>0$，由定理 2 知 $f(x_0)$ 是 $f(x)$ 的极小值.

对于 $f''(x_0)<0$ 的情形可类似证明.

例 6 求 $f(x)=x^3-9x^2+15x+3$ 的极值.

解 因为 $f'(x)=3x^2-18x+15=3(x-1)(x-5)$，得驻点 $x=1$ 和 $x=5$. 又

$$f''(x)=6x-18=6(x-3),$$
$$f''(1)=-12<0,\ f''(5)=12>0,$$

由定理 3 得 $f(1)=10$ 是极大值，$f(5)=-22$ 是极小值.

本节学习要点

注 若 $f'(x_0)=0,\ f''(x_0)=0$，则不能判定 $f(x)$ 在 x_0 处是否取得极值. 例如设 $f_1(x)=x^4$，$f_2(x)=-x^4$，$f_3(x)=x^3$，易知这三个函数在 $x=0$ 处的一阶、二阶导数都为零. 但 $f_1(0)$ 为极小值，$f_2(0)$ 为极大值，$f_3(0)$ 不是极值.

习题 4.4

1. 求下列函数的单调区间：

(1) $y=x^4-x^2+1$；　　(2) $y=x(x-2)(x+2)$；

(3) $y=x|x|$；　　(4) $y=x-\ln(1+x)$；

(5) $y=\dfrac{x}{(1+x)^2}$;　　(6) $y=e^x-1-x$;

(7) $y=x\sqrt{8-x^2}$;　　(8) $y=x^{\frac{1}{3}}(x^2-4)$;

(9) $y=\dfrac{x^3}{3x^2+1}$.

2. 证明下列不等式:

(1) 当 $x>0$ 时, $1+x>\sqrt{1+2x}$;

(2) 当 $0<x<\dfrac{\pi}{2}$ 时, $\tan x>x+\dfrac{x^3}{3}$;

(3) 当 $e<a<b$ 时, $a^b>b^a$;

(4) 当 $0<x<1$ 时, $(x-1)\ln(1-x)<\arctan x$.

3. 证明:函数 $f(x)=\sin x-x$ 在 $(-\infty,+\infty)$ 内单调递减,并且方程 $f(x)=0$ 有且仅有一个实根.

4. 求下列函数的极值:

(1) $y=x^{\frac{4}{3}}-3x^2$;　　(2) $y=2x^2-\ln x$;　　(3) $y=x+\sqrt{1-x}$;

(4) $y=x^2e^{-x}-x^2$;　　(5) $y=\dfrac{|\ln x|}{x}$;　　(6) $y=e^x(1-\cos x)$.

5. 设 $y=f(x)$ 是由方程 $y^3+xy^2+x^2y+6=0$ 所确定的函数,求 $f(x)$ 的极值.

6. 设函数 $f(x)=mx^3+3x^2-3x$ 在 $x=-1$ 处取得极值,求常数 m.

7. 设函数 $f(x)=(x^2-mx+m)e^x$, $x\in(-\infty,+\infty)$,其中 m 为常数.

(1) 如果 $f(x)$ 存在零点,求 m 的取值范围;

(2) 当 $m<0$ 时,求 $f(x)$ 的单调区间,并确定此时 $f(x)$ 在 $(-\infty,+\infty)$ 是否存在最小值(如果存在,求出最小值;如果不存在,说明理由).

8. 设 $f(x)=\begin{cases}x^{2x}, & x>0,\\ xe^x+1, & x\leqslant 0,\end{cases}$ 求 $f'(x)$ 和 $f(x)$ 的极值.

9. 已知函数 $f(x)=x^3+ax^2+bx+c$ 在 $x=-\dfrac{2}{3}$、$x=1$ 处取得极值,

(1) 求常数 a、b,并求 $f(x)$ 的单调区间;

(2) 如果对 $x\in(-1,2)$ 有不等式 $f(x)<c^2$,求 c 的取值范围.

*10. 设 $f(x)$ 有二阶连续导数,且 $(x-1)f''(x)=1-e^{1-x}+2(x-1)f'(x)$,证明:当 $f(x_0)$ 是 $f(x)$ 的极值时, $f(x_0)$ 是极小值.

4.5 函数最值及经济应用

一、函数的最值

函数的最值通常是指在所讨论的整个区间上函数值的最大值或最小值. 与极值不同,极值是一个局部性(某邻域内)的概念,而最值是一个整体性(区间上)的概念.

如何求出连续函数在闭区间$[a, b]$上的最大(小)值呢? 首先,如果最大(小)值在区间内部某点x_0取得,则x_0一定是函数的极值点,因此x_0是函数的驻点或是函数的不可导点;当然最大(小)值也可能在端点取得. 总之,函数在闭区间$[a, b]$上的最大(小)值只能在以下三类点上取得:1. 驻点;2. 不可导点;3. 区间的端点. 所以这三类点处的函数值中最大(小)者即为函数在$[a, b]$上的最大(小)值.

例 1 求下列函数在所给区间上的最大值和最小值:

(1) $f(x)=x^3-3x+1$, $[-2, 2]$; (2) $f(x)=(2x-5)\sqrt[3]{x^2}$, $\left[-1, \frac{5}{2}\right]$.

解 (1) $f(x)$在闭区间$[-2, 2]$上连续且可导,由$f'(x)=3x^2-3=0$,得到驻点$x_1=-1$、$x_2=1$. 在驻点及区间端点的函数值分别为

$$f(-1)=3, f(1)=-1, f(-2)=-1, f(2)=3,$$

故$f(x)=x^3-3x+1$在$[-2, 2]$上的最大值为$f(-1)=f(2)=3$,最小值为$f(1)=f(-2)=-1$.

(2) $f(x)$在闭区间$\left[-1, \frac{5}{2}\right]$上连续,且当$x\neq 0$时,$f'(x)=\frac{10}{3}\cdot\frac{x-1}{\sqrt[3]{x}}$,易知$x=0$是$f(x)$的不可导点,$x=1$是$f(x)$的驻点. 在驻点、不可导点及区间端点的函数值分别为

$$f(0)=0, f(1)=-3, f(-1)=-7, f\left(\frac{5}{2}\right)=0,$$

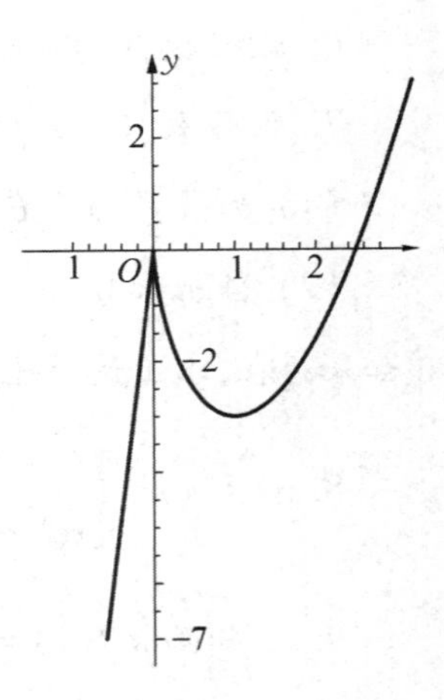

图 4-7

故函数$f(x)$在$\left[-1, \frac{5}{2}\right]$上的最大值是 0,最小值是 -7. 如图 4-7 所示.

例 2 欲制造一个圆柱形有盖饮料罐,其容积是一个定值V,底面半径为r,高为h. 问r和h为何值时,用料最省(表面积最小)?

解 已知饮料罐表面积 S 与 r、h 的函数关系为

$$S = 2\pi rh + 2\pi r^2.$$

又因为 $V = \pi r^2 h$, V 是定值,于是 $h = \dfrac{V}{\pi r^2}$,代入上式消去 h,有

$$S(r) = \frac{2V}{r} + 2\pi r^2,\ r > 0.$$

这就化为求 $S(r)$ 当 $r > 0$ 时的最小值问题.

由 $S'(r) = -\dfrac{2V}{r^2} + 4\pi r = \dfrac{2(2\pi r^3 - V)}{r^2} = 0$,得唯一的驻点 $r = \sqrt[3]{\dfrac{V}{2\pi}}$,又 $S''(r) = \dfrac{4V}{r^3} + 4\pi$, $S''(r)$ 在 $r = \sqrt[3]{\dfrac{V}{2\pi}}$ 处大于零,所以 $S(r)$ 在 $r = \sqrt[3]{\dfrac{V}{2\pi}}$ 取得极小值,由问题的实际意义知这个唯一的极小值就是最小值. 故当饮料罐的底面半径 $r = \sqrt[3]{\dfrac{V}{2\pi}}$,高为 $h = \dfrac{V}{\pi r^2} = 2r$ 时,表面积最小,即用料最省.

思考 如果饮料罐上底面的厚度是下底面厚度的两倍,如可乐罐,这个问题如何解?

注1 如果函数在闭区间内部有唯一的一个点处取到极值,那么在这个点处的函数值一定是最值. 如果这个唯一的极值是极大(小)值,那么最值就是最大(小)值.

注2 实际问题中,如果可以根据问题的实际意义断定可导函数在定义区间内确有最大值或最小值,而该函数在定义区间内部只有一个驻点,那么这个驻点的函数值就是最大值或最小值.

二、最值的经济应用

经济学中常常会有“投入最少”,“利润最高”,“销量最大”等问题,求解这类问题也是导数应用的范围.

例3 某商品的成本函数是产量 x 的函数 $C = 125 + 5x + 0.2x^2$(元). 问

(1) 产量为多少时平均成本最低; (2) 平均成本最低时,边际成本是多少?

解 (1) 平均成本为

$$\overline{C} = \frac{125 + 5x + 0.2x^2}{x} = \frac{125}{x} + 5 + 0.2x.$$

令 $\overline{C}'=-\frac{125}{x^2}+0.2=0$,得驻点 $x=25$($x=-25$ 舍去). 因 $\overline{C}''=\left.\frac{250}{x^3}\right|_{x=25}>0$,故 $x=25$ 时,平均成本最低,此时平均成本为:$\overline{C}(25)=15$.

(2) 边际成本函数为

$$C'=5+0.4x.$$

当 $x=25$ 时,边际成本 $C'(25)=5+0.4x|_{x=25}=15$,即 $\overline{C}(25)=C'(25)=15$,也就是**平均成本最低时,边际成本等于平均成本**. 这是经济学中的重要结论,有兴趣的读者可自行证明.

例 4 工厂生产某种商品的固定成本为 100(百元),每生产一个单位产品成本增加 6(百元). 已知需求函数 $Q=120-3P$. 问当产量为多少时利润最大,最大利润是多少?

解 由题意知,成本函数为 $C(Q)=100+6Q$,把需求函数改写为 $P=\frac{120-Q}{3}$,所以收入函数为

$$R(Q)=PQ=\frac{120-Q}{3}\cdot Q=-\frac{Q^2}{3}+40Q,$$

于是利润函数为

$$\begin{aligned}L(Q)&=R(Q)-C(Q)=-\frac{Q^2}{3}+40Q-(100+6Q)\\&=-\frac{1}{3}Q^2+34Q-100,\end{aligned}$$

令 $L'(Q)=-\frac{2}{3}Q+34=0$,得唯一的驻点 $Q=51$;又因为

$$L''(Q)=-\frac{2}{3}<0.$$

因此,当商品产量等于 51 时利润最大,最大利润为 $L(51)=767$(元).

例 5 一商贩按批发价 30 元购入一批服装零售,如果零售价为 50 元时估计可售出 100 件,并且每件售价每降低 2 元可多售出 20 件. 问该商贩应进货多少件,每件定价为多少时可获得最大利润,最大利润是多少?

解 设利润为 L,进货量为 Q,售价为 P,则

$$L=PQ-30Q=(P-30)Q.$$

根据题意，可设 $Q = a + bP$，并有

$$\begin{cases} 100 = a + 50 \cdot b, \\ 120 = a + 48 \cdot b, \end{cases}$$

解得 $a = 600,\ b = -10$，所以

$$L = (P - 30)(600 - 10P) = -10P^2 + 900P - 18\,000,$$

令 $L' = -20P + 900 = 0$，得 $P = 45$. 由于 $L'' = -20 < 0$，故当 $P = 45$ 时利润最大，最大利润时的销售量(进货量)为 $Q = 600 - 10 \times 45 = 150$.

因此，当每件售价为45元，进货量为150件时利润最大，最大利润为2250元.

本节学习要点

习题 4.5

1. 求下列函数在给定闭区间上的最大值和最小值：

(1) $y = x^4 - 3x^2 + 2x,\ [-1, 3]$；　　(2) $y = \sin x + \cos^2 x,\ [0, 2\pi]$；

(3) $y = (1 + 2x^2)e^{-x^2},\ [-1, 1]$；　　(4) $y = \ln(2x^2 + 1),\ [-1, 2]$.

2. 若常数 a 与 b 都大于0，求函数 $y = \dfrac{a^2}{x} + \dfrac{b^2}{1 - x}$ 在 $(0, 1)$ 内的最大值与最小值.

3. 求函数 $y = x + \sqrt{1 - x^2}$ 在 $[-1, 1]$ 上的最大值与最小值.

4. 求椭圆 $x^2 - xy + y^2 = 3$ 上使得纵坐标取最大值和最小值的点.

5. 证明不等式：

(1) 当 $0 \leqslant x \leqslant 1$ 时，$\dfrac{1}{2^{p-1}} \leqslant x^p + (1 - x)^p \leqslant 1$，其中常数 $p > 1$；

(2) 当 $0 < x < \pi$ 时，$\sin \dfrac{x}{2} > \dfrac{x}{\pi}$.

6. 设函数 $f(x) = ax^3 - 6ax^2 + b$ 在 $[-1, 2]$ 上的最大值为3，最小值为 -29，求常数 a、b.

7. 要建造一个体积为 V 的无盖圆形储水池，已知底部每平米造价是周边每平米造价的2倍，问这个储水池的半径多大时，造价最低？

8. 露天水沟的横截面为等腰梯形(如图4－8)，沟中流水横截面的面积为 S，高为 h，问倾角 φ 为多少时，横截面被水浸湿的周长最小？

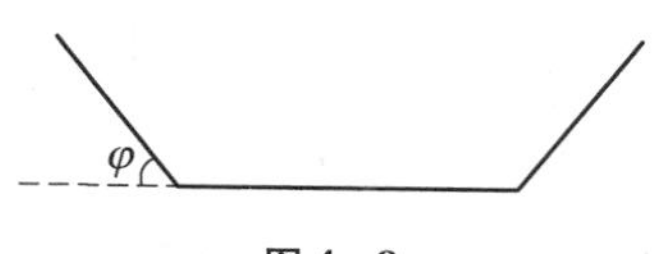

图4－8

9. 在抛物线 $y = 4 - x^2$ 的第一象限部分求一点 P，使抛物线在点 P 处的切线与坐标轴围成的三角形面积最小.

10. 生产某产品 x 件的成本函数为 $C(x) = 2205 + 2x + 0.0005x^2$(元). 问：

(1) 产量多大时,平均成本最低? (2) 平均成本最低时,边际成本是多少?

11. 某产品的单位价格 $P = 7 - 0.2x$(万元/吨),x 表示该产品的销售量,总成本函数为 $C(x) = 3x + 1$(万元),每销售一吨产品,政府要征税 t(万元),求:

(1) 厂家获得最大利润时的销售量;

(2) 在厂家获得最大利润时,使政府税收总额最大的 t 的值.

4.6 曲线的凸性与拐点,函数图形的描绘

一、曲线的凸性与拐点

前面已经讨论了函数的单调性,但是单调性还不能很好地反映函数及其图形的形态,因此本节要讨论函数图形(曲线)的凸性,即曲线的弯曲方向(图 4-9).

定义 1 设函数 $f(x)$ 在区间 I 上连续,如果对 I 上的任意两点 x_1、x_2 恒有

$$f\left(\frac{x_1 + x_2}{2}\right) < \frac{f(x_1) + f(x_2)}{2},$$

则称函数 $f(x)$ 的图形在 I 上是**下凸曲线**(或**下凸弧**),如图 4-9(a)所示.

如果恒有

$$f\left(\frac{x_1 + x_2}{2}\right) > \frac{f(x_1) + f(x_2)}{2},$$

则称函数 $f(x)$ 的图形在 I 上是**上凸曲线**(或**上凸弧**),如图 4-9(b)所示.

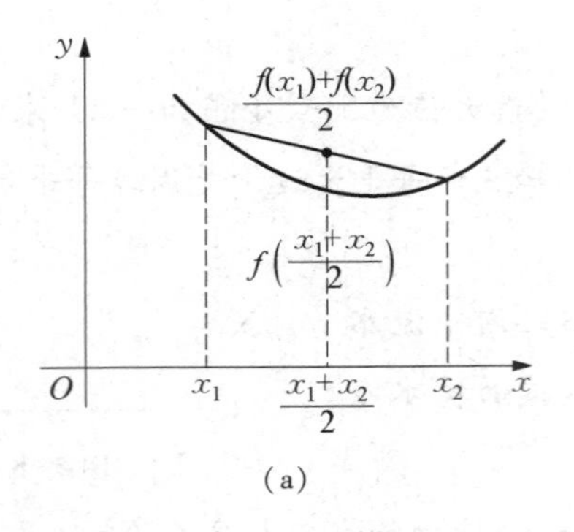

(a)

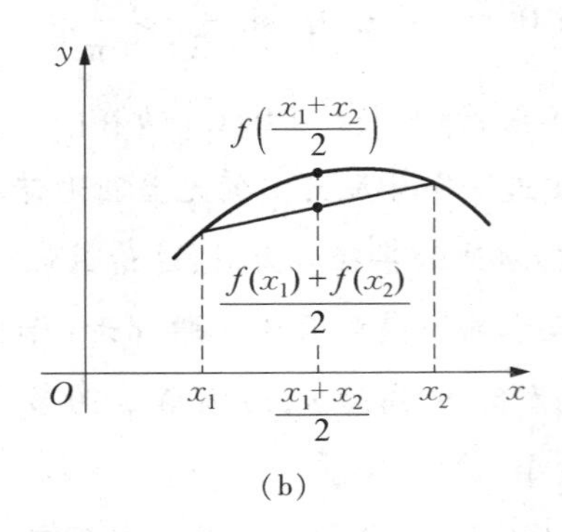

(b)

图 4-9

定理 1 若函数 $f(x)$ 在 $[a, b]$ 上连续,在 (a, b) 内有二阶导数,且 $f''(x) > 0$(或 < 0),则曲线 $y = f(x)$ 在 $[a, b]$ 上是下凸的(或上凸的).

证明从略,我们可以从几何上对定理作一个解释.如图 4-10(a),当$f''(x)>0$时,函数的一阶导数$f'(x)$(曲线$y=f(x)$的斜率)是严格递增的,这说明曲线$y=f(x)$是下凸的.

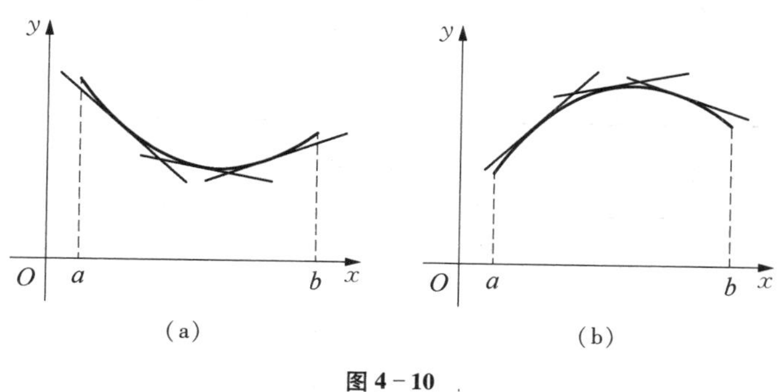

图 4-10

例1　讨论曲线$y=x-\ln x$的凸性.

解　函数$y=x-\ln x$在其定义域$(0,+\infty)$内二阶可导,且$y''=\dfrac{1}{x^2}>0$所以曲线$y=x-\ln x$在$(0,+\infty)$内是下凸的.

例2　讨论曲线$y=(x-2)^3$的凸性.

解　函数$y=(x-2)^3$在$(-\infty,+\infty)$内有二阶导数,且$y''=6(x-2)$,故当$x<2$时,$y''<0$;$x>2$时,$y''>0$.因此在区间$(-\infty,2]$上,曲线$y=(x-2)^3$是上凸的,在$[2,+\infty)$上,曲线$y=(x-2)^2$是下凸的,如图 4-11 所示.

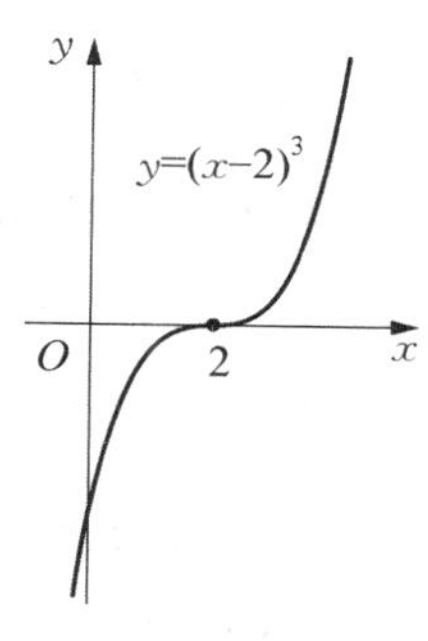

图 4-11

注　点$(2,0)$是曲线$y=(x-2)^3$上凸弧与下凸弧的分界点.

定义2　连续曲线$y=f(x)$的上凸弧与下凸弧的分界点称为该曲线的**拐点**.

由于$f''(x)$的符号可以判定曲线$y=f(x)$的凸性,因此若$f''(x)$在点$x=x_0$的左右两侧邻近异号,则$(x_0,f(x_0))$就是曲线$y=f(x)$的一个拐点(例2).拐点存在于$f''(x)$的零点和不存在的点中.

例3　求曲线$y=(x-1)\sqrt[3]{x^5}$的上凸、下凸区间和拐点.

解　$y=(x-1)\sqrt[3]{x^5}$在$(-\infty,+\infty)$内连续,其一阶和二阶导数分别为

$$y'=\frac{8}{3}x^{\frac{5}{3}}-\frac{5}{3}x^{\frac{2}{3}};\ x\neq 0\text{ 时},y''=\frac{40}{9}x^{\frac{2}{3}}-\frac{10}{9}x^{-\frac{1}{3}}=\frac{10}{9}\frac{4x-1}{\sqrt[3]{x}}$$

在 $x=0$ 处 y'' 不存在,在 $x=\frac{1}{4}$ 处 $y''=0$.

以点 $x=0$、$x=\frac{1}{4}$ 把定义域 $(-\infty,+\infty)$ 分成三个小区间,列表讨论如表 4-4:

表 4-4

x	$(-\infty,0)$	0	$\left(0,\frac{1}{4}\right)$	$\frac{1}{4}$	$\left(\frac{1}{4},+\infty\right)$
y''	+	不存在	-	0	+
曲线 $y=f(x)$	下凸	拐点 $(0,0)$	上凸	拐点 $\left(\frac{1}{4},-\frac{3}{32\sqrt[3]{2}}\right)$	下凸

由此可得,曲线 $y=(x-1)\sqrt[3]{x^5}$ 的下凸区间为 $(-\infty,0]$ 和 $\left[\frac{1}{4},+\infty\right)$,上凸区间为 $\left[0,\frac{1}{4}\right]$,拐点为 $(0,0)$ 和 $\left(\frac{1}{4},-\frac{3}{32\sqrt[3]{2}}\right)$,如图 4-12 所示.

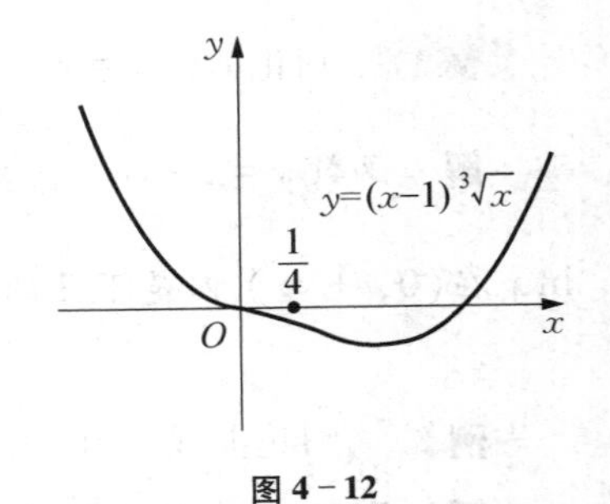

图 4-12

利用函数图形的凸性还可证明一些不等式.

例 4 证明:$e^{\frac{x+y}{2}}<\frac{1}{2}(e^x+e^y)$,其中 $x\neq y$, x、$y\in(-\infty,+\infty)$.

证 观察不等式后,取函数 $y=e^x$,因 $x\in(-\infty,+\infty)$ 时,$y''=e^x>0$,故曲线 $y=e^x$ 在 $(-\infty,+\infty)$ 内是下凸的,因此对于任何 $x\neq y$,有

$$f\left(\frac{x+y}{2}\right)<\frac{f(x)+f(y)}{2}.$$

即 $x\neq y$ 时,有

$$e^{\frac{x+y}{2}}<\frac{1}{2}(e^x+e^y).$$

二、曲线的渐近线

如果当曲线伸向无穷远处时,它能无限靠近一条直线,那么就可以对曲线在无穷远部分的趋势有所了解.这条直线就是曲线的渐近线,例如双曲线 $y=\frac{1}{x}$ 就有两条渐近线(x 轴及 y 轴).

定义 3 若曲线 C 上的动点 P 沿曲线无限地远离原点时,点 P 与某一条直线 L 的距离趋于零,则称直线 L 为曲线 C 的**渐近线**.

渐近线有三种:铅直渐近线、水平渐近线和斜渐近线.

1. 铅直渐近线

若 $\lim\limits_{\substack{x \to x_0^+ \\ 或x \to x_0^-}} f(x) = \infty$(或 $+\infty$、$-\infty$),则 $x = x_0$ 是曲线 $y = f(x)$ 的一条渐近线,称这样的渐近线为曲线 $y = f(x)$ 的**铅直渐近线**.

例如,对于函数 $y = \dfrac{1}{x-1}$,有 $\lim\limits_{x \to 1} \dfrac{1}{x-1} = \infty$,因此,直线 $x = 1$ 是曲线 $y = \dfrac{1}{x-1}$ 的一条铅直渐近线(图 4 - 13).

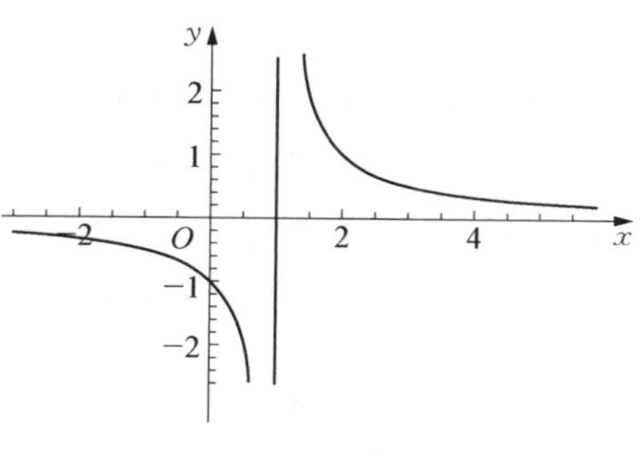

图 4 - 13

思考　铅直渐近线会出现在哪些点上?

2. 水平渐近线

若 $\lim\limits_{x \to +\infty} f(x) = b$(或 $\lim\limits_{x \to -\infty} f(x) = b$),则直线 $y = b$ 是曲线 $y = f(x)$ 的一条渐近线,称为曲线 $y = f(x)$ 的**水平渐近线**.

例如,对于函数 $y = \arctan x$,有

$$\lim_{x \to +\infty} \arctan x = \frac{\pi}{2},\ \lim_{x \to -\infty} \arctan x = -\frac{\pi}{2},$$

因此,直线 $y = \dfrac{\pi}{2}$ 和 $y = -\dfrac{\pi}{2}$ 是曲线 $y = \arctan x$ 的两条水平渐近线.

3. 斜渐近线

设曲线 $y = f(x)$ 当 $x \to +\infty$ 时有**斜渐近线** $y = ax + b(a \neq 0)$,于是曲线上点 $P(x, f(x))$ 到直线 $y = ax + b$ 的距离为

$$\frac{|f(x) - ax - b|}{\sqrt{1 + a^2}}. \qquad ①$$

按定义,有

$$\lim_{x \to +\infty} \frac{|f(x) - ax - b|}{\sqrt{1 + a^2}} = 0, \qquad ②$$

或

$$\lim_{x \to +\infty} [f(x) - ax] = b. \qquad ③$$

又因为 $\lim\limits_{x \to +\infty} \left[\dfrac{f(x)}{x} - a\right] = \lim\limits_{x \to +\infty} \dfrac{1}{x}[f(x) - ax] = 0 \cdot b = 0$,

得

$$\lim_{x\to+\infty}\frac{f(x)}{x}=a. \tag{④}$$

于是,斜渐近线 $y=ax+b$ 的系数 a 和 b 可由④式与③式相继确定.

反之,如果④、③两式中的极限都存在,并求得 a 和 b,那么显然②式成立,从而曲线 $y=f(x)$ 当 $x\to+\infty$ 时有渐近线 $y=ax+b$.

曲线当 $x\to-\infty$ 时的斜渐近线也有类似结果.

思考 $\lim\limits_{x\to+\infty}\dfrac{f(x)}{x}=a$ 存在是否就可以断定曲线 $y=f(x)$ 有斜渐近线?(参考例 1)

例 5 求曲线 $y=x+\arctan x$ 的渐近线.

解 因为 $\lim\limits_{x\to+\infty}\dfrac{f(x)}{x}=\lim\limits_{x\to+\infty}\left(1+\dfrac{1}{x}\arctan x\right)=1+0=1$,又

$$f(x)-ax=x+\arctan x-x=\arctan x,\ \lim_{x\to+\infty}\arctan x=\frac{\pi}{2},\text{得}$$

当 $x\to+\infty$ 时曲线有斜渐近线 $y=x+\dfrac{\pi}{2}$.

类似地,得

当 $x\to-\infty$ 时曲线有斜渐近线 $y=x-\dfrac{\pi}{2}$.

因此,曲线 $y=x+\arctan x$ 有两条斜渐近线:$y=x+\dfrac{\pi}{2}$ 与 $y=x-\dfrac{\pi}{2}$.

思考 曲线的水平渐近线与斜渐近线之和可以有多少条?铅直渐近线呢?

三、函数图形的描绘

我们已知学习了利用函数的一阶导数确定函数的单调区间及极值;利用函数的二阶导数确定函数图形的上、下凸区间和拐点:并且利用渐近线可以对函数图形无限远部分的趋势作进一步了解,这样就可较准确地描绘出函数的图形.

描绘函数图形步骤如下:

(1) 确定函数定义域,并考察函数的奇偶性、周期性;

(2) 求出函数一阶导数以及导数为零、一阶导数不存在的点,求出函数的二阶导数及二阶导数为零、二阶导数不存在的点,求出函数的不连续点;

(3) 用第二步得到的点,按照从小到大的顺序,将定义域分成若干个小区间,列表讨论在每个小区间上一阶和二阶导数的符号,并确定函数在各个小区间上的单调性、极值点、极值、函数图形的凸性与拐点;

(4) 求出曲线的渐近线;

(5) 求出曲线上某些特殊点的坐标,如曲线与两坐标轴的交点、不连续点、不可导点等,如有需要还可加入一些点. 最后根据以上结果描绘出函数的图形.

例 6　作函数 $f(x)=\dfrac{x}{1+x^2}$ 的图形.

解　(1) 函数的定义域为 $(-\infty,+\infty)$,并且是奇函数,因此先讨论它在 $[0,+\infty)$ 上的图形.

(2) 令 $f'(x)=\dfrac{1-x^2}{(1+x^2)^2}=0$,得 $[0,+\infty)$ 上的驻点 $x_1=1$,没有不可导点;

令 $f''(x)=2x(x^2-3)(1+x^2)^{-3}=0$;得 $f''(x)$ 在 $[0,+\infty)$ 上零点 $x_2=0$、$x_3=\sqrt{3}$.

(3) 根据(2),列表讨论如表 4-5:

表 4-5

x	0	$(0,1)$	1	$(1,\sqrt{3})$	$\sqrt{3}$	$(\sqrt{3},+\infty)$
$f'(x)$	+	+	0	−	−	−
$f''(x)$	0	−	−	−	0	+
$f(x)$	0	严格增	$\dfrac{1}{2}$	严格减	$\dfrac{\sqrt{3}}{4}$	严格减
$y=f(x)$ 的图形	拐点 $(0,0)$	上凸	极大值 $\dfrac{1}{2}$	上凸	拐点 $\left(\sqrt{3},\dfrac{\sqrt{3}}{4}\right)$	下凸

(4) 由 $\lim\limits_{x\to\infty}f(x)=0$,知曲线有水平渐近线 $y=0$. 没有斜渐近线和铅直渐近线.

(5) 根据上面讨论,描出函数在 $[0,+\infty)$ 上的图形,再由曲线关于原点地对称性得到函数在 $(-\infty,0)$ 上的图形(如图 4-14).

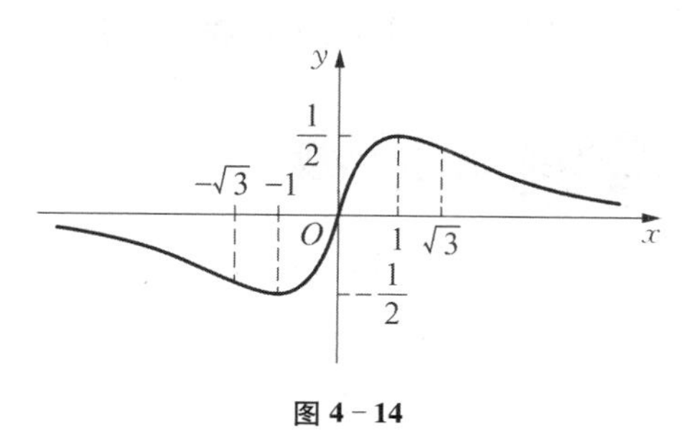

图 4-14

例 7　作函数 $f(x)=\dfrac{x^2}{1+x}$ 的图形.

解　(1) 函数的定义域为 $(-\infty,-1)\cup(-1,+\infty)$,无对称性和周期性.

(2) 令$f'(x)=\dfrac{x^2+2x}{(1+x)^2}=0$,得驻点$x=-2$、$x=0$,定义域内没有不可导点,因$f''(x)=\dfrac{2}{(1+x)^3}$,故没有零点,定义域内也没有二阶不可导点.

(3) 根据(2),列表讨论如表4-6:

表4-6

x	$(-\infty,-2)$	-2	$(-2,-1)$	$(-1,0)$	0	$(0,+\infty)$
$f'(x)$	+	0	−	−	0	+
$f''(x)$	−	−	−	+	0	+
$f(x)$	严格增	−4	严格减	严格减	+	严格增
$y=f(x)$ 的图形	上凸	极大值 −4	上凸	下凸	极小值 0	下凸

(4) 容易看到$\lim\limits_{x\to-1}f(x)=\infty$,可知$x=-1$是曲线的铅直渐近线,很明显,曲线没有水平渐近线.

因为$\lim\limits_{x\to\infty}\dfrac{f(x)}{x}=\lim\limits_{x\to\infty}\dfrac{x}{1+x}=1$,又$\lim\limits_{x\to\infty}\left(\dfrac{x^2}{1+x}-x\right)=\lim\limits_{x\to\infty}\dfrac{-x}{1+x}=-1$,因此$y=x-1$为其斜渐近线.

(5) 为了更好地描绘图形,另加了几个点

$A\left(-3,-\dfrac{9}{2}\right)$, $B\left(-\dfrac{3}{2},\dfrac{9}{2}\right)$, $C\left(-\dfrac{1}{2},\dfrac{1}{2}\right)$, $D\left(2,\dfrac{4}{3}\right)$,

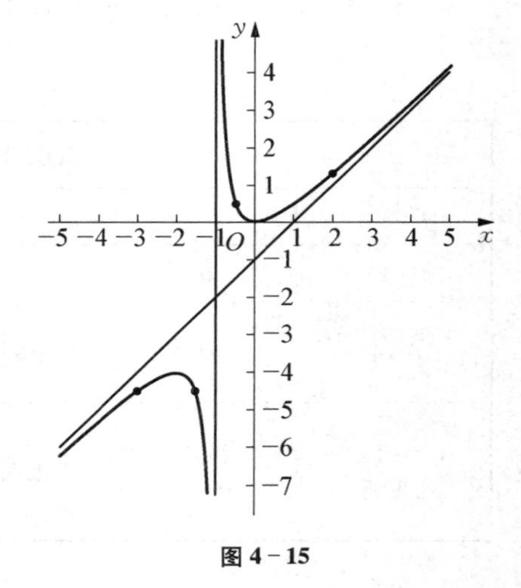

图4-15

根据以上讨论,可以描绘出函数的图形(如图4-15).

习题 4.6

本节学习要点

1. 求下列函数图形的上、下凸区间和拐点:

(1) $y=2x^3-3x^2-36x+25$; (2) $y=x\arctan x$;

(3) $y=x+\dfrac{1}{x}(x>0)$; (4) $y=\dfrac{\ln x}{x}$.

2. 求下列函数的单调区间、极值、图形的上、下凸区间和拐点:

(1) $y=\dfrac{2x}{x^2-1}$; (2) $y=(x-1)\mathrm{e}^{\frac{\pi}{2}+\arctan x}$.

3. 利用函数图形的凸性,证明下列不等式:

(1) 当 $x \neq y$ 时,$\dfrac{e^x + e^y}{2} > e^{\frac{x+y}{2}}$;

(2) 当 $x \neq y$, x、$y \in \left(-\dfrac{\pi}{2}, \dfrac{\pi}{2}\right)$ 时,$\cos\dfrac{x+y}{2} > \dfrac{\cos x + \cos y}{2}$.

4. 问 a、b 为何值时,点$(2, 4)$为曲线 $y = ax^3 + bx^2$ 的拐点?

5. 试确定曲线 $y = ax^3 + bx^2 + cx + d$ 中的 a、b、c、d 的值,使曲线在 $x = -2$ 对应的点处有水平切线、$(1, -10)$ 为拐点、点$(-2, 44)$ 在曲线上.

6. 求下列曲线的渐近线:

(1) $y = \dfrac{2(x-2)(x+3)}{x-1}$;　　(2) $y = \dfrac{4(x+1)}{x^2} - 2$;　　(3) $y = x + e^{-x}$.

7. 设函数 $y = y(x)$ 是由参数方程 $\begin{cases} x = \dfrac{1}{3}t^3 + t + \dfrac{1}{3}, \\ y = \dfrac{1}{3}t^3 - t + \dfrac{1}{3} \end{cases}$ 所确定,求 $y = y(x)$ 的单调区间、极值,图形的上、下凸区间和拐点.

8. 通过讨论函数的性态,描绘下列函数的图形:

(1) $y = x^3 - x^2 - x + 1$;　　(2) $y = xe^{-x}$;

(3) $y = x^2 + \dfrac{1}{x}$;　　(4) $y = \dfrac{(x-1)^3}{(x+1)^2}$.

总练习题

1. 求下列极限:

(1) $\lim\limits_{x \to 0} \dfrac{\tan x - \tan(\sin x)}{\sin x - \sin(\tan x)}$;　　(2) $\lim\limits_{x \to +\infty} \left[\dfrac{x^3}{(x+a)(x+b)(x+c)}\right]^x$;

(3) $\lim\limits_{x \to 0} \left[\dfrac{\ln(1+x)}{x}\right]^{\frac{1}{e^x - 1}}$.

2. 证明:当 $-1 < x < 1$ 时,$x\ln\dfrac{1+x}{1-x} + \cos x \geqslant 1 + \dfrac{x^2}{2}$.

3. 设函数$f(x) = x + a\ln(1+x) + bx\sin x$, $g(x) = kx^3$,若$f(x)$ 与 $g(x)$ 在 $x \to 0$ 时是等价无穷小,求常数 a、b、k.

4. 设$f(x)$在点 $x = x_0$ 可导,且$f(x_0) \neq 0$,求$\lim\limits_{x \to 0}\left[\dfrac{f(x_0 + x)}{f(x_0)}\right]^{\frac{1}{x}}$.

5. 设常数 $a>0$, $a\neq 1$, $\lim\limits_{x\to 0}\dfrac{\ln\left[1+\dfrac{f(x)}{x}\right]}{a^x-1}=\dfrac{1}{2}$,求$\lim\limits_{x\to 0}\dfrac{f(x)}{x^2}$.

6. 设 $y=f(x)$ 是由方程 $y-x=e^{x(1-y)}$ 所确定的函数,求$\lim\limits_{x\to\infty}x\left[f\left(\dfrac{1}{x}\right)-1\right]$.

7. 设 $y=f(x)$ 是由方程 $x^3+y^3-3x+3y-2=0$ 所确定的函数,求 $f(x)$ 的极值.

8. 设 $\lim\limits_{x\to 0}\left(\dfrac{1-\sin x}{1+\sin x}\right)^{\frac{1}{\tan kx}}=e$,求常数 k.

9. 已知 $\lim\limits_{x\to 0}\dfrac{x-\arctan x}{x^k}=c$,且 $c\neq 0$,求常数 k、c.

10. 已知$f(x)$在$(-\infty,+\infty)$内可导,且 $\lim\limits_{x\to\infty}f'(x)=e$, $\lim\limits_{x\to\infty}\left(\dfrac{x+k}{x-k}\right)^x=\lim\limits_{x\to\infty}[f(x)-f(x-e)]$,求常数 k.

11. 设$f(x)$在$[0,1]$上连续,在$(0,1)$内可导,$f(0)=0$, $f(1)=1$,且$f(x)$ 不恒等于 x. 证明:存在一点 $\xi\in(0,1)$,使得$f'(\xi)>1$.

12. 设$f(x)$在$[0,1]$上连续,在$(0,1)$内可导,且$f(1)-f(0)=1$. 证明:存在不同的两点 ξ、$\eta\in(0,1)$,使得$f'(\xi)+f'(\eta)=2$.

13. 设函数$f(x)$在区间$[0,1]$上具有二阶导数,且$f(1)>0$, $\lim\limits_{x\to 0^+}\dfrac{f(x)}{x}<0$. 证明:

(1) 方程$f(x)=0$ 在区间$(0,1)$ 内至少存在一个实根;

(2) 方程$f(x)f''(x)+[f'(x)]^2=0$ 在区间$(0,1)$ 内至少存在两个不同的实根.

14. 已知函数$f(x)$在区间$[a,+\infty)$上具有二阶导数,$f(a)=0$, $f'(x)>0$, $f''(x)>0$. 设 $b>a$,曲线 $y=f(x)$ 在点$(b,f(b))$处的切线与 x 轴的交点是$(x_0,0)$,证明:$a<x_0<b$.

15. 设函数$f(x)$在$[a,b]$上连续,在(a,b)内有二阶导数,且$f(a)=f(b)=0$. 若存在 $c\in(a,b)$,使得$f(c)>0$. 证明:在(a,b) 内至少存在一点 ξ,使得$f''(\xi)<0$.

16. 证明下列不等式:

(1) 当 $x>1$ 时,$\ln x>\dfrac{2(x-1)}{x+1}$;　　(2) 当 $x\in\left(0,\dfrac{\pi}{2}\right)$ 时,$\sin x+\tan x>2x$.

17. 利用函数图形的凸性,证明下列不等式:

(1) 当 $x\neq y$,且 x、y 大于0时,$\dfrac{1}{2}(x^n+y^n)>\left(\dfrac{x+y}{2}\right)^n$,其中 n 是正整数;

(2) 当 $x\neq y$,且 x、y 大于0时,$x\ln x+y\ln y>(x+y)\ln\left(\dfrac{x+y}{2}\right)$.

*18. 证明:方程 $2^x-x^2-1=0$ 有且仅有三个不同的实根.

第5章 积 分

前面我们学习了导数和微分，主要讨论了函数变量的变化率和局部线性化问题，本章将学习另一个重要内容——积分. 与微分相反，积分是关于变量“积累”问题的研究. 积分在自然科学、工程技术中有着广泛的应用.

积分包含不定积分和定积分，不定积分是求导的逆运算(求原函数)，而定积分思想起源于计算曲边图形的面积和立体的体积问题. 经典的例子是古希腊数学家阿基米德计算抛物弓形面积时采用三角形不断填充的“穷竭法”，以及我国魏晋时期数学家刘徽计算圆周率时采用圆的内接正多边形逼近圆的“割圆术”. 16世纪以后，在坐标系的帮助下，经过众多数学家的努力，最后由牛顿和莱布尼茨发现了微分与积分之间的联系，创立了微积分学完整的理论体系.

5.1 不定积分的概念与性质

一、原函数

由导数概念知道，已知一个函数，如 $y=\sin x$，则可以求出其导数 $y'=\cos x$；又已知某产品的成本函数 $C=q^2-q+5$，可以求出其边际成本 $C'=2q-1$.

那么反过来呢？即：当已知一个函数的导数，如何求出该函数？又当已知某产品的边际成本函数，如何求该产品的成本函数？

定义1 设函数 $F(x)$ 与 $f(x)$ 在区间 I 上都有定义，若在 I 上有

$$F'(x)=f(x) \text{ 或 } \mathrm{d}F(x)=f(x)\mathrm{d}x,$$

则称 $F(x)$ 为 $f(x)$ 在区间 I 上的一个**原函数**.

由前述，$\sin x$ 是 $\cos x$ 在 $(-\infty,+\infty)$ 内的一个原函数；q^2-q+5 是 $2q-1$ 在 $(-\infty,+\infty)$ 内的一个原函数.

定理1 设 $F(x)$ 是 $f(x)$ 在区间 I 上的一个原函数，则

(1) $F(x)+C$ 也是 $f(x)$ 在区间 I 上的一个原函数，其中 C 为任意常数；

(2) $f(x)$ 的任意两个原函数之间只相差一个常数.

证 (1) 对于任意常数 C,有

$$[F(x)+C]'=F'(x)=f(x),$$

因此由原函数的定义知, $F(x)+C$ 也是 $f(x)$ 在 I 上的一个原函数.

(2) 设 $F(x)$ 和 $G(x)$ 是 $f(x)$ 在区间 I 上的任意两个原函数,则

$$[F(x)-G(x)]'=F'(x)-G'(x)=f(x)-f(x)=0.$$

根据拉格朗日中值定理的推论可得

$$F(x)-G(x)=C,\text{其中 } C \text{ 为常数}.$$

定理 1 揭示了全体原函数的结构:若 $F(x)$ 是 $f(x)$ 的一个原函数,则 $f(x)$ 的全体原函数就是 $F(x)+C$,其中 C 为任意常数. 根据原函数的这种性质,引入不定积分的概念.

二、不定积分的概念和性质

定义 2 称 $f(x)$ 在区间 I 上的全体原函数为 $f(x)$ 在 I 上的**不定积分**,记作

$$\int f(x)\,\mathrm{d}x.$$

其中记号 $\int$ 称为**积分号**, $f(x)$ 称为**被积函数**, $f(x)\,\mathrm{d}x$ 称为**被积表达式**, x 称为**积分变量**.

若 $F(x)$ 是 $f(x)$ 在区间 I 上的一个原函数,则 $f(x)$ 在 I 上的不定积分就是 $\int f(x)\,\mathrm{d}x=F(x)+C$($C$ 为任意常数).

例如,因为 $(\sin x)'=\cos x$,所以 $\sin x$ 是 $\cos x$ 的一个原函数,故

$$\int \cos x\,\mathrm{d}x=\sin x+C.$$

根据原函数与不定积分的概念,可以直接得到:

性质 1 $\left[\int f(x)\,\mathrm{d}x\right]'=f(x)$ 或 $\mathrm{d}\left[\int f(x)\,\mathrm{d}x\right]=f(x)\,\mathrm{d}x$.

性质 2 $\int f'(x)\,\mathrm{d}x=f(x)+C$ 或 $\int \mathrm{d}f(x)=f(x)+C$.

性质 1 与性质 2 表明了求不定积分和求导数互为逆运算.

性质 3 若函数 $f(x)$ 和 $g(x)$ 在区间 I 上存在原函数,则 $f(x)\pm g(x)$ 在区间 I 上也存在原函数,且

$$\int[f(x)\pm g(x)]\mathrm{d}x=\int f(x)\mathrm{d}x\pm\int g(x)\mathrm{d}x. \qquad ①$$

证

$$\left[\int f(x)\mathrm{d}x\pm\int g(x)\mathrm{d}x\right]'=\left[\int f(x)\mathrm{d}x\right]'\pm\left[\int g(x)\mathrm{d}x\right]'$$
$$=f(x)\pm g(x).$$

由于 $\int f(x)\mathrm{d}x$ 与 $\int g(x)\mathrm{d}x$ 中含有任意常数,因此①式成立.

性质4 若函数 $f(x)$ 在区间 I 上存在原函数,k 为非零常数,则函数 $kf(x)$ 在区间 I 上也存在原函数,且

$$\int kf(x)\mathrm{d}x=k\int f(x)\mathrm{d}x.$$

性质3与性质4说明不定积分运算具有线性性质.

三、基本积分公式

根据基本初等函数的导数公式和不定积分的定义,可得下列基本积分公式:

1. $\int 0\mathrm{d}x=C.$

2. $\int 1\mathrm{d}x=x+C.$

3. $\int x^{\alpha}\mathrm{d}x=\dfrac{1}{\alpha+1}x^{\alpha+1}+C$(常数 $\alpha\neq-1$).

4. $\int\dfrac{\mathrm{d}x}{x}=\ln|x|+C(x\neq0).$

5. $\int \mathrm{e}^{x}\mathrm{d}x=\mathrm{e}^{x}+C.$

6. $\int a^{x}\mathrm{d}x=\dfrac{a^{x}}{\ln a}+C$(常数 $a>0,a\neq1$).

7. $\int\cos x\mathrm{d}x=\sin x+C.$

8. $\int\sin x\mathrm{d}x=-\cos x+C.$

9. $\int\sec^{2}x\mathrm{d}x=\tan x+C.$

10. $\int\csc^{2}x\mathrm{d}x=-\cot x+C.$

11. $\int \sec x \tan x \mathrm{d}x = \sec x + C$.

12. $\int \csc x \cot x \mathrm{d}x = -\csc x + C$.

13. $\int \frac{\mathrm{d}x}{\sqrt{1-x^2}} = \arcsin x + C$, $\int \frac{\mathrm{d}x}{\sqrt{1-x^2}} = -\arccos x + C$.

14. $\int \frac{\mathrm{d}x}{1+x^2} = \arctan x + C$, $\int \frac{\mathrm{d}x}{1+x^2} = -\operatorname{arccot} x + C$.

直接利用基本积分公式和性质或者对被积函数进行简单恒等变换后再利用它们求得结果的方法,称为**直接积分法**.

例 1 求 $\int (x^2-5)\mathrm{d}x$.

解
$$\int (x^2-5)\mathrm{d}x = \int x^2 \mathrm{d}x - \int 5\mathrm{d}x = \frac{1}{3}x^3 - 5x + C.$$

例 2 求 $\int \frac{x^4}{1+x^2}\mathrm{d}x$.

解
$$\int \frac{x^4}{1+x^2}\mathrm{d}x = \int \left(x^2 - 1 + \frac{1}{1+x^2}\right)\mathrm{d}x = \int x^2 \mathrm{d}x - \int \mathrm{d}x + \int \frac{\mathrm{d}x}{1+x^2}$$
$$= \frac{1}{3}x^3 - x + \arctan x + C.$$

例 3 求 $\int (1-\sqrt[3]{x^2})^2 \mathrm{d}x$

解
$$\int (1-\sqrt[3]{x^2})^2 \mathrm{d}x = \int (1 - 2x^{\frac{2}{3}} + x^{\frac{4}{3}})\mathrm{d}x = \int \mathrm{d}x - 2\int x^{\frac{2}{3}}\mathrm{d}x + \int x^{\frac{4}{3}}\mathrm{d}x$$
$$= x - \frac{6}{5}x^{\frac{5}{3}} + \frac{3}{7}x^{\frac{7}{3}} + C.$$

例 4 求 $\int \tan^2 x \mathrm{d}x$.

解 $\int \tan^2 x \mathrm{d}x = \int (\sec^2 x - 1)\mathrm{d}x = \int \sec^2 x \mathrm{d}x - \int \mathrm{d}x = \tan x - x + C.$

例 5 求 $\int \sin^2 \frac{x}{2} \mathrm{d}x$.

解

$$\begin{aligned}\int \sin^2 \frac{x}{2} \mathrm{d}x &= \int \frac{1-\cos x}{2} \mathrm{d}x \\ &= \frac{1}{2}\left(\int \mathrm{d}x - \int \cos x \mathrm{d}x\right) \\ &= \frac{1}{2}(x - \sin x) + C.\end{aligned}$$

例 6 求 $\int \left(2^x \mathrm{e}^x - \frac{3}{x}\right) \mathrm{d}x$.

解

$$\begin{aligned}\int \left(2^x \mathrm{e}^x - \frac{3}{x}\right) \mathrm{d}x &= \int (2\mathrm{e})^x \mathrm{d}x - 3\int \frac{1}{x} \mathrm{d}x = \frac{(2\mathrm{e})^x}{\ln(2\mathrm{e})} - 3\ln x + C \\ &= \frac{2^x \mathrm{e}^x}{\ln 2 + 1} - 3\ln x + C.\end{aligned}$$

习题 5.1

本节学习要点

1. 求下列不定积分：

(1) $\int x\sqrt{x} \mathrm{d}x$;

(2) $\int \left(\sqrt[3]{x} - \frac{1}{\sqrt{x}}\right) \mathrm{d}x$;

(3) $\int \left(\mathrm{e}^x + \frac{1}{x}\right) \mathrm{d}x$;

(4) $\int \sqrt{x}\left(x^2 + \frac{1}{x^2}\right) \mathrm{d}x$;

(5) $\int \frac{x^2}{x^2+1} \mathrm{d}x$;

(6) $\int \frac{x^2}{1-x^2} \mathrm{d}x$;

(7) $\int \left(x^2 + 2^x - \frac{2}{x}\right) \mathrm{d}x$;

(8) $\int \sqrt{x\sqrt{x\sqrt{x}}} \mathrm{d}x$;

(9) $\int \left(\frac{3}{1+x^2} - \frac{2}{\sqrt{1-x^2}}\right) \mathrm{d}x$;

(10) $\int \frac{3x^4+1}{x^2+1} \mathrm{d}x$;

(11) $\int \frac{\mathrm{d}x}{x^2(1-x^2)}$;

(12) $\int \frac{\sqrt{x} - x - x^2 \mathrm{e}^x}{x^2} \mathrm{d}x$;

(13) $\int \frac{4^x - 1}{2^x + 1} \mathrm{d}x$;

(14) $\int \mathrm{e}^{x+2} \mathrm{d}x$;

(15) $\int \left(\sin^2 \frac{x}{2} + \cos^2 \frac{x}{2}\right)^2 \mathrm{d}x$;

(16) $\int \cos^2 \frac{x}{2} \mathrm{d}x$;

(17) $\int \frac{\cos 2x}{\cos x - \sin x}dx$; (18) $\int \frac{dx}{\sin^2 x\cos^2 x}$;

(19) $\int(\sec x + \cos x)\tan x dx$; (20) $\int \frac{\sqrt{1+x^2}}{\sqrt{1-x^4}}dx$.

2. 设 $\int xf(x)dx = \ln(1+x^2) + C$,求 $f(x)$.

3. 已知 $f'(x) = \frac{1}{\sqrt{1-x^2}}$,且 $f(0) = 1$,求 $f(x)$.

4. 已知某曲线在任一点处的切线的斜率等于该点横坐标的倒数,且曲线经过点 $(e, 5)$,求该曲线的方程.

5.2 不定积分的换元积分法和分部积分法

换元积分法的实质就是把复合函数的求导法则反过来用于求不定积分.

一、第一类换元法(凑微分法)

定理1 设 $F'(u)=f(u)$, $u=g(x)$ 可导,则有**第一类换元公式**

$$\int f[g(x)]g'(x)dx = \int f(u)du = F(u) + C = F[g(x)] + C.$$

证明 因为 $\int f(u)du = F(u) + C$,且 $g(x)$ 可导,根据复合函数微分法,有

$$\frac{d}{dx}F[g(x)] = f[g(x)]g'(x).$$

由不定积分定义,得到

$$\int f[g(x)]g'(x)dx = F[g(x)] + C = F(u) + C = \int f(u)du.$$

注 在求不定积分 $\int \varphi(x)dx$ 时,可将其中的被积函数设想为

$$\varphi(x) = f[g(x)]g'(x),$$

并且$f(u)$的原函数$F(u)$容易求得，于是就有

$$\int\varphi(x)\mathrm{d}x=\int f[g(x)]g'(x)\mathrm{d}x=\int f(u)\mathrm{d}u$$
$$=F(u)+C=F[g(x)]+C.$$

第一类换元法还称为**"凑微分法"**，就是在被积函数$\varphi(x)$中凑出一个微分$g'(x)\mathrm{d}x=\mathrm{d}g(x)$，使得$\varphi(x)\mathrm{d}x=f[g(x)]g'(x)\mathrm{d}x=f(u)\mathrm{d}u$，并且$f(u)$有原函数$F(u)$，于是就可得到$\varphi(x)$的原函数$F[g(x)]+C$. 请看下面例题，仔细体会"凑微分"法.

例1 求$\int\frac{1}{3+2x}\mathrm{d}x$.

解 令$u=3+2x$，则$\mathrm{d}u=2\mathrm{d}x$，于是

$$\int\frac{1}{3+2x}\mathrm{d}x=\frac{1}{2}\int\frac{1}{3+2x}(3+2x)'\mathrm{d}x=\frac{1}{2}\int\frac{1}{u}\mathrm{d}u=\frac{1}{2}\ln|u|+C$$
$$=\frac{1}{2}\ln|3+2x|+C.$$

例2 求$\int 2x\mathrm{e}^{x^2+1}\mathrm{d}x$.

解 观察被积函数，发现$2x=(x^2+1)'$. 故令$u=x^2+1$，则$\mathrm{d}u=2x\mathrm{d}x$，于是

$$\int 2x\mathrm{e}^{x^2+1}\mathrm{d}x=\int\mathrm{e}^{x^2+1}(x^2+1)'\mathrm{d}x=\int\mathrm{e}^{x^2+1}\mathrm{d}(x^2+1)$$
$$=\int\mathrm{e}^u\mathrm{d}u=\mathrm{e}^u+C=\mathrm{e}^{x^2+1}+C.$$

熟练后，中间变量u可以不写出来而直接进行"凑微分"计算.

例3 求$\int(2x+3)^5\mathrm{d}x$.

解
$$\int(2x+3)^5\mathrm{d}x=\frac{1}{2}\int(2x+3)^5\mathrm{d}(2x+3)=\frac{1}{2}\cdot\frac{1}{6}(2x+3)^6+C$$
$$=\frac{1}{12}(2x+3)^6+C.$$

例4 求$\int\frac{1}{x}\ln x\mathrm{d}x$.

解 $$\int \frac{1}{x}\ln x\mathrm{d}x = \int \ln x\mathrm{d}\ln x = \frac{1}{2}\ln^2 x + C.$$

例 5 求 $\int \frac{1}{x^2}\sin\frac{1}{x}\mathrm{d}x$.

解 $$\int \frac{1}{x^2}\sin\frac{1}{x}\mathrm{d}x = -\int \sin\frac{1}{x}\mathrm{d}\frac{1}{x} = \cos\frac{1}{x} + C.$$

例 6 求 $\int \tan x\mathrm{d}x$.

解 $$\int \tan x\mathrm{d}x = \int \frac{\sin x}{\cos x}\mathrm{d}x = -\int \frac{\mathrm{d}\cos x}{\cos x} = -\ln|\cos x| + C.$$

例 7 求 $\int \frac{\mathrm{d}x}{a^2 - x^2}$,其中常数 $a > 0$.

解
$$\begin{aligned}\int \frac{\mathrm{d}x}{a^2 - x^2} &= \frac{1}{2a}\int\left(\frac{1}{a + x} + \frac{1}{a - x}\right)\mathrm{d}x \\ &= \frac{1}{2a}\left[\int \frac{1}{a + x}\mathrm{d}(a + x) - \int \frac{1}{a - x}\mathrm{d}(a - x)\right] \\ &= \frac{1}{2a}[\ln|a + x| - \ln|a - x|] + C \\ &= \frac{1}{2a}\ln\left|\frac{a + x}{a - x}\right| + C.\end{aligned}$$

例 8 求 $\int \sec x\mathrm{d}x$.

解 $$\int \sec x\mathrm{d}x = \int \frac{\cos x}{\cos^2 x}\mathrm{d}x = \int \frac{\mathrm{d}(\sin x)}{1 - \sin^2 x},$$

再根据例 7 得

$$\int \sec x\mathrm{d}x = \frac{1}{2}\ln\left|\frac{1 + \sin x}{1 - \sin x}\right| + C.$$

本例另一解法:

$$\begin{aligned}\int \sec x\mathrm{d}x &= \int \frac{\sec x(\sec x + \tan x)}{\sec x + \tan x}\mathrm{d}x = \int \frac{\sec^2 x + \sec x\tan x}{\sec x + \tan x}\mathrm{d}x \\ &= \int \frac{\mathrm{d}(\sec x + \tan x)}{\sec x + \tan x} = \ln|\sec x + \tan x| + C.\end{aligned}$$

本例的两种结果只是形式上的不同，利用三角恒等变换就可以把第一个结果变为第二个结果. 反之亦然. 不定积分表达式的多样性是一个值得注意的现象.

类似地可得

$$\int \csc x\mathrm{d}x = \ln|\csc x - \cot x| + C.$$

例 9 求 $\int \cos^2 x\mathrm{d}x$.

解

$$\int \cos^2 x\mathrm{d}x = \frac{1}{2}\int(1+\cos 2x)\mathrm{d}x = \frac{1}{2}\left[\int\mathrm{d}x + \frac{1}{2}\int\cos 2x\mathrm{d}(2x)\right]$$

$$= \frac{1}{2}x + \frac{1}{4}\sin 2x + C.$$

例 10 求下列不定积分：

(1) $\int \frac{3}{x^2-4x+5}\mathrm{d}x$;

(2) $\int \frac{x-2}{x^2-4x+5}\mathrm{d}x$;

(3) $\int \frac{6x+1}{x^2-4x+5}\mathrm{d}x$.

解 (1) $\int \frac{3}{x^2-4x+5}\mathrm{d}x = 3\int \frac{\mathrm{d}(x-2)}{1+(x-2)^2} = 3\arctan(x-2) + C.$

(2) $\int \frac{x-2}{x^2-4x+5}\mathrm{d}x = \frac{1}{2}\int \frac{2x-4}{x^2-4x+5}\mathrm{d}x = \frac{1}{2}\int \frac{\mathrm{d}(x^2-4x+5)}{x^2-4x+5} = \frac{1}{2}\ln|x^2-4x+5| + C.$

(3) $\int \frac{6x+1}{x^2-4x+5}\mathrm{d}x = \int \frac{3(2x-4)+13}{x^2-4x+5}\mathrm{d}x = \int \frac{3(2x-4)}{x^2-4x+5}\mathrm{d}x + \int \frac{13}{x^2-4x+5}\mathrm{d}x.$

由(1)的结果，得

$$\int \frac{6x+1}{x^2-4x+5}\mathrm{d}x = 3\ln|x^2-4x+5| + 13\arctan(x-2) + C.$$

除有少数不定积分可用观察法直接凑微分求得结果外，一般情况下要先进行一些诸如代数运算、三角恒等变形或微分等工作.

常用凑微分形式

例 11 求下列不定积分：

(1) $\int \frac{dx}{\sqrt{x(1-x)}}$;　(2) $\int \frac{\cos 2x}{1+\sin x\cos x}dx$.

解 (1) $\int \frac{dx}{\sqrt{x(1-x)}} = \int \frac{2d\sqrt{x}}{\sqrt{1-(\sqrt{x})^2}} = 2\arcsin\sqrt{x} + C$.

(2) $\int \frac{\cos 2x}{1+\sin x\cos x}dx = \int \frac{d(1+\sin x\cos x)}{1+\sin x\cos x} = \ln|1+\sin x\cos x| + C$.

例 12 求下列不定积分:

(1) $\int (x\ln x)^{\frac{3}{2}}(\ln x + 1)dx$;　(2) $\int \frac{\arctan\frac{1}{x}}{1+x^2}dx$.

解 (1) 因为 $(x\ln x)' = \ln x + x\cdot\frac{1}{x} = \ln x + 1$,所以

$$\int (x\ln x)^{\frac{3}{2}}(\ln x+1)dx = \int (x\ln x)^{\frac{3}{2}}d(x\ln x) = \frac{2}{5}(x\ln x)^{\frac{5}{2}} + C.$$

(2) 因为 $\left(\arctan\frac{1}{x}\right)' = \frac{1}{1+\left(\frac{1}{x}\right)^2}\left(-\frac{1}{x^2}\right) = -\frac{1}{1+x^2}$,所以

$$\int \frac{\arctan\frac{1}{x}}{1+x^2}dx = -\int \arctan\frac{1}{x}d\left(\arctan\frac{1}{x}\right) = -\frac{1}{2}\left(\arctan\frac{1}{x}\right)^2 + C.$$

例 13 求 $\int \frac{e^{2x}}{1+e^x}dx$.

解 $\int \frac{e^{2x}}{1+e^x}dx = \int \frac{e^x}{1+e^x}de^x = \int\left(1-\frac{1}{1+e^x}\right)de^x = e^x - \ln(1+e^x) + C$.

二、第二类换元法

如果不定积分 $\int f(x)dx$ 难以用直接积分法或者第一类换元法求出,而当通过适当的变量代换 $x=\varphi(t)$ 后,得到的关于变量 t 的不定积分

$$\int f[\varphi(t)]\varphi'(t)dt$$

又容易求出,就可用第二类换元法.

定理2 设 $x=\varphi(t)$ 严格单调，且 $\varphi'(t)\neq 0$，若 $f[\varphi(t)]\varphi'(t)$ 有原函数 $\Phi(t)$，则有

$$\int f(x)\mathrm{d}x=\int f[\varphi(t)]\varphi'(t)\mathrm{d}t=\Phi(t)+C=\Phi[\varphi^{-1}(x)]+C,$$

其中 $t=\varphi^{-1}(x)$ 为 $x=\varphi(t)$ 的反函数.

证 只要证明 $\Phi[\varphi^{-1}(x)]$ 是 $f(x)$ 的原函数. 注意到 $t(=\varphi^{-1}(x))$ 是中间变量，于是

$$\begin{aligned}\frac{\mathrm{d}}{\mathrm{d}x}\Phi[\varphi^{-1}(x)]&=\frac{\mathrm{d}\Phi(t)}{\mathrm{d}t}\cdot\frac{\mathrm{d}}{\mathrm{d}x}\varphi^{-1}(x)=f[\varphi(t)]\varphi'(t)\cdot\frac{1}{\varphi'(t)}\\&=f[\varphi(t)]=f(x).\end{aligned}$$

故有

$$\int f(x)\mathrm{d}x=\int f[\varphi(t)]\varphi'(t)\mathrm{d}t=\Phi(t)+C=\Phi[\varphi^{-1}(x)]+C.$$

这个方法称为**第二类换元法**.

例 14 求 $\int\frac{x\mathrm{d}x}{\sqrt{x-3}}$.

解 令 $t=\sqrt{x-3}$，得 $t>0$ 且 $x=t^2+3$，于是

$$\int\frac{x\mathrm{d}x}{\sqrt{x-3}}=\int\frac{t^2+3}{t}2t\mathrm{d}t=2\int(t^2+3)\mathrm{d}t=2\left(\frac{t^3}{3}+3t\right)+C.$$

再将 $t=\sqrt{x-3}$ 代入，整理得

$$\int\frac{x\mathrm{d}x}{\sqrt{x-3}}=\frac{2}{3}(x+6)\sqrt{x-3}+C.$$

注 在使用换元积分法后，请一定记得将结果代回到原积分变量.

例 15 求 $\int\frac{\mathrm{d}x}{\sqrt{x}+\sqrt[3]{x}}$.

解 要同时去掉两个根号，故令 $x=t^6$，于是

$$\begin{aligned}\int\frac{\mathrm{d}x}{\sqrt{x}+\sqrt[3]{x}}&=\int\frac{6t^5}{t^3+t^2}\mathrm{d}t=6\int\frac{t^3}{t+1}\mathrm{d}t=6\int\left(t^2-t+1-\frac{1}{t+1}\right)\mathrm{d}t\\&=6\left(\frac{t^3}{3}-\frac{t^2}{2}+t-\ln|t+1|\right)+C=2\sqrt{x}-3\sqrt[3]{x}+6\sqrt[6]{x}-6\ln(\sqrt[6]{x}+1)+C.\end{aligned}$$

例 14 与例 15 用到的基本方法是利用代换去掉根号. 下面是用三角代换去掉根号的例子,请仔细体会其规律.

例 16 求$\int\sqrt{a^2-x^2}\mathrm{d}x$,其中常数$a>0$.

解 要去根号,故令$x=a\sin t\left(|t|<\dfrac{\pi}{2}\right)$,则$\sqrt{a^2-x^2}=a|\cos t|=a\cos t$, $\mathrm{d}x=a\cos t\mathrm{d}t$,于是

$$\int\sqrt{a^2-x^2}\mathrm{d}x=\int a\cos t\cdot a\cos t\mathrm{d}t=a^2\int\cos^2t\mathrm{d}t.$$

利用例 9 的结果,得到

$$\int\sqrt{a^2-x^2}\mathrm{d}x=a^2\left(\frac{1}{2}t+\frac{1}{4}\sin 2t\right)+C=\frac{a^2}{2}(t+\sin t\cos t)+C.$$

由于$x=a\sin t\left(|t|<\dfrac{\pi}{2}\right)$,于是$t=\arcsin\dfrac{x}{a}$. $\sin t=\dfrac{x}{a}$, $\cos t=\sqrt{1-\sin^2t}=\dfrac{\sqrt{a^2-x^2}}{a}$,

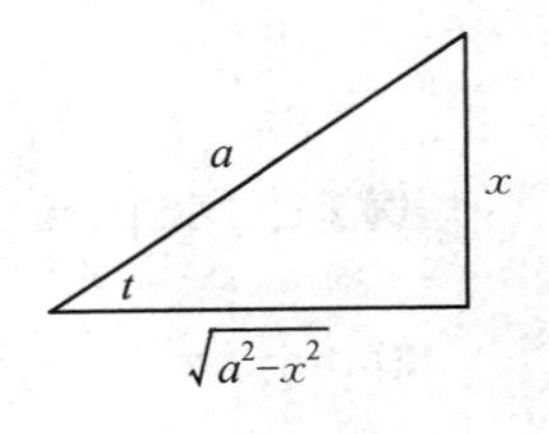

图 5 - 1

故所求不定积分为

$$\int\sqrt{a^2-x^2}\mathrm{d}x=\frac{a^2}{2}\arcsin\frac{x}{a}+\frac{1}{2}x\sqrt{a^2-x^2}+C.$$

本题也可从图 5 - 1 及$\sin t=\dfrac{x}{a}$得到$\cos t=\dfrac{\sqrt{a^2-x^2}}{a}$.

例 17 求$\int\dfrac{\mathrm{d}x}{\sqrt{a^2+x^2}}$,其中常数$a>0$.

解 如图 5 - 2,令$x=a\tan t\left(|t|<\dfrac{\pi}{2}\right)$,则

$$\sqrt{a^2+x^2}=a|\sec t|=a\sec t,$$

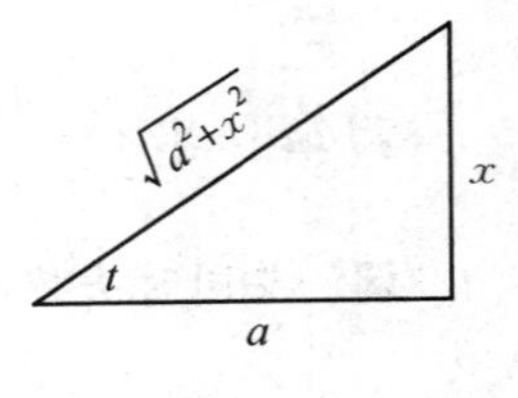

图 5 - 2

$\mathrm{d}x=a\sec^2t\mathrm{d}t$,于是

$$\int \frac{\mathrm{d}x}{\sqrt{a^2+x^2}} = \int \frac{a\sec^2 t}{a\sec t}\mathrm{d}t = \int \sec t\mathrm{d}t = \ln|\sec t+\tan t| + C_1$$

$$= \ln\left|\frac{\sqrt{a^2+x^2}}{a}+\frac{x}{a}\right| + C_1 = \ln(x+\sqrt{a^2+x^2}) + C,$$

其中 $C = C_1 - \ln a$.

例 18 求 $\int \frac{\mathrm{d}x}{\sqrt{x^2-a^2}}$,其中常数 $a > 0$.

解 被积函数的定义域为 $|x|>a$,当 $x>a$,如图 5-3 所示,令 $x=a\sec t$, $0<t<\frac{\pi}{2}$,则

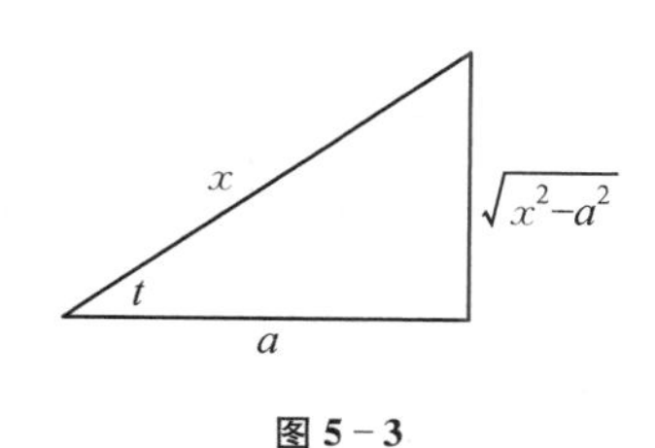

图 5-3

$$\sqrt{x^2-a^2} = a\tan t,\ \mathrm{d}x = a\sec t\tan t\mathrm{d}t.$$

于是

$$\int \frac{\mathrm{d}x}{\sqrt{x^2-a^2}} = \int \frac{a\sec t\tan t}{a\tan t}\mathrm{d}t = \int \sec t\mathrm{d}t = \ln|\sec t+\tan t| + C_1$$

$$= \ln\left|\frac{x}{a}+\frac{\sqrt{x^2-a^2}}{a}\right| + C_1 = \ln|x+\sqrt{x^2-a^2}| + C,$$

其中 $C = C_1 - \ln a$.

当 $x < -a$ 时,可令 $x = a\sec t\left(\frac{\pi}{2} < t < \pi\right)$,类似地,可得到上述相同的结果.

例 16 到例 18 也是常用的积分公式,应将它们记住.

第二换元法还经常用到倒代换$\left(\text{即 } x = \frac{1}{t}\right)$、指数代换(即 $a^x = t$)等.

例 19 求下列不定积分:

(1) $\int \frac{\mathrm{d}x}{x^2\sqrt{a^2+x^2}}$,其中常数 $a > 0$; (2) $\int \frac{\mathrm{d}x}{x(x^7+2)}$.

解 (1) 令 $x = \frac{1}{t}$,则 $\mathrm{d}x = -\frac{1}{t^2}\mathrm{d}t$,于是

$$\int \frac{\mathrm{d}x}{x^2\sqrt{a^2+x^2}} = \int \frac{t^2}{\sqrt{a^2+\left(\frac{1}{t}\right)^2}}\left(-\frac{1}{t^2}\right)\mathrm{d}t = -\int \frac{|t|}{\sqrt{a^2t^2+1}}\mathrm{d}t.$$

当 $x>0$ 时,得 $t>0$,故

$$\int\frac{\mathrm{d}x}{x^2\sqrt{a^2+x^2}}=-\frac{1}{2a^2}\int\frac{\mathrm{d}(a^2t^2+1)}{\sqrt{a^2t^2+1}}=-\frac{\sqrt{a^2t^2+1}}{a^2}+C$$

$$=-\frac{\sqrt{x^2+a^2}}{a^2x}+C.$$

当 $x<0$ 时,也有相同的结果.

(2) 令 $x=\frac{1}{t}$,则 $\mathrm{d}x=-\frac{1}{t^2}\mathrm{d}t$,于是

$$\int\frac{\mathrm{d}x}{x(x^7+2)}=\int\frac{t}{\left(\frac{1}{t}\right)^7+2}\left(-\frac{1}{t^2}\right)\mathrm{d}t=-\int\frac{t^6}{1+2t^7}\mathrm{d}t$$

$$=-\frac{1}{14}\int\frac{1}{1+2t^7}\mathrm{d}(1+2t^7)=-\frac{1}{14}\ln|1+2t^7|+C$$

$$=-\frac{1}{14}\ln\left|1+\frac{2}{x^7}\right|+C.$$

倒代换对于分母次数较高时是比较好的选择,但也要通过练习积累经验,才能熟练掌握.

扩充的基本积分公式

三、分部积分法

如果 $u=u(x)$ 与 $v=v(x)$ 都有连续的导数,则由函数乘积的微分公式 $\mathrm{d}(uv)=v\mathrm{d}u+u\mathrm{d}v$,得 $u\mathrm{d}v=\mathrm{d}(uv)-v\mathrm{d}u$,所以有

$$\int u\mathrm{d}v=uv-\int v\mathrm{d}u \quad ①$$

或

$$\int u(x)v'(x)\mathrm{d}x=u(x)v(x)-\int v(x)u'(x)\mathrm{d}x. \quad ②$$

公式①和②称为**分部积分公式**,当积分 $\int u\mathrm{d}v$ 不易计算,而积分 $\int v\mathrm{d}u$ 比较容易计算时,就可以使用该公式.

例 20 求 $\int x\cos x\mathrm{d}x$.

解
$$\int x\cos x\mathrm{d}x=\int x\mathrm{d}\sin x=x\sin x-\int\sin x\mathrm{d}x$$
$$=x\sin x+\cos x+C.$$

有时被积函数比较复杂,需要多次运用分部积分法才能求得结果.

例 21 求 $\int x^2\mathrm{e}^x\mathrm{d}x$.

解
$$\int x^2\mathrm{e}^x\mathrm{d}x=\int x^2\mathrm{d}\mathrm{e}^x=x^2\mathrm{e}^x-\int\mathrm{e}^x\mathrm{d}x^2$$
$$=x^2\mathrm{e}^x-2\int x\mathrm{e}^x\mathrm{d}x=x^2\mathrm{e}^x-2\int x\mathrm{d}\mathrm{e}^x$$
$$=x^2\mathrm{e}^x-2(x\mathrm{e}^x-\int\mathrm{e}^x\mathrm{d}x)=x^2\mathrm{e}^x-2(x\mathrm{e}^x-\mathrm{e}^x)+C$$
$$=\mathrm{e}^x(x^2-2x+2)+C.$$

例 22 求 $\int x^2\ln x\mathrm{d}x$.

解
$$\int x^2\ln x\mathrm{d}x=\int\ln x\mathrm{d}\left(\frac{x^3}{3}\right)=\frac{x^3}{3}\ln x-\frac{1}{3}\int x^3\mathrm{d}(\ln x)$$
$$=\frac{x^3}{3}\ln x-\frac{1}{3}\int x^3\frac{1}{x}\mathrm{d}x=\frac{x^3}{3}\ln x-\frac{1}{3}\int x^2\mathrm{d}x$$
$$=\frac{x^3}{3}\ln x-\frac{x^3}{9}+C.$$

例 23 求 $\int\arctan x\mathrm{d}x$.

解
$$\int\arctan x\mathrm{d}x=x\arctan x-\int x\mathrm{d}\arctan x=x\arctan x-\int\frac{x}{1+x^2}\mathrm{d}x$$
$$=x\arctan x-\frac{1}{2}\ln(1+x^2)+C.$$

***例 24** 求 $\int x\arcsin x\mathrm{d}x$.

解
$$\int x\arcsin x\mathrm{d}x=\int\arcsin x\mathrm{d}\left(\frac{x^2}{2}\right)=\frac{x^2}{2}\arcsin x-\frac{1}{2}\int x^2\mathrm{d}\arcsin x$$
$$=\frac{x^2}{2}\arcsin x-\frac{1}{2}\int\frac{x^2}{\sqrt{1-x^2}}\mathrm{d}x.$$

再用第二类换元法,令 $x=\sin t$ 得

$$\int\frac{x^2}{\sqrt{1-x^2}}\mathrm{d}x=\int\frac{\sin^2 t}{\cos t}\cos t\mathrm{d}t=\int\frac{1-\cos 2t}{2}\mathrm{d}t$$

$$=\frac{1}{2}\left(t-\frac{\sin 2t}{2}\right)+C=\frac{1}{2}(t-\sin t\cos t)+C$$

$$=\frac{1}{2}(\arcsin x-x\sqrt{1-x^2})+C,$$

于是得到

$$\int x\arcsin x\mathrm{d}x=\left(\frac{1}{2}x^2-\frac{1}{4}\right)\arcsin x+\frac{x}{4}\sqrt{1-x^2}+C.$$

有些不定积分在连续用分部积分法后,会出现与原来不定积分类型相同的项,可经移项合并后得所求结果.

例 25 求 $\int \mathrm{e}^x\sin x\mathrm{d}x$.

解 $\int\mathrm{e}^x\sin x\mathrm{d}x=\int\sin x\mathrm{d}\mathrm{e}^x=\mathrm{e}^x\sin x-\int\mathrm{e}^x\cos x\mathrm{d}x=\mathrm{e}^x\sin x-\int\cos x\mathrm{d}\mathrm{e}^x$

$$=\mathrm{e}^x\sin x-\left[\mathrm{e}^x\cos x-\int\mathrm{e}^x(-\sin x)\mathrm{d}x\right]=\mathrm{e}^x\sin x-\mathrm{e}^x\cos x-\int\mathrm{e}^x\sin x\mathrm{d}x,$$

于是

$$\int\mathrm{e}^x\sin x\mathrm{d}x=\frac{1}{2}\mathrm{e}^x(\sin x-\cos x)+C.$$

例 26 求 $\int\sec^3 x\mathrm{d}x$.

解 $\int\sec^3 x\mathrm{d}x=\int\sec x\mathrm{d}(\tan x)=\sec x\tan x-\int\tan x\mathrm{d}(\sec x)$

$$=\sec x\tan x-\int\tan^2 x\sec x\mathrm{d}x$$

$$=\sec x\tan x-\int(\sec^2 x-1)\sec x\mathrm{d}x$$

$$=\sec x\tan x+\int\sec x\mathrm{d}x-\int\sec^3 x\mathrm{d}x$$

$$=\sec x\tan x+\ln|\sec x+\tan x|-\int\sec^3 x\mathrm{d}x,$$

于是

$$\int \sec^3 x dx = \frac{1}{2}(\sec x\tan x + \ln|\sec x + \tan x|) + C.$$

注 对于分部积分,恰当选取 u 和 dv 是解题的关键,其原则就是要使 $\int v du$ 比 $\int u dv$ 更容易积出.

一般来说,当被积函数为幂函数与三角函数(或指数函数)相乘时,用三角函数(或指数函数)凑成 dv,取幂函数为 u,如例 20、21;当被积函数是幂函数与对数函数(或反三角函数)相乘时,用幂函数凑成 dv,取对数函数(或反三角函数)为 u,如例 22、23、24(为什么?). 例 25、26 则是通过几次分部积分后出现循环项,经过移项得出结果.

希望读者通过练习不断总结不定积分的积分方法及技巧,提高解题能力.

***例 27** 求 $\int \frac{\ln x}{(1-x)^2}dx$.

解
$$\int \frac{\ln x}{(1-x)^2}dx = \int \ln x d\frac{1}{1-x} = \frac{\ln x}{1-x} - \int \frac{dx}{x(1-x)}$$
$$= \frac{\ln x}{1-x} - \int\left(\frac{1}{x} + \frac{1}{1-x}\right)dx$$
$$= \frac{\ln x}{1-x} - \ln|x| + \ln|1-x| + C.$$

例 28 求 $I_n = \int \frac{dx}{(x^2+a^2)^n}$,其中 n 为正整数.

解
$$I_n = \frac{1}{a^2}\int \frac{(x^2+a^2)-x^2}{(x^2+a^2)^n}dx = \frac{1}{a^2}I_{n-1} - \frac{1}{a^2}\int \frac{x^2}{(x^2+a^2)^n}dx. \quad ③$$

又

$$\int \frac{x^2 dx}{(x^2+a^2)^n}dx = -\frac{1}{2(n-1)}\int x d\left[\frac{1}{(x^2+a^2)^{n-1}}\right]$$
$$= -\frac{1}{2(n-1)}\left[\frac{x}{(x^2+a^2)^{n-1}} - \int \frac{dx}{(x^2+a^2)^{n-1}}\right]$$
$$= -\frac{1}{2(n-1)}\left[\frac{x}{(x^2+a^2)^{n-1}} - I_{n-1}\right].$$

代入③式,得

$$I_n = \frac{1}{a^2}I_{n-1} + \frac{1}{2(n-1)a^2}\left[\frac{x}{(x^2+a^2)^{n-1}} + I_{n-1}\right].$$

即

$$I_n = \frac{x}{2(n-1)a^2(x^2+a^2)^{n-1}} + \frac{2n-3}{2(n-1)a^2}I_{n-1}.$$

以此作递推公式,并由 $I_1 = \frac{1}{a}\arctan\frac{x}{a} + C$,容易得到 I_n.

本节学习要点

例 29 已知 $f(x)$ 有一个原函数 e^{-x^2},求 $\int xf'(x)dx$.

解 根据分部积分公式,有

$$\int xf'(x)dx = \int xdf(x) = xf(x) - \int f(x)dx. \quad ④$$

由题意 $\int f(x)dx = e^{-x^2} - C$,两边求导 $f(x) = -2xe^{-x^2}$,代入④式得到

$$\int xf'(x)dx = -2x^2e^{-x^2} - e^{-x^2} + C = -e^{-x^2}(2x^2+1) + C.$$

习题 5.2

1. 填入适当的常数,使下列等式成立:

(1) $dx =$ ________ $d(5x-1)$;

(2) $x^2dx =$ ________ $d(3x^3+5)$;

(3) $e^{2x}dx =$ ________ $d(e^{2x})$;

(4) $\frac{dx}{x} =$ ________ $d(\ln|2x|)$;

(5) $\frac{dx}{1-x^2} =$ ________ $d\left(\ln\frac{1-x}{1+x}\right)$;

(6) $\frac{xdx}{1-x^2} =$ ________ $d(\ln|1-x^2|)$;

(7) $\frac{\ln xdx}{x} =$ ________ $d(\ln^2 x)$;

(8) $\frac{dx}{a^2+x^2} =$ ________ $d\left(\arctan\frac{x}{a}\right)$,其中常数 $a \neq 0$;

(9) $\frac{dx}{\sqrt{a^2-x^2}} =$ ________ $d\left(\arcsin\frac{x}{a}\right)$,其中常数 $a > 0$;

(10) $\sec^2 x\tan xdx =$ ________ $d(\sec^2 x)$.

2. 用凑微分法求下列不定积分(其中 a 为常数):

(1) $\int e^{2t}dt$;

(2) $\int (3x+2)^5dx$;

(3) $\int \frac{dx}{5-6x}$;

(4) $\int \frac{dx}{\sqrt{3-2x}}$;

(5) $\int \frac{\cos\sqrt{x}}{\sqrt{x}}dx$;

(6) $\int \frac{dx}{e^x + e^{-x}}$;

(7) $\int \frac{1}{1+e^x}dx$;

(8) $\int \frac{xdx}{\sqrt{2-x^2}}$;

(9) $\int \csc x dx$;

(10) $\int \frac{dx}{a^2+x^2}$;

(11) $\int \frac{\ln(2x)}{x}dx$;

(12) $\int x\sin x^2 dx$;

(13) $\int \frac{x}{\sqrt{a^2-x^2}}dx$;

(14) $\int \frac{dx}{\sqrt{a^2-x^2}}$;

(15) $\int \frac{dx}{x\ln x}$;

(16) $\int \frac{dx}{(\arcsin x)^2\sqrt{1-x^2}}$;

(17) $\int \tan^{10}x\sec^2 x dx$;

(18) $\int \sin^3 x\cos^2 x dx$;

(19) $\int \sec^9 x\tan x dx$;

(20) $\int \frac{\sin t}{\cos^3 t}dt$;

(21) $\int \sin 3x\cos 2x dx$;

(22) $\int \frac{x^3 dx}{a^2+x^2}$;

(23) $\int \frac{1-x}{\sqrt{9-4x^2}}dx$;

(24) $\int \frac{1+\ln x}{(x\ln x)^2}dx$;

(25) $\int \frac{dx}{3x^2-1}$;

(26) $\int \frac{x+3}{x^2+6x+1}dx$;

(27) $\int \frac{dx}{x^2+4x+5}$;

(28) $\int \frac{x+1}{x^2+x+1}dx$;

(29) $\int \frac{x^2 dx}{(x-1)^{100}}$;

(30) $\int \cos^3 x dx$;

(31) $\int \frac{10^{\arccos x}}{\sqrt{1-x^2}}dx$;

(32) $\int \cos^2(\omega x+\varphi)dx$,其中 ω、φ 为常数.

3. 用第二类换元法求下列不定积分(其中 a 为大于零的常数):

(1) $\int \frac{dx}{1+\sqrt{1-x^2}}$;

(2) $\int \frac{dx}{\sqrt{2x-3}+1}$;

(3) $\int \frac{dx}{\sqrt{(x^2+a^2)^3}}$;

(4) $\int \frac{x^2+1}{x\sqrt{1+x^4}}dx$;

(5) $\int \frac{dx}{x^4\sqrt{1+x^2}}$;

(6) $\int \frac{\sqrt{x^2-a^2}}{x}dx$;

(7) $\int \frac{dx}{x^4(1-x^2)}$;　　(8) $\int \frac{dx}{x(x^6+4)}$;

(9) $\int \sqrt{5-4x-x^2}\,dx$.

4. 用分部积分法求下列不定积分:

(1) $\int \arcsin x\,dx$;　　(2) $\int \ln(x^2+1)\,dx$;

(3) $\int \arctan x\,dx$;　　(4) $\int (x^2+2x)\sin x\,dx$;

(5) $\int e^{-2x}\sin x\,dx$;　　(6) $\int x\tan^2 x\,dx$;

(7) $\int x^2\cos^2\frac{x}{2}\,dx$;　　(8) $\int x^n\ln x\,dx\,(n\neq -1)$;

(9) $\int \frac{\ln x}{x^2}\,dx$;　　(10) $\int \ln^2 x\,dx$;

(11) $\int \cos(\ln x)\,dx$;　　(12) $\int xe^{-x}\,dx$;

(13) $\int (x\ln x)^2\,dx$;　　(14) $\int x^2\arctan x\,dx$;

(15) $\int x\cos\frac{x}{2}\,dx$;　　(16) $\int x^n\ln^2 x\,dx\,(n\neq -1)$;

(17) $\int x\ln(x-1)\,dx$;　　(18) $\int e^x\sin^2 x\,dx$;

(19) $\int (\arcsin x)^2\,dx$;　　(20) $\int \frac{\ln(1+x)}{\sqrt{x}}\,dx$;

(21) $\int x\ln\frac{x+1}{x-1}\,dx$;　　(22) $\int (3x^2+x+2)\ln x\,dx$.

5. 求函数$f(x)$:使其满足$f'(x)=\frac{1}{\sqrt{4x^2-1}}$,且$f\left(\frac{1}{2}\right)=0$.

6. 设$I_n=\int \frac{dx}{\sin^n x}$(正整数$n\geqslant 2$),证明:$I_n=-\frac{\cos x}{(n-1)\sin^{n-1}x}+\frac{n-2}{n-1}I_{n-2}$.

*5.3 有理函数的不定积分

一、有理函数的积分

设有理分式$R(x)=\frac{P(x)}{Q(x)}$,其中$P(x)$为n次多项式,$Q(x)$为m次多项式,且$P(x)$与$Q(x)$之

间没有公因式(即 $R(x)$ 为既约分式),当 $n < m$ 时,称 $R(x)$ 为有理真分式,当 $n \geqslant m$ 时,称 $R(x)$ 为有理假分式. 由代数知识可知,利用多项式的除法可以把有理假分式化为多项式与有理真分式之和,因此只要研究有理真分式的不定积分问题.

设 $R(x)=\dfrac{P(x)}{Q(x)}$ 为既约有理真分式,由代数知识可知,$Q(x)$ 在实数范围内总可以分解为一些因式(一次二项式或有虚根的二次三项式)的乘积,即

$$Q(x)=b_0(x-a)^{\alpha}\cdots(x-b)^{\beta}(x^2+px+q)^{\gamma}\cdots(x^2+rx+s)^{\mu},$$

其中 b_0、a、$\cdots$、b、p、q、$\cdots$、r、s 为常数,且 $p^2-4q<0$、$\cdots$、$r^2-4s<0$.

此时有理真分式$\dfrac{P(x)}{Q(x)}$可以分解成如下**部分分式**之和.

$$\begin{aligned}\frac{P(x)}{Q(x)}=&\frac{A_1}{x-a}+\frac{A_2}{(x-a)^2}+\cdots+\frac{A_{\alpha}}{(x-a)^{\alpha}}+\cdots+\frac{B_1}{x-b}+\frac{B_2}{(x-b)^2}+\cdots+\\&\frac{B_{\beta}}{(x-b)^{\beta}}+\frac{C_1x+D_1}{x^2-px+q}+\frac{C_2x+D_2}{(x^2-px+q)^2}+\cdots+\frac{C_{\lambda}x+D_{\lambda}}{(x^2-px+q)^{\lambda}}+\cdots+\\&\frac{E_1x+F_1}{x^2+rx+s}+\frac{E_2x+F_2}{(x^2+rx+s)^2}+\cdots+\frac{E_{\mu}x+F_{\mu}}{(x^2+rx+s)^{\mu}}.\end{aligned}$$

其中 A_1、A_2、$\cdots$、A_{α}、$\cdots$、B_1、B_2、$\cdots$、B_{β}、C_1、C_2、$\cdots$、C_{λ}、D_1、D_2、$\cdots$、D_{λ}、$\cdots$、E_1、E_2、$\cdots$、E_{μ}、F_1、F_2、$\cdots$、F_{μ} 都是常数.

从上面的分解看到,有理函数积分问题,归结为下列四类最简分式的积分,其中 α、β 为正整数,A、B 为常数.

(1) $\dfrac{A}{x-a}$; (2) $\dfrac{A}{(x-a)^{\alpha}}$; (3) $\dfrac{Ax+B}{x^2-px+q}$; (4) $\dfrac{Ax+B}{(x^2-px+q)^{\beta}}$.

容易看到(1)与(2)可用基本积分公式直接得到,而(3)的积分可以参照5.2节例10的方法得到.

思考 (4)的积分怎么得到?

例1 求 $\displaystyle\int\frac{3x+4}{x^2+x-6}\mathrm{d}x$.

解 由于被积函数的分母 $x^2+x-6=(x+3)(x-2)$,因而被积函数可以写成

$$\frac{3x+4}{x^2+x-6}=\frac{A_1}{x+3}+\frac{A_2}{x-2}. \qquad ①$$

为确定 A_1、A_2 的值,在①式两边同乘以 $(x+3)(x-2)$,得

$$3x+4=A_1(x-2)+A_2(x+3)=(A_1+A_2)x+(-2A_1+3A_2). \qquad ②$$

比较等式两边 x 的同次幂的系数,得

$$\begin{cases}3 = A_1 + A_2, \\ 4 = -2A_1 + 3A_2,\end{cases}$$

解得 $A_1 = 1$、$A_2 = 2$.

另一种方法是在②式中分别令 $x = 2$ 和 $x = -3$,可得

$$\begin{cases}6 + 4 = 5A_2, \\ -9 + 4 = -5A_1,\end{cases}$$

同样可解得 $A_1 = 1$、$A_2 = 2$. 因此

$$\frac{3x + 4}{x^2 + x - 6} = \frac{1}{x + 3} + \frac{2}{x + 3},$$

于是所求不定积分为

$$\int \frac{3x + 4}{x^2 + x - 6}\mathrm{d}x = \int \frac{\mathrm{d}x}{x + 3} + 2\int \frac{\mathrm{d}x}{x - 2} = \ln|x + 3| + 2\ln|x - 2| + C.$$

例 2 求 $\int \frac{2x + 2}{(x - 1)(x^2 + 1)^2}\mathrm{d}x$.

解 设
$$\frac{2x + 2}{(x - 1)(x^2 + 1)^2} = \frac{A}{x - 1} + \frac{Bx + C}{x^2 + 1} + \frac{Dx + E}{(x^2 + 1)^2},$$

两边同乘以 $(x - 1)(x^2 + 1)^2$,得

$$2x + 2 = A(x^2 + 1)^2 + (Bx + C)(x - 1)(x^2 + 1) + (Dx + E)(x - 1).$$

比较等式两边 x 的同次幂的系数,得

$$\begin{cases}0 = A + B, \\ 0 = C - B, \\ 0 = 2A + B - C + D, \\ 2 = C - B + E - D, \\ 2 = A - C - E,\end{cases}$$

由此解出 $A = 1$、$B = C = -1$、$D = -2$、$E = 0$. 故

$$\frac{2x + 2}{(x - 1)(x^2 + 1)^2} = \frac{1}{x - 1} - \frac{x + 1}{x^2 + 1} - \frac{2x}{(x^2 + 1)^2},$$

于是

$$\int\frac{2x+2}{(x-1)(x^2+1)^2}\mathrm{d}x=\int\frac{\mathrm{d}x}{x-1}-\int\frac{x+1}{x^2+1}\mathrm{d}x-\int\frac{2x\mathrm{d}x}{(x^2+1)^2}$$
$$=\ln|x-1|-\frac{1}{2}\ln(x^2+1)-\arctan x+\frac{1}{x^2+1}+C.$$

例3 求$\int\frac{\mathrm{d}x}{(1+2x)(x^2+1)}$.

解 设
$$\frac{1}{(1+2x)(x^2+1)}=\frac{A}{1+2x}+\frac{Bx+C}{x^2+1},$$
去分母并比较两端 x 的同次幂系数,得 $A=\frac{4}{5}$、$B=-\frac{2}{5}$、$C=\frac{1}{5}$,即
$$\frac{1}{(1+2x)(x^2+1)}=\frac{4}{5}\frac{1}{1+2x}-\frac{2}{5}\frac{x}{x^2+1}+\frac{1}{5}\frac{1}{x^2+1},$$
于是
$$\int\frac{\mathrm{d}x}{(1+2x)(x^2+1)}=\frac{4}{5}\int\frac{1}{1+2x}\mathrm{d}x-\frac{1}{5}\int\frac{2x}{x^2+1}\mathrm{d}x+\frac{1}{5}\int\frac{1}{x^2+1}\mathrm{d}x$$
$$=\frac{2}{5}\ln|1+2x|-\frac{1}{5}\ln(1+x^2)+\frac{1}{5}\arctan x+C.$$

例4 求$\int\frac{x^9-8}{x^{10}+8x}\mathrm{d}x$.

解
$$\int\frac{x^9-8}{x^{10}+8x}\mathrm{d}x=\int\frac{(x^9-8)x^8}{x^9(x^9+8)}\mathrm{d}x=\frac{1}{9}\int\frac{2x^9-(x^9+8)}{x^9(x^9+8)}\mathrm{d}x^9$$
$$=\frac{2}{9}\ln|x^9+8|-\ln|x^9|+C.$$

二、三角函数有理式的积分

三角函数有理式是指由三角函数和常数经过有限次四则运算构成的函数. 根据三角知识可知, $\sin x$ 和 $\cos x$ 都可以用 $\tan\frac{x}{2}$ 的有理式表示,即

$$\sin x=2\sin\frac{x}{2}\cos\frac{x}{2}=\frac{2\tan\frac{x}{2}}{\sec^2\frac{x}{2}}=\frac{2\tan\frac{x}{2}}{1+\tan^2\frac{x}{2}},$$

$$\cos x=\cos^2\frac{x}{2}-\sin^2\frac{x}{2}=\frac{1-\tan^2\frac{x}{2}}{1+\tan^2\frac{x}{2}},$$

如果作变换 $t=\tan\frac{x}{2}$, $x=2\arctan t$,那么

$$\sin x=\frac{2t}{1+t^2},\ \cos x=\frac{1-t^2}{1+t^2},\ \mathrm{d}x=\frac{2}{1+t^2}\mathrm{d}t.$$

于是三角函数有理式的不定积分就化为 t 的有理函数的不定积分. 上述代换又称为“**万能代换公式**”.

例 5 求 $\int\frac{\mathrm{d}x}{a+b\cos x}$,其中 $a>b>0$.

解 令 $t=\tan\frac{x}{2}$,可得

$$\int\frac{\mathrm{d}x}{a+b\cos x}=\int\frac{\frac{2}{1+t^2}\mathrm{d}t}{a+b\frac{1-t^2}{1+t^2}}=\frac{2}{\sqrt{a^2-b^2}}\int\frac{\sqrt{\frac{a-b}{a+b}}\mathrm{d}t}{1+\left(\sqrt{\frac{a-b}{a+b}}t\right)^2}$$

$$=\frac{2}{\sqrt{a^2-b^2}}\arctan\left(\sqrt{\frac{a-b}{a+b}}\tan\frac{x}{2}\right)+C.$$

虽然三角函数有理式的不定积分都可以用万能代换 $t=\tan\frac{x}{2}$ 化成有理函数的不定积分,但有些积分可以用其他更简便的方法来解.

例 6 求 $\int\frac{\sin x}{1+\sin x}\mathrm{d}x$.

解

$$\int\frac{\sin x}{1+\sin x}\mathrm{d}x=\int\frac{\sin x(1-\sin x)}{\cos^2x}\mathrm{d}x=\int\frac{\sin x}{\cos^2x}\mathrm{d}x-\int\frac{1-\cos^2x}{\cos^2x}\mathrm{d}x$$

$$=\sec x-\tan x+x+C.$$

例 7 求 $\int\frac{\mathrm{d}x}{1+\sin^2x}$.

解 方法一

$$\int\frac{\mathrm{d}x}{1+\sin^2x}=\int\frac{\frac{1}{\cos^2x}}{\frac{1}{\cos^2x}+\frac{\sin^2x}{\cos^2x}}\mathrm{d}x=\int\frac{\mathrm{d}\tan x}{\sec^2x+\tan^2x}$$

$$=\int\frac{\mathrm{d}\tan x}{1+2\tan^2 x}=\frac{1}{\sqrt{2}}\arctan(\sqrt{2}\tan x)+C.$$

方法二 令 $u=\tan x$(修改的万能代换),则 $\sin x=\frac{u}{\sqrt{1+u^2}}$, $\mathrm{d}x=\frac{1}{1+u^2}\mathrm{d}u$,于是

$$\int\frac{\mathrm{d}x}{1+\sin^2 x}=\int\frac{1}{1+\frac{u^2}{1+u^2}}\frac{1}{1+u^2}\mathrm{d}x=\int\frac{1}{1+2u^2}\mathrm{d}x$$

$$=\frac{1}{\sqrt{2}}\arctan(\sqrt{2}u)+C=\frac{1}{\sqrt{2}}\arctan(\sqrt{2}\tan x)+C.$$

三、简单无理函数的积分

下面介绍简单无理函数 $f\left(x,\sqrt[n]{\frac{ax+b}{cx+d}}\right)$ 通过变换 $t=\sqrt[n]{\frac{ax+b}{cx+d}}$,化成 t 的有理函数的不定积分.

例 8 求 $\int\frac{1}{x}\sqrt{\frac{1+x}{x}}\mathrm{d}x$.

解 令 $t=\sqrt{\frac{1+x}{x}}$,于是 $t^2=\frac{1+x}{x}$, $x=\frac{1}{t^2-1}$, $\mathrm{d}x=-\frac{2t}{(t^2-1)^2}\mathrm{d}t$. 从而

$$\int\frac{1}{x}\sqrt{\frac{1+x}{x}}\mathrm{d}x=\int(t^2-1)t\frac{-2t}{(t^2-1)^2}\mathrm{d}t=-2\int\frac{t^2}{t^2-1}\mathrm{d}t$$

$$=-2\int\left(1+\frac{1}{t^2-1}\right)\mathrm{d}t=-2t-\ln\left|\frac{t-1}{t+1}\right|+C$$

$$=-2t+2\ln(t+1)-\ln|t^2-1|+C$$

$$=-2\sqrt{\frac{1+x}{x}}+2\ln\left(\sqrt{\frac{1+x}{x}}+1\right)+\ln|x|+C.$$

例 9 求 $\int\frac{\mathrm{d}x}{\sqrt[3]{(x-1)^2(x+2)}}$.

解 由于 $\sqrt[3]{(x-1)^2(x+2)}=(x+2)\sqrt[3]{\left(\frac{x-1}{x+2}\right)^2}$,令 $t^3=\frac{x-1}{x+2}$,则有

$$x=\frac{1+2t^3}{1-t^3},\ \mathrm{d}x=\frac{9t^2}{(1-t^3)^2}\mathrm{d}t.$$

代入并化简得

$$\int\frac{\mathrm{d}x}{\sqrt[3]{(x-1)^2(x+2)}}=\int\frac{3}{1-t^3}\mathrm{d}t=\int\left(\frac{1}{1-t}+\frac{t+2}{1+t+t^2}\right)\mathrm{d}t$$

$$=-\ln|1-t|+\frac{1}{2}\int\frac{1+2t}{1+t+t^2}\mathrm{d}t+\frac{3}{2}\int\frac{\mathrm{d}t}{\frac{3}{4}+\left(\frac{1}{2}+t\right)^2}$$

$$=-\ln|1-t|+\frac{1}{2}\ln|1+t+t^2|+\sqrt{3}\arctan\frac{1+2t}{\sqrt{3}}+C_1$$

$$=-\frac{3}{2}\ln|\sqrt[3]{x+2}-\sqrt[3]{x-1}|+\sqrt{3}\arctan\frac{\sqrt[3]{x+2}+2\sqrt[3]{x-1}}{\sqrt{3}\sqrt[3]{x+2}}+C.$$

习题 5.3

1. 求下列有理分式的不定积分：

(1) $\int\frac{x^2}{x-2}\mathrm{d}x$；

(2) $\int\frac{x^4+x^2-5}{x^3-x}\mathrm{d}x$；

(3) $\int\frac{\mathrm{d}x}{x^3+1}$；

(4) $\int\frac{\mathrm{d}x}{x^2+x+1}$；

(5) $\int\frac{x^2+3}{(x-1)^3}\mathrm{d}x$；

(6) $\int\frac{x^2+1}{x(x+1)^3}\mathrm{d}x$；

(7) $\int\frac{x}{x^3-8}\mathrm{d}x$；

(8) $\int\frac{\mathrm{d}x}{(x-1)(x+1)(x+3)}$；

(9) $\int\frac{1+x+x^2}{(x^2+1)^2}\mathrm{d}x$；

(10) $\int\frac{x}{(x+2)(x+3)^2}\mathrm{d}x$；

(11) $\int\frac{\mathrm{d}x}{(x+1)(x^2+1)}$；

(12) $\int\frac{x^2+1}{(x+1)^2(x-1)}\mathrm{d}x$；

(13) $\int\frac{\mathrm{d}x}{(x^2+1)(x^2+2)}$；

(14) $\int\frac{x+1}{x^2-x+1}\mathrm{d}x$；

(15) $\int\frac{\mathrm{d}x}{x^4-1}$；

(16) $\int\frac{x^3}{x^2-x-2}\mathrm{d}x$.

2. 求下列三角函数有理式的不定积分：

(1) $\int\frac{\mathrm{d}x}{1+\sin^2x}$；

(2) $\int\frac{\mathrm{d}x}{5+\cos x}$；

(3) $\int\frac{\mathrm{d}x}{2+\sin x}$；

(4) $\int\frac{\mathrm{d}x}{1-\cot x}$；

(5) $\int \frac{dx}{1+\sin x+\cos x}$;　　(6) $\int \frac{dx}{2\sin x+\cos x+4}$;

(7) $\int \frac{dx}{(3+\cos x)\cos x}$;　　(8) $\int \frac{dx}{(1+\cos x)\sin x}$.

3. 求下列无理分式的不定积分:

(1) $\int \frac{dx}{1+\sqrt[3]{x}}$;　　(2) $\int \frac{\sqrt{x}+1}{\sqrt[3]{x}+1}dx$;

(3) $\int \frac{\sqrt{x+1}-1}{\sqrt{x-1}}dx$;　　(4) $\int \frac{dx}{\sqrt{x}+\sqrt[4]{x}}$;

(5) $\int \frac{x^3}{\sqrt{1+x^2}}dx$;　　(6) $\int \sqrt{\frac{1-x}{1+x}}dx$;

(7) $\int \frac{dx}{\sqrt{1-x+x^2}}$.

5.4 定积分的概念与基本性质

一、实例

读者都会计算各类常见图形的面积,如多边形、圆等,这些平面图形的特点是由直线段和圆弧围成,对于一般曲线围成的平面图形面积应该如何计算,是初等数学没有解决的问题.下面来讨论有一条边是曲线的梯形(称为曲边梯形)面积的计算问题.

设函数$f(x)$在闭区间$[a, b]$上连续,且$f(x)\geqslant 0$,称由曲线$y=f(x)$、直线$x=a$、$x=b$以及x轴所围成的平面图形D为在$[a, b]$上以曲线$y=f(x)$为曲边的曲边梯形(图5-4).

下面就来计算这曲边梯形的面积A(参见图5-5).

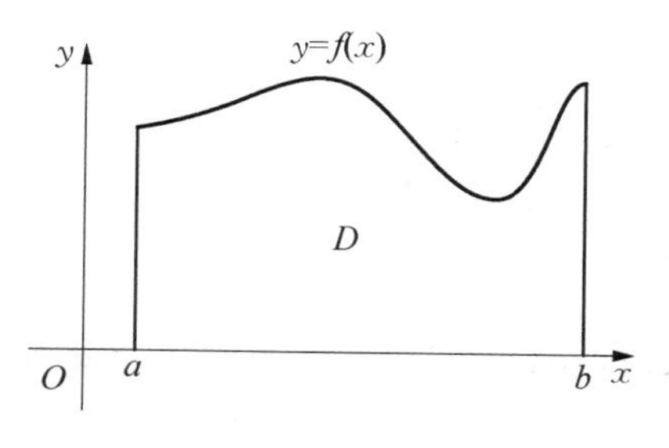

图 5-4

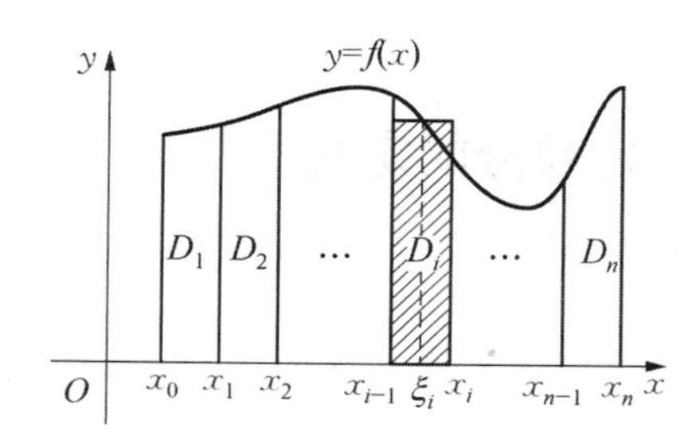

图 5-5

第一步　分割(大化小).

在$[a, b]$内任意插入$n-1$个分点:

$$a = x_0 < x_1 < x_2 < \cdots < x_{i-1} < x_i < x_{i+1} < \cdots < x_{n-1} < x_n = b,$$

将区间$[a, b]$分割成n个小区间

$$[x_0, x_1], [x_1, x_2], \cdots, [x_{i-1}, x_i], \cdots, [x_{n-1}, x_n],$$

每个小区间长度为

$$\Delta x_i = x_i - x_{i-1} (i = 1, 2, \cdots, n).$$

用直线$x = x_i (i = 1, 2, \cdots, n-1)$将曲边梯形$D$分割成$n$个小曲边梯形$D_1, D_2, \cdots, D_i, \cdots, D_n$,这些小曲边梯形的面积分别记为$\Delta A_1, \Delta A_2, \cdots, \Delta A_i, \cdots, \Delta A_n$,则

$$A = \Delta A_1 + \Delta A_2 + \cdots + \Delta A_n.$$

第二步　以直代曲(用直边代替曲边).

上述小曲边梯形的面积仍然难以求出,但由于曲边变得很短,可以近似地用直边代替曲边:在每个小区间$[x_{i-1}, x_i]$上任取一点$\xi_i (x_{i-1} \leqslant \xi_i \leqslant x_i)$,用以$f(\xi_i)$为高、小区间长度$\Delta x_i = x_i - x_{i-1}$为底的矩形面积作为$\Delta A_i$的近似值(图5-5),即$\Delta A_i \approx f(\xi_i) \Delta x_i (i = 1, 2, \cdots, n)$.

第三步　求近似和.

将所有小曲边梯形面积的近似值相加,得到大曲边梯形面积的近似值.

$$A = \Delta A_1 + \Delta A_2 + \cdots + \Delta A_n \approx f(\xi_1) \Delta x_1 + f(\xi_2) \Delta x_2 + \cdots + f(\xi_n) \Delta x_n$$

或$A \approx \sum_{i=1}^{n} f(\xi_i) \Delta x_i$.

第四步　取极限(求精确值).

当所有小区间长度中的最大值$\|\Delta x\| = \max_{1 \leqslant i \leqslant n} \{\Delta x_i\}$趋于零时(此时分点的总数$n$趋向于$+\infty$),该近似公式的精确程度就会越来越高,于是上述和式的极限就应该是曲边梯形D的面积,即

$$A = \lim_{\|\Delta x\| \to 0} \sum_{i=1}^{n} f(\xi_i) \Delta x_i.$$

二、定积分的定义

根据上面的实例,定积分的定义也就呼之欲出了.

定义1　设$f(x)$是闭区间$[a, b]$上的有界函数,在$[a, b]$内任意插入$n-1$个分点:

$$a = x_0 < x_1 < x_2 < \cdots < x_{i-1} < x_i < x_{i+1} < \cdots < x_{n-1} < x_n = b,$$

将区间$[a, b]$分成n个长度为$\Delta x_i = x_i - x_{i-1}$的小区间$[x_{i-1}, x_i] (i = 1, 2, \cdots, n)$. 在每个小区间$[x_{i-1}, x_i]$上任取一点$\xi_i (x_{i-1} \leqslant \xi_i \leqslant x_i)$,作和(通常称为积分和)

$$\sum_{i=1}^{n} f(\xi_i)\Delta x_i, \qquad ①$$

记 $\|\Delta x\| = \max_{1\leqslant i\leqslant n}\{\Delta x_i\}$，如果当 $\|\Delta x\| \to 0$ 时，不论对 $[a, b]$ 如何分割，ξ_i 如何取法，和 $\sum_{i=1}^{n} f(\xi_i)\Delta x_i$ 的极限总存在且为 I，即

$$\lim_{\|\Delta x\|\to 0}\sum_{i=1}^{n} f(\xi_i)\Delta x_i = I,$$

则称 $f(x)$ 在 $[a, b]$ 上是可积的，称极限值 I 为函数 $f(x)$ 在区间 $[a, b]$ 上的**定积分**，记作

$$\int_a^b f(x)\,\mathrm{d}x = I,$$

即

$$\int_a^b f(x)\,\mathrm{d}x = \lim_{\|\Delta x\|\to 0}\sum_{i=1}^{n} f(\xi_i)\Delta x_i. \qquad ②$$

函数 $f(x)$ 称为**被积函数**，$f(x)\mathrm{d}x$ 称为**被积表达式**，变量 x 称为**积分变量**，a、b 分别称为定积分的积分**下限**、**上限**，区间 $[a, b]$ 称为**积分区间**.

有了定积分的定义之后，我们会想到两个问题，第一是函数 $f(x)$ 满足什么条件时一定是可积的，即②式成立？第二是②式成立时，如何可以方便地求出这个极限？

下面给出可积的充分条件.

定理 1 若函数 $f(x)$ 在闭区间 $[a, b]$ 上连续，或仅有有限个间断点或单调有界，则 $f(x)$ 在 $[a, b]$ 上的定积分存在.

定理的证明从略.

注 1 定义中积分和的极限是一种非常特殊的极限，请注意它有两个任意性，即**“不论 $[a, b]$ 如何分割”及“不论 ξ_i 如何取法”，只要 $\|\Delta x\| = \max_i\{\Delta x_i\} \to 0$，极限 $\lim_{\|\Delta x\|\to 0}\sum_{i=1}^{n} f(\xi_i)\Delta x_i$ 存在且都等于** I，这是定积分定义的关键.

注 2 为了以后讨论方便，规定对任何可积函数 $f(x)$ 恒有

$$(1)\ \int_a^a f(x)\,\mathrm{d}x = 0;$$

$$(2)\ \int_b^a f(x)\,\mathrm{d}x = -\int_a^b f(x)\,\mathrm{d}x.$$

这表明定积分具有"方向"意义:同一函数$f(x)$从a到b和从b到a的定积分,其积分值相差一个符号.这一等式可以这样解释:在下限小于上限时,所有的$\Delta x_i > 0$.而下限大于上限时,一切$\Delta x_i = x_i - x_{i-1}$都是负的,从而这两种情况下的积分和的极限恰好相差一个负号.

注 3 定积分的几何意义:当$f(x) \geqslant 0$时,则$\int_a^b f(x)\mathrm{d}x$表示曲线$y=f(x)$在区间$[a, b]$上曲边梯形的面积;当$f(x) \leqslant 0$时,则$\int_a^b f(x)\mathrm{d}x = -\int_a^b [-f(x)]\mathrm{d}x$表示曲线$y=f(x)$在区间$[a, b]$上位于$x$轴下方的曲边梯形面积的相反数.对于一般非定号的函数$f(x)$,$\int_a^b f(x)\mathrm{d}x$表示曲线$y=f(x)$在x轴上方部分所有曲边梯形的面积与下方部分所有曲边梯形的面积的代数和(图5-6).

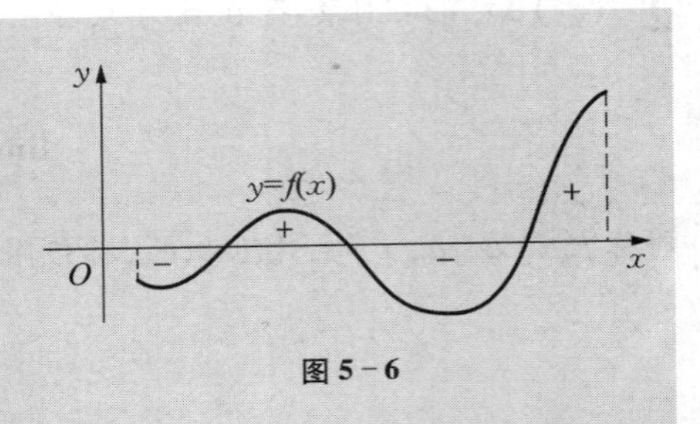

图5-6

注 4 定积分的值只与被积函数有关,与积分变量用什么字母无关,即

$$\int_a^b f(x)\mathrm{d}x = \int_a^b f(t)\mathrm{d}t.$$

用积分的定义可以很容易地证明这个性质.

注 5 根据定积分的定义,无界函数是不可积的.

回到前面的实例,曲边梯形D的面积A是曲边对应的函数$y=f(x)$在底边对应区间$[a, b]$上的定积分

$$A = \int_a^b f(x)\mathrm{d}x.$$

思考 1. 设质点作变速直线运动,其速度$V=V(t)$是时间t的连续函数,试用定积分表示质点从时刻a到b所经过的路程.

2. 如图5-7所示,函数f的图形由4个半圆弧构成,设函数$g(x)=\int_0^x f(t)\mathrm{d}t$,问$g(x)$非负范围在哪里?

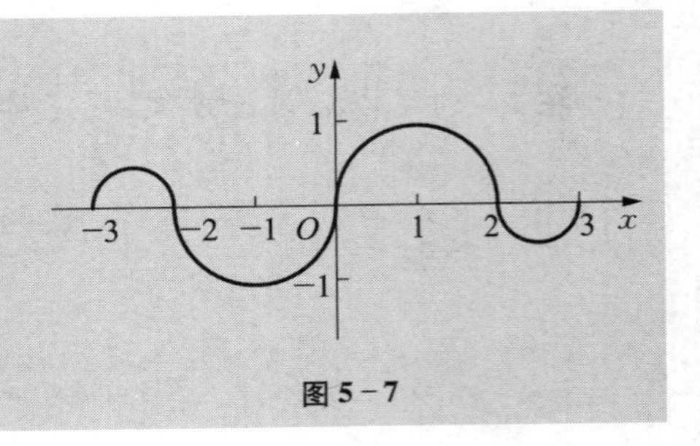

图5-7

三、定积分的基本性质

有了定积分的定义后原则上讲可以进行定积分的计算了,但是要进行大量的计算,还需要建立一系列的运算规则和法则.

例 1 根据定积分的定义计算定积分 $\int_0^1 x^2 \mathrm{d}x$.

解 被积函数 $y=x^2$ 在 $[0, 1]$ 上连续,所以是可积的,因此积分与区间 $[0, 1]$ 的分割方法以及点 ξ_i 的取法无关. 为了计算简单,将 $[0, 1]$ 作 n 等分,分点为 $x_i=\frac{i}{n}$,小区间 $[x_{i-1}, x_i]$ 的长度 $\Delta x_i=\frac{1}{n}(i=1, 2, \cdots, n)$,取 $\xi_i=\frac{i}{n}$(区间的右端点),作积分和

$$\sum_{i=1}^{n} f(x_i)\Delta x_i=\sum_{i=1}^{n}\left(\frac{i}{n}\right)^2\cdot\frac{1}{n}=\frac{n(n+1)(2n+1)}{6}\frac{1}{n^3}.$$

此时 $n\to\infty$ 等价于 $\|\Delta x\|\to 0$,故

$$\int_0^1 x^2 \mathrm{d}x=\lim_{n\to\infty}\frac{n(n+1)(2n+1)}{6}\frac{1}{n^3}=\frac{1}{3}.$$

这个例子说明,即便是 $f(x)=x^2$ 这样简单的函数,按照定义来求积分也不容易,不仅需要说明定积分存在,适当选取分点和小区间内部的点,还用到了求和公式 $\sum_{i=1}^{n} i^2=\frac{n(n+1)(2n+1)}{6}$,如果幂函数的次数再高一些或函数的表达式再复杂一点的话,那么用定义来计算定积分的难度还要大大增加!

下面建立定积分的基本性质,这些性质对于定积分的计算、积分值的估计十分有用. 设下面性质中出现的定积分都存在.

性质 1
$$\int_a^b [f(x)\pm g(x)]\mathrm{d}x=\int_a^b f(x)\mathrm{d}x\pm\int_a^b g(x)\mathrm{d}x.$$

***证** 将等式两边的三个定积分的积分区间 $[a, b]$ 划分成相同的 n 个小区间,并在每个小区间内选取同样的 $\xi_i(i=1, \cdots, n)$,这时

$$\sum_{i=1}^{n}[f(\xi_i)\pm g(\xi_i)]\Delta x_i=\sum_{i=1}^{n} f(\xi_i)\Delta x_i+\sum_{i=1}^{n} g(\xi_i)\Delta x_i,$$

因 $f(x)$、$g(x)$ 均在 $[a, b]$ 上可积,故

$$\lim_{\|\Delta x\|\to 0}\sum_{i=1}^{n}[f(\xi_i)\pm g(\xi_i)]\Delta x_i=\lim_{\|\Delta x\|\to 0}[\sum_{i=1}^{n}f(\xi_i)\Delta x_i\pm\sum_{i=1}^{n}g(\xi_i)\Delta x_i]$$

$$=\lim_{\|\Delta x\|\to 0}\sum_{i=1}^{n}f(\xi_i)\Delta x_i\pm\lim_{\|\Delta x\|\to 0}\sum_{i=1}^{n}g(\xi_i)\Delta x_i,$$

因此,由定积分定义即可得到 $\int_a^b[f(x)\pm g(x)]\mathrm{d}x=\int_a^b f(x)\mathrm{d}x\pm\int_a^b g(x)\mathrm{d}x$.

类似地,可以证明:

性质 2 $\int_a^b kf(x)\mathrm{d}x=k\int_a^b f(x)\mathrm{d}x$,其中 k 为常数.

性质 1 与性质 2 说明定积分运算具有线性性质.

特别地,$\int_a^b k\mathrm{d}x=k(b-a)$.

例 2 利用定积分的几何意义,求 $\int_0^2(2+\sqrt{4-x^2})\mathrm{d}x$.

解 因为

$$\int_0^2(2+\sqrt{4-x^2})\mathrm{d}x=\int_0^2 2\mathrm{d}x+\int_0^2\sqrt{4-x^2}\mathrm{d}x$$

$$=2(2-0)+\int_0^2\sqrt{4-x^2}\mathrm{d}x,$$

由于 $\int_0^2\sqrt{4-x^2}\mathrm{d}x$ 的被积函数 $y=\sqrt{4-x^2}$ 的图形是上半圆周,根据定积分的几何意义,可知 $\int_0^2\sqrt{4-x^2}\mathrm{d}x$ 是半径为 2 的四分之一圆的面积,即 $\int_0^2\sqrt{4-x^2}\mathrm{d}x=\frac{1}{4}\cdot\pi\cdot 2^2=\pi$.

所以

$$\int_0^2(2+\sqrt{4-x^2})\mathrm{d}x=\int_0^2 2\mathrm{d}x+\int_0^2\sqrt{4-x^2}\mathrm{d}x=4+\pi.$$

性质 3 对 a_1、a_2、$a_3\in[a,b]$,不论 a_1、a_2、a_3 的大小次序如何,总有

$$\int_{a_1}^{a_3}f(x)\mathrm{d}x=\int_{a_1}^{a_2}f(x)\mathrm{d}x+\int_{a_2}^{a_3}f(x)\mathrm{d}x.$$

证明从略. 这个性质称为区间可加性. 当 $a_1<a_2<a_3$ 且 $f(x)\geq 0$ 时,该性质反映的是面积的可加性:一个区间上的积分与拆成两个小区间上积分的和相等.

根据定积分的补充规定(定积分定义注 2)可推得,不论 a_1、a_2、a_3 大小顺序如何,只要上述等式中每个积分式都有意义,则等式总是成立的.

性质 4　若在$[a, b]$上,有$f(x) \leqslant g(x)$,则有

$$\int_a^b f(x)\mathrm{d}x \leqslant \int_a^b g(x)\mathrm{d}x.$$

特别地,当$f(x) \geqslant 0$时,有$\int_a^b f(x)\mathrm{d}x \geqslant 0$.

性质 4 又称为定积分的保号性或保序性,可以用来比较定积分的大小.

性质 5　若M和m分别是$f(x)$在$[a, b]$上的最大值和最小值,则

$$m(b-a) \leqslant \int_a^b f(x)\mathrm{d}x \leqslant M(b-a).$$

证　由于$m \leqslant f(x) \leqslant M$,再根据性质 4 和性质 2,可得

$$m(b-a) = \int_a^b m\mathrm{d}x \leqslant \int_a^b f(x)\mathrm{d}x \leqslant \int_a^b M\mathrm{d}x = M(b-a).$$

利用性质 5 可以估计定积分值的大小.

性质 6　$\left|\int_a^b f(x)\mathrm{d}x\right| \leqslant \int_a^b |f(x)|\mathrm{d}x.$

证　因为$-|f(x)| \leqslant f(x) \leqslant |f(x)|$,由性质 4 即得.

例 3　试比较$\int_0^1 \mathrm{e}^x\mathrm{d}x$与$\int_0^1 (1+x)\mathrm{d}x$的大小.

解　首先要确定两个被积函数在区间$[0, 1]$上的大小. 令$f(x) = \mathrm{e}^x - (1+x)$,于是$f'(x) = \mathrm{e}^x - 1 \geqslant 0(0 \leqslant x \leqslant 1)$,即$f(x)$在$[0, 1]$上递增,所以$f(x) \geqslant f(0) = 0(0 \leqslant x \leqslant 1)$,即$\mathrm{e}^x \geqslant 1+x$. 根据性质 4,有

$$\int_0^1 \mathrm{e}^x\mathrm{d}x \geqslant \int_0^1 (1+x)\mathrm{d}x.$$

例 4　估计定积分$\int_0^\pi \frac{1}{10+\cos^3 x}\mathrm{d}x$的大小.

解　因为在$[0, \pi]$上,有$\frac{1}{10+1} \leqslant \frac{1}{10+\cos^3 x} \leqslant \frac{1}{9}$,根据性质 5 有

$$\frac{\pi}{11} \leqslant \int_0^\pi \frac{1}{10+\cos^3 x}\mathrm{d}x \leqslant \frac{\pi}{9}.$$

性质 7 若$f(x)$在闭区间$[a,b]$上连续,则在$[a,b]$上至少存在一点ξ,使得

$$\int_a^b f(x)\mathrm{d}x=f(\xi)(b-a).$$

证 因为$f(x)$在$[a,b]$上连续,$f(x)$在$[a,b]$上存在最大值和最小值.设最大值和最小值分别为M和m,则根据性质 5 可得

$$m\leqslant\frac{1}{b-a}\int_a^b f(x)\mathrm{d}x\leqslant M,$$

由$f(x)$在$[a,b]$上满足闭区间上连续函数的介值性定理,存在$\xi\in[a,b]$,使得

$$f(\xi)=\frac{1}{b-a}\int_a^b f(x)\mathrm{d}x,$$

即

$$\int_a^b f(x)\mathrm{d}x=f(\xi)(b-a).$$

性质 7 称为**积分中值定理**,其几何意义如图 5-8 所示,以区间$[a,b]$为底边、以曲线$y=f(x)$为曲边的曲边梯形面积,等于区间$[a,b]$为底边、高为$f(\xi)(a\leqslant\xi\leqslant b)$的矩形面积.

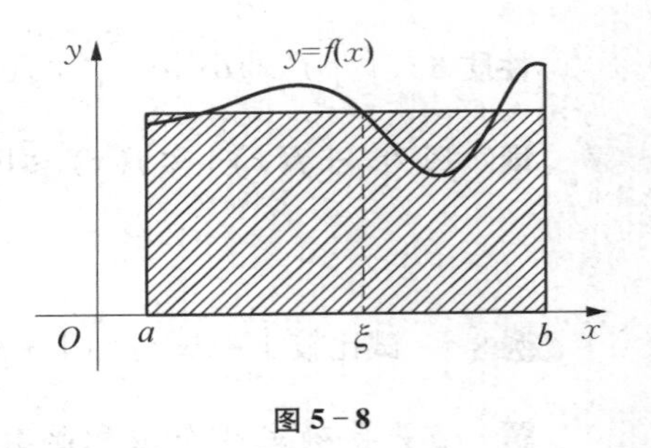

图 5-8

积分中值定理还可以称为“平均值”定理:$f(\xi)$就是函数$f(x)$在$[a,b]$上的平均值.解释如下:

如有n个实数$a_1,a_2,\cdots,a_n$,它们的算术平均值就是$\frac{a_1+a_2+\cdots+a_n}{n}$.那么连续函数表示的就是无限多个数的平均值,怎样定义无限多个数的平均值呢?我们还是从有限个数的平均值入手,将区间$[a,b]$平均分成n等分,分点是

$$x_i=a+\frac{i}{n}(b-a),\ i=0,1,2,\cdots,n.$$

小区间长度是$\Delta x_i=\frac{b-a}{n}$,在每个小区间上的函数值不是常数,但我们用小区间的右端点上的函数值$f(x_1),f(x_2),\cdots,f(x_{n-1}),f(x_n)$来代替,于是它们的平均值为

$$\frac{f(x_1)+f(x_2)+\cdots+f(x_{n-1})+f(x_n)}{n}=\frac{1}{n}\sum_{i=1}^{n}f(x_i),\qquad ③$$

当 n 趋向于无穷大时，这 n 个数的平均值的极限就应该是连续函数 $f(x)$ 在 $[a, b]$ 上的平均值. 从③式得

$$\lim_{n\to\infty}\frac{1}{n}\sum_{i=1}^{n}f(x_i)=\frac{1}{b-a}\lim_{n\to\infty}\sum_{i=1}^{n}f(x_i)\frac{b-a}{n}=\frac{1}{b-a}\int_a^b f(x)\,\mathrm{d}x.$$

所以 $f(x)$ 在 $[a, b]$ 上的平均值就是 $\frac{1}{b-a}\int_a^b f(x)\,\mathrm{d}x$，积分中值定理也就是“平均值定理”. 平均值是一个整体的性质，积分通过细小局部的累积，反映出了整体性质，局部和整体的辩证关系在定积分上再一次得到了展示.

例 5 求 $\lim\limits_{n\to\infty}\int_0^{\frac{2}{3}}\sqrt{1+x^n}\,\mathrm{d}x$.

解 因为 $f(x)=\sqrt{1+x^n}$ 在 $[0, +\infty)$ 上连续，由积分中值定理，得

$$\int_0^{\frac{2}{3}}\sqrt{1+x^n}\,\mathrm{d}x=\sqrt{1+\xi^n}\left(\frac{2}{3}-0\right),\ \xi\in\left[0, \frac{2}{3}\right],$$

所以

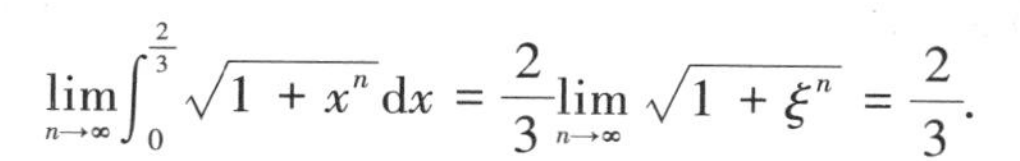

$$\lim_{n\to\infty}\int_0^{\frac{2}{3}}\sqrt{1+x^n}\,\mathrm{d}x=\frac{2}{3}\lim_{n\to\infty}\sqrt{1+\xi^n}=\frac{2}{3}.$$

本节学习要点

思考 如何用定积分来表示 $\lim\limits_{n\to\infty}\sum_{i=1}^{n}\sqrt{1+\left(\frac{i}{n}\right)^2}\cdot\frac{1}{n}$? 并尝试求出这个极限.

习题 5.4

1. 利用定积分的定义和性质，计算由抛物线 $y=x^2+1$、直线 $x=a$、$x=b(b>a)$ 以及 x 轴所围的平面图形的面积.

2. 利用定积分的几何意义，求下列定积分的值：

(1) $\int_0^{2\pi}\sin x\,\mathrm{d}x$;　　(2) $\int_{-a}^{a}\sqrt{a^2-x^2}\,\mathrm{d}x$.

3. 将下列和式的极限写成定积分：

(1) $\lim\limits_{n\to\infty}\frac{1^p+2^p+\cdots+n^p}{n^{p+1}}$（常数 $p>0$）;　(2) $\lim\limits_{n\to\infty}\left(\frac{1}{n+1}+\frac{1}{n+2}+\cdots+\frac{1}{n+n}\right)$.

4. 根据定积分的几何意义，判断下列定积分的正负：

(1) $\int_{-1}^{1}x\,\mathrm{d}x$;　　(2) $\int_{-\frac{\pi}{4}}^{\frac{\pi}{2}}\sin x\,\mathrm{d}x$;

(3) $\int_{\frac{1}{e}}^{e} \ln x\mathrm{d}x$.

5. 比较下列各对定积分的大小：

(1) $\int_{1}^{2} x\mathrm{d}x$ 与 $\int_{1}^{2} x^2\mathrm{d}x$；

(2) $\int_{0}^{\frac{\pi}{2}} x\mathrm{d}x$ 与 $\int_{0}^{\frac{\pi}{2}} \sin x\mathrm{d}x$；

(3) $\int_{1}^{2} \ln x\mathrm{d}x$ 与 $\int_{1}^{2} (x-1)\mathrm{d}x$；

(4) $\int_{0}^{1} \sqrt[n]{1+x}\,\mathrm{d}x$ 与 $\int_{0}^{1} \left(1+\frac{1}{n}x\right)\mathrm{d}x$.

6. 估计下列定积分的值：

(1) $\int_{-1}^{\frac{2}{3}} \mathrm{e}^{-x^2}\mathrm{d}x$；

(2) $\int_{\frac{\pi}{4}}^{\frac{\pi}{2}} \frac{\sin x}{x}\mathrm{d}x$.

7. 证明不等式：$\sqrt{2} \leqslant \int_{2}^{3} \sqrt{x^2 - x}\,\mathrm{d}x \leqslant \sqrt{6}$.

8. 利用定积分中值定理，证明：$\lim\limits_{n\to\infty}\int_{0}^{\frac{1}{2}} \frac{x^n}{1+x}\mathrm{d}x = 0$.

9. 利用定积分中值定理，求 $\lim\limits_{x\to+\infty}\int_{x}^{x+3} t\sin\frac{2}{t}\cdot\sqrt{1+\frac{1}{t^2}}\,\mathrm{d}t$.

*10. 设 $f(x)$ 与 $g(x)$ 在 $[a, b]$ 上连续，且 $f(x) \leqslant g(x)$，如果 $\int_{a}^{b} f(x)\mathrm{d}x = \int_{a}^{b} g(x)\mathrm{d}x$，则在 $[a, b]$ 上，有 $f(x) = g(x)$.

*11. 设函数 $f(x)$ 在 $[0, 1]$ 上可导，且满足 $3\int_{0}^{\frac{1}{3}} xf(x)\mathrm{d}x = f(1)$. 证明：至少存在一点 $\xi \in (0, 1)$，使得 $f'(\xi) = -\frac{f(\xi)}{\xi}$.

5.5 微积分学基本定理

这一节要解决定积分的计算问题. 虽然我们已经有了定积分的定义和性质，但是仅凭定义和性质来计算定积分是不具备可操作性的，这从上一节的例 1 的解题过程中已经知道了其艰巨性. 为了说明问题，先看一个具体的例子.

例 1 设物体作直线变速运动，速度是时间 t 的连续函数 $v = v(t)$，其中 $v(t) \geqslant 0$，由 $v(t)$ 的连续性，那么在很短的时间内可以把速度近似看作是不变的，因此在极短的时间（如 $\mathrm{d}t$）内物体运动的路程是 $v(t)\mathrm{d}t$，这样从 a 时刻到 b 时刻（$a < b$）走过的路程就是把所有的 $v(t)\mathrm{d}t$ 相加（求和），根据定积分的定义就是 $\int_{a}^{b} v(t)\mathrm{d}t$. 如果已知物体运动的位移函数是 $S(t)$（$S'(t) = v(t)$），则从 a 时

刻到 b 时刻走过的路程就是 $S(b)-S(a)$，于是就有

$$\int_a^b v(t)\,\mathrm{d}t = S(b)-S(a).$$

这说明，$v(t)$ 在 $[a, b]$ 上的定积分是其原函数 $S(t)$ 在 $[a, b]$ 上的增量！这个结论是否具有普遍性呢？

一、积分上限函数及其导数

设 $f(x)$ 在区间 $[a, b]$ 上连续，考察 $f(x)$ 在部分区间 $[a, x]$ 上的定积分

$$\int_a^x f(t)\,\mathrm{d}t,\ x\in[a, b].$$

当 x 在 $[a, b]$ 上任意变动时，对于每一个取定的 x 值，$\int_a^x f(t)\,\mathrm{d}t$ 都有唯一的确定值与之对应，因而 $\int_a^x f(t)\,\mathrm{d}t$ 是**积分上限 x 的函数**，记作

$$\Phi(x)=\int_a^x f(t)\,\mathrm{d}t,\ x\in[a, b].$$

有时也称 $\int_a^x f(t)\,\mathrm{d}t$ 为**变动上限积分**. 类似地，同样可以定义**积分下限函数**.

定理 1（微积分学基本定理） 若函数 $f(x)$ 在 $[a, b]$ 上连续，则积分上限函数

$$\Phi(x)=\int_a^x f(t)\,\mathrm{d}t,\ x\in[a, b]$$

在 $[a, b]$ 上可导，且其导数为

$$\Phi'(x)=\frac{\mathrm{d}}{\mathrm{d}x}\int_a^x f(t)\,\mathrm{d}t=f(x),\ x\in[a, b].$$

即积分上限函数 $\int_a^x f(t)\,\mathrm{d}t$ 是 $f(x)$ 在 $[a, b]$ 上的一个原函数.

证 设 x 是 $[a, b]$ 上的任一点，$\Delta x\neq 0$，$x+\Delta x\in[a, b]$，于是

$$\begin{aligned}\Phi(x+\Delta x)-\Phi(x)&=\int_a^{x+\Delta x} f(t)\,\mathrm{d}t-\int_a^x f(t)\,\mathrm{d}t\\&=\int_a^x f(t)\,\mathrm{d}t+\int_x^{x+\Delta x} f(t)\,\mathrm{d}t-\int_a^x f(t)\,\mathrm{d}t=\int_x^{x+\Delta x} f(t)\,\mathrm{d}t.\end{aligned}$$

根据积分中值定理，在 x 与 $x+\Delta x$ 之间存在 ξ，使得

$$\frac{\Phi(x+\Delta x)-\Phi(x)}{\Delta x}=\frac{1}{\Delta x}\int_x^{x+\Delta x} f(t)\,\mathrm{d}t=\frac{1}{\Delta x}f(\xi)[(x+\Delta x)-x]=f(\xi),$$

并且当 $\Delta x \to 0$ 时,有 $\xi \to x$. 由 $f(x)$ 在点 x 处连续可知 $\lim\limits_{\Delta x \to 0} f(\xi)=f(x)$,于是

$$\Phi'(x)=\lim_{\Delta x \to 0}\frac{\Phi(x+\Delta x)-\Phi(x)}{\Delta x}=f(x).$$

如果 x 为区间端点,则上式中的极限相应地取单侧极限,结果为单侧导数.

注 1 定理 1 告诉我们连续函数是有原函数的,而且该连续函数的积分上限函数就是它的一个原函数. 同时指出了微分与积分两个看似不相干的概念其实是有着内在联系的. 因此定理 2 是微积分理论中最基本的、最重要的定理,因而被称为**微积分学基本定理**.

注 2 积分上限(积分下限)函数是定义函数的一种新的方法,在一些应用学科,如物理、化学中经常见到,以后还会经常用到这种形式.

例 2 求下列积分上限函数和积分下限函数的导数:

(1) $\int_x^b t^2 \ln t\mathrm{d}t$; (2) $\int_a^{x^2+\mathrm{e}^x} f(t)\mathrm{d}t$.

解 (1) 因为 $\int_x^b t^2\ln t\mathrm{d}t=-\int_b^x t^2\ln t\mathrm{d}t$,所以

$$\frac{\mathrm{d}}{\mathrm{d}x}\int_x^b t^2\ln t\mathrm{d}t=\frac{\mathrm{d}}{\mathrm{d}x}\left(-\int_b^x t^2\ln t\mathrm{d}t\right)=-x^2\ln x.$$

(2) $\int_a^{x^2+\mathrm{e}^x} f(t)\mathrm{d}t$ 是由 $y=\int_a^u f(t)\mathrm{d}t$ 与 $u=x^2+\mathrm{e}^x$ 复合而成,所以

$$\begin{aligned}\frac{\mathrm{d}}{\mathrm{d}x}\int_a^{x^2+\mathrm{e}^x} f(t)\mathrm{d}t&=\frac{\mathrm{d}}{\mathrm{d}u}\int_a^u f(t)\mathrm{d}t\cdot\frac{\mathrm{d}}{\mathrm{d}x}(x^2+\mathrm{e}^x)=f(u)(2x+\mathrm{e}^x)\\&=f(x^2+\mathrm{e}^x)(2x+\mathrm{e}^x).\end{aligned}$$

例 3 求 $\lim\limits_{x\to 0}\dfrac{\int_{\sin x}^0 \ln(1+t)\mathrm{d}t}{x^2}$.

解 这是 $\dfrac{0}{0}$ 型不定式极限,利用洛必达法则可得

$$\begin{aligned}\lim_{x\to 0}\frac{\int_{\sin x}^0 \ln(1+t)\mathrm{d}t}{x^2}&=\lim_{x\to 0}\frac{-\cos x\ln(1+\sin x)}{2x}\\&=\lim_{x\to 0}(-\cos x)\lim_{x\to 0}\frac{\sin x}{2x}=(-1)\cdot\frac{1}{2}=-\frac{1}{2}.\end{aligned}$$

思考　如何求 $\int_{\varphi(x)}^{\phi(x)} f(t)\,\mathrm{d}t$ 的导数?

从定理1很容易得到著名的牛顿(Newton)-莱布尼茨公式.

二、牛顿-莱布尼茨公式

定理2　若函数 $F(x)$ 是连续函数 $f(x)$ 在区间 $[a, b]$ 上的一个原函数,则

$$\int_a^b f(x)\,\mathrm{d}x = F(b) - F(a). \tag{①}$$

证　因为 $F(x)$ 是 $f(x)$ 在 $[a, b]$ 上的一个原函数,由定理2知 $\Phi(x) = \int_a^x f(t)\,\mathrm{d}t$ 也是 $f(x)$ 在 $[a, b]$ 上的一个原函数,因此,根据原函数的概念及拉格朗日中值定理的推论知 $\Phi(x)$ 与 $F(x)$ 相差一个常数,即

$$\int_a^x f(t)\,\mathrm{d}t = F(x) + C. \tag{②}$$

$x=a$ 代入②式,有

$$0 = \int_a^a f(t)\,\mathrm{d}t = F(a) + C, \text{即 } F(a) = -C.$$

于是

$$\int_a^x f(t)\,\mathrm{d}t = F(x) - F(a), \tag{③}$$

将 $x=b$ 代入③式,得

$$\int_a^b f(t)\,\mathrm{d}t = F(b) - F(a).$$

公式①称为**牛顿-莱布尼茨公式**,函数 $F(x)$ 在 $[a, b]$ 上的增量 $F(b) - F(a)$ 通常可记作 $F(x)\big|_a^b$,于是①式常常写成

$$\int_a^b f(x)\,\mathrm{d}x = F(x)\big|_a^b.$$

注意,公式①当 $b < a$ 时也是成立的.

牛顿-莱布尼茨公式表明,要求已知连续函数 $f(x)$ 在区间 $[a, b]$ 上的定积分,只要求出 $f(x)$ 在区间 $[a, b]$ 上的一个原函数 $F(x)$,并计算它由端点 a 到端点 b 的改变量 $F(b)-F(a)$ 即可.

回过来看本章第一节的例1:求积分 $\int_0^1 x^2\,\mathrm{d}x$ 易知,函数 x^2 的原函数是 $\frac{1}{3}x^3$,因此

$$\int_0^1 x^2 \mathrm{d}x = \frac{1}{3}x^3 \Big|_0^1 = \frac{1}{3}.$$

定理 2 在微积分学中有着及其重要的作用,它把求定积分这样一个非常"另类"的极限问题转化为求被积函数的原函数问题,将原来认为互不相关的导数和积分联系起来了,使求定积分的过程大大简化,从而使积分学在各科学领域内得到广泛的应用.

本节学习要点

习题 5.5

1. 求下列导数:

(1) $\dfrac{\mathrm{d}}{\mathrm{d}x}\displaystyle\int_1^x \sin \mathrm{e}^t \mathrm{d}t$;　　(2) $\dfrac{\mathrm{d}}{\mathrm{d}x}\displaystyle\int_x^0 \mathrm{e}^{t^2} \mathrm{d}t$;

(3) $\dfrac{\mathrm{d}}{\mathrm{d}x}\displaystyle\int_{x^2}^{x^3} \frac{\mathrm{d}t}{\sqrt{1+t^4}}$;　　(4) $\dfrac{\mathrm{d}}{\mathrm{d}x}\displaystyle\int_1^{x^3} \frac{\sin t}{t}\mathrm{d}t$.

2. 求下列极限:

(1) $\displaystyle\lim_{x\to 0}\frac{\int_0^x \tan^2 t \mathrm{d}t}{x^3}$;　　(2) $\displaystyle\lim_{x\to 0}\frac{\int_0^{x^2} \sqrt{1+t^2}\,\mathrm{d}t}{x^2}$;

(3) $\displaystyle\lim_{x\to 0}\frac{\int_{\cos x}^1 t\ln t \mathrm{d}t}{x^4}$;　　(4) $\displaystyle\lim_{x\to 0}\frac{\int_0^x t\ln(1+t\sin t)\mathrm{d}t}{1-\cos x^2}$.

3. 求由参数方程 $x = \displaystyle\int_t^0 2\cos u \mathrm{d}u$, $y = \displaystyle\int_0^{t^2} \sin u \mathrm{d}u$ 所确定的函数 $y = y(x)$ 的导数 $y'(x)$.

4. 求由方程 $\displaystyle\int_o^y \mathrm{e}^{t^2}\mathrm{d}t + \int_o^x \cos(t^2)\mathrm{d}t = 0$ 所确定的隐函数 $y = y(x)$ 的导数 $y'(x)$.

5. 当 x 为何值时, $I(x) = \displaystyle\int_o^x t\mathrm{e}^{-t^2}\mathrm{d}t$ 有极值?

6. 设 $f(x)$ 在 $[a, b]$ 上连续,在 (a, b) 内可导,且 $f'(x) \leqslant 0$, $F(x) = \dfrac{1}{x-a}\displaystyle\int_a^x f(t)\mathrm{d}t$,证明:在 (a, b) 内,有 $F'(x) \leqslant 0$.

7. 设 $f(x)$ 在 $[a, b]$ 上连续,且 $f(x) > 0$, $F(x) = \displaystyle\int_a^x f(t)\mathrm{d}t + \int_b^x \frac{\mathrm{d}t}{f(t)}$,证明:

(1) $F'(x) \geqslant 2$;

(2) 方程 $F(x) = 0$ 在 (a, b) 内有且仅有一个实根.

8. 计算下列定积分:

(1) $\displaystyle\int_1^2 \frac{1}{x}\mathrm{d}x$;　　(2) $\displaystyle\int_0^4 |x-2|\,\mathrm{d}x$;

(3) $\int_0^{\sqrt{3}} \frac{dx}{x^2+1}$;　　(4) $\int_{-\frac{1}{2}}^{\frac{1}{2}} \frac{dx}{\sqrt{1-x^2}}$;

(5) $\int_0^{\frac{\pi}{4}} \tan^2 x dx$.

9. 设$f(x)=\frac{1}{1+x^2}+x^3\int_0^1 f(x)dx$,计算$\int_0^1 f(x)dx$.

10. 设$f(x)=\begin{cases}\frac{1}{2}\sin x, & 0\leqslant x\leqslant\pi,\\ 0, & x<0 \text{或} x>\pi,\end{cases}$求$F(x)=\int_0^x f(t)dt$在$(-\infty,+\infty)$内的表达式.

11. 证明:当$x>0$时,有$\int_0^x \frac{dt}{1+t^2}+\int_0^{\frac{1}{x}} \frac{dt}{1+t^2}=\frac{\pi}{2}$.

5.6 定积分的积分法

由牛顿-莱布尼茨公式,求定积分的问题可以归结为求被积函数的原函数或不定积分的问题,因此与不定积分各种积分法相对应,也有定积分的积分法.

一、直接利用牛顿-莱布尼茨公式

例1 计算$\int_{-1}^1 \frac{dx}{1+x^2}$.

解 根据基本积分公式和牛顿-莱布尼茨公式,得

$$\int_{-1}^1 \frac{dx}{1+x^2}=\arctan x\Big|_{-1}^{1}=\arctan 1-\arctan(-1)$$

$$=\frac{\pi}{4}-\left(-\frac{\pi}{4}\right)=\frac{\pi}{2}.$$

例2 计算$\int_{-1}^3 |2-x|dx$.

解 由于被积函数有绝对值,先将绝对值去掉,再分区间积分. 因为

$$|2-x|=\begin{cases}2-x, & x\leqslant 2,\\ x-2, & x>2,\end{cases}$$

由定积分的区间可加性,得

$$\int_{-1}^{3}|2-x|\mathrm{d}x=\int_{-1}^{2}(2-x)\mathrm{d}x+\int_{2}^{3}(x-2)\mathrm{d}x$$

$$=\left(2x-\frac{1}{2}x^2\right)\Big|_{-1}^{2}+\left(\frac{x^2}{2}-2x\right)\Big|_{2}^{3}$$

$$=4\frac{1}{2}+\frac{1}{2}=5.$$

二、定积分的换元法

定理 1 设函数 $f(x)$ 在 $[a,b]$ 上连续，函数 $\varphi(t)$ 满足 $\varphi(\alpha)=a$，$\varphi(\beta)=b$. 当 t 在 $[\alpha,\beta]$（或 $[\beta,\alpha]$）上变化时，有 $a\leqslant\varphi(t)\leqslant b$，且 $\varphi'(t)$ 在 $[\alpha,\beta]$（或 $[\beta,\alpha]$）上连续，则

$$\int_{a}^{b}f(x)\mathrm{d}x=\int_{\alpha}^{\beta}f[\varphi(t)]\varphi'(t)\mathrm{d}t. \qquad ①$$

公式①称为**定积分的换元公式**.

从左到右使用公式①，相当于不定积分的第二类换元法，从右到左使用公式①，相当于不定积分的第一类换元法.

若变换函数 $x=\varphi(t)$ 是单调函数，就可以满足换元积分公式的条件：当 $\alpha\leqslant t\leqslant\beta$（或 $\beta\leqslant t\leqslant\alpha$）时，有 $a\leqslant\varphi(t)\leqslant b$.

思考 定积分换元法与不定积分换元法的区别在哪里？

请通过下面的例题来理清这个思考题.

例 3 计算 $\int_{0}^{4}\frac{x+2}{\sqrt{2x+1}}\mathrm{d}x$.

解 被积函数分母含有根号，考虑通过变换去掉根号.

设 $\sqrt{2x+1}=t$，则 $x=\frac{t^2-1}{2}$，$\mathrm{d}x=t\mathrm{d}t$，当 $x=0$ 时，$t=1$；当 $x=4$ 时，$t=3$. 于是

$$\int_{0}^{4}\frac{x+2}{\sqrt{2x+1}}\mathrm{d}x=\int_{1}^{3}\frac{\frac{t^2-1}{2}+2}{t}t\mathrm{d}t=\frac{1}{2}\int_{1}^{3}(t^2+3)\mathrm{d}t$$

$$=\frac{1}{2}\left(\frac{t^3}{3}+3t\right)\Big|_{1}^{3}=\frac{22}{3}.$$

注 例3是从左到右使用公式①，下面的例4是从右到左使用公式①.

例4 计算$\int_0^{\pi}\sqrt{\sin^3 x-\sin^5 x}\,\mathrm{d}x$.

解
$$\begin{aligned}\int_0^{\pi}\sqrt{\sin^3 x-\sin^5 x}\,\mathrm{d}x&=\int_0^{\pi}|\cos x|(\sin x)^{\frac{3}{2}}\mathrm{d}x\\&=\int_0^{\frac{\pi}{2}}\cos x(\sin x)^{\frac{3}{2}}\mathrm{d}x-\int_{\frac{\pi}{2}}^{\pi}\cos x(\sin x)^{\frac{3}{2}}\mathrm{d}x\\&=\int_0^{\frac{\pi}{2}}(\sin x)^{\frac{3}{2}}\mathrm{d}\sin x-\int_{\frac{\pi}{2}}^{\pi}(\sin x)^{\frac{3}{2}}\mathrm{d}\sin x\\&=\frac{2}{5}(\sin x)^{\frac{5}{2}}\Big|_0^{\frac{\pi}{2}}-\frac{2}{5}(\sin x)^{\frac{5}{2}}\Big|_{\frac{\pi}{2}}^{\pi}\\&=\frac{2}{5}+\frac{2}{5}=\frac{4}{5}.\end{aligned}$$

例5 证明：(1) 若$f(x)$在$[-a, a]$上连续且为偶函数，则

$$\int_{-a}^{a}f(x)\mathrm{d}x=2\int_0^a f(x)\mathrm{d}x.$$

(2) 若$f(x)$在$[-a, a]$上连续且为奇函数，则

$$\int_{-a}^{a}f(x)\mathrm{d}x=0.$$

证 (1) 因为$\int_{-a}^{a}f(x)\mathrm{d}x=\int_{-a}^{0}f(x)\mathrm{d}x+\int_0^a f(x)\mathrm{d}x$,

对右边第一个定积分作变量代换$x=-t$，则有$\mathrm{d}x=-\mathrm{d}t$. 当x从$-a$变到0时，t由a递减到0，注意到$f(x)$在$[-a, a]$上是偶函数，可得

$$\int_{-a}^{0}f(x)\mathrm{d}x=-\int_a^0 f(-t)\mathrm{d}t=\int_0^a f(t)\mathrm{d}t=\int_0^a f(x)\mathrm{d}x,$$

所以

$$\int_{-a}^{a}f(x)\mathrm{d}x=2\int_0^a f(x)\mathrm{d}x.$$

类似地可以证明(2).

利用例5的结论，可简化偶函数或奇函数在关于原点对称的区间上的定积分的计算.

例 6 计算$\int_{-1}^{1}\frac{1+\sin x}{1+x^2}\mathrm{d}x$.

解 $\frac{1+\sin x}{1+x^2}=\frac{1}{1+x^2}+\frac{\sin x}{1+x^2}$. 因为$\frac{1}{1+x^2}$是偶函数,$\frac{\sin x}{1+x^2}$是奇函数,所以

$$\int_{-1}^{1}\frac{1+\sin x}{1+x^2}\mathrm{d}x=2\int_{0}^{1}\frac{\mathrm{d}x}{1+x^2}=2\arctan x\Big|_0^1=\frac{\pi}{2}.$$

例 7 证明:若$f(x)$在$[0, 1]$上连续,则

(1) $\int_0^{\frac{\pi}{2}}f(\sin x)\mathrm{d}x=\int_0^{\frac{\pi}{2}}f(\cos x)\mathrm{d}x$;

(2) $\int_0^{\pi}xf(\sin x)\mathrm{d}x=\frac{\pi}{2}\int_0^{\pi}f(\sin x)\mathrm{d}x$.

证 (1) 设$x=\frac{\pi}{2}-t$则$\mathrm{d}x=-\mathrm{d}t$当$x=0$时,$t=\frac{\pi}{2}$; $x=\frac{\pi}{2}$时,$t=0$. 于是

$$\int_0^{\frac{\pi}{2}}f(\sin x)\mathrm{d}x=-\int_{\frac{\pi}{2}}^{0}f\left[\sin\left(\frac{\pi}{2}-t\right)\right]\mathrm{d}t=\int_0^{\frac{\pi}{2}}f(\cos t)\mathrm{d}t=\int_0^{\frac{\pi}{2}}f(\cos x)\mathrm{d}x.$$

注 由于在第一象限内$\cos x=\sin\left(\frac{\pi}{2}-x\right)$, $\sin x=\cos\left(\frac{\pi}{2}-x\right)$,因此若被积函数为$\sin x$、$\cos x$的函数,那么在0到$\frac{\pi}{2}$的积分中,$\sin x$和$\cos x$可以互换.

(2) 设$x=\pi-t$则$\mathrm{d}x=-\mathrm{d}t$,当$x=0$时,$t=\pi$; $x=\pi$时,$t=0$. 于是

$$\begin{aligned}\int_0^{\pi}xf(\sin x)\mathrm{d}x&=-\int_{\pi}^{0}(\pi-t)f[\sin(\pi-t)]\mathrm{d}t=\int_0^{\pi}(\pi-t)f(\sin t)\mathrm{d}t\\&=\pi\int_0^{\pi}f(\sin t)\mathrm{d}t-\int_0^{\pi}tf(\sin t)\mathrm{d}t\\&=\pi\int_0^{\pi}f(\sin x)\mathrm{d}x-\int_0^{\pi}xf(\sin x)\mathrm{d}x,\end{aligned}$$

故得

$$\int_0^{\pi}xf(\sin x)\mathrm{d}x=\frac{\pi}{2}\int_0^{\pi}f(\sin x)\mathrm{d}x.$$

例 8 计算:(1) $I=\int_0^{\frac{\pi}{2}}\frac{\cos x}{\sin x+\cos x}\mathrm{d}x$; (2) $I=\int_0^{\pi}\frac{x\sin x}{1+\cos^2 x}\mathrm{d}x$.

解 (1) 由例 7(1)得

$$I=\int_0^{\frac{\pi}{2}}\frac{\cos x}{\sin x+\cos x}\mathrm{d}x=\int_0^{\frac{\pi}{2}}\frac{\sin x}{\cos x+\sin x}\mathrm{d}x,\text{所以}$$

$$2I=\int_0^{\frac{\pi}{2}}\frac{\cos x}{\sin x+\cos x}\mathrm{d}x+\int_0^{\frac{\pi}{2}}\frac{\sin x}{\cos x+\sin x}\mathrm{d}x$$

$$=\int_0^{\frac{\pi}{2}}\frac{\cos x+\sin x}{\sin x+\cos x}\mathrm{d}x=\int_0^{\frac{\pi}{2}}\mathrm{d}x=\frac{\pi}{2},$$

故

$$I=\frac{\pi}{4}.$$

(2) 由例 7(2)得

$$I=\int_0^{\pi}\frac{x\sin x}{1+\cos^2x}\mathrm{d}x=\frac{\pi}{2}\int_0^{\pi}\frac{\sin x}{1+\cos^2x}\mathrm{d}x=-\frac{\pi}{2}\int_0^{\pi}\frac{1}{1+\cos^2x}\mathrm{d}\cos x$$

$$=-\frac{\pi}{2}\arctan(\cos x)\Big|_0^{\pi}=-\frac{\pi}{2}\left(-\frac{\pi}{4}-\frac{\pi}{4}\right)=\frac{\pi^2}{4}.$$

思考 上式为什么可以用例 7(2)的结论?

三、定积分的分部积分法

由不定积分的分部积分公式,可得定积分的分部积分公式

$$\int_a^b u(x)\mathrm{d}v(x)=[u(x)v(x)]\Big|_a^b-\int_a^b v(x)\mathrm{d}u(x), \qquad ②$$

分部积分法的要点就是通过微分交换,使得右边的被积函数比左边容易找到原函数.

例 9 计算:(1) $\int_0^2 x\mathrm{e}^x\mathrm{d}x$; (2) $\int_0^{\frac{\pi}{2}}x^2\cos x\mathrm{d}x$.

解 (1) $\int_0^2 x\mathrm{e}^x\mathrm{d}x=\int_0^2 x\mathrm{d}\mathrm{e}^x=x\mathrm{e}^x\Big|_0^2-\int_0^2\mathrm{e}^x\mathrm{d}x=2\mathrm{e}^2-\mathrm{e}^x\Big|_0^2=\mathrm{e}^2+1.$

(2) 请读者自行计算.

例 10 计算 $\int_1^{\mathrm{e}}x^2\ln x\mathrm{d}x$.

解 $\int_1^{\mathrm{e}}x^2\ln x\mathrm{d}x=\frac{1}{3}\int_1^{\mathrm{e}}\ln x\mathrm{d}x^3=\frac{1}{3}(x^3\ln x)\Big|_1^{\mathrm{e}}-\frac{1}{3}\int_1^{\mathrm{e}}x^3\cdot\frac{1}{x}\mathrm{d}x=\frac{1}{3}\left(x^3\ln x-\frac{1}{3}x^3\right)\Big|_1^{\mathrm{e}}$

$$= \frac{1}{9}(3e^3 - e^3 + 1) = \frac{2}{9}e^3 + \frac{1}{9}.$$

例 11 设 $I_n = \int_0^{\frac{\pi}{2}} \sin^n x\mathrm{d}x$,证明:

$$I_n = \begin{cases} \frac{n-1}{n} \cdot \frac{n-3}{n-2} \cdot \cdots \cdot \frac{3}{4} \cdot \frac{1}{2} \cdot \frac{\pi}{2}, & n\text{ 为正偶数}, \\ \frac{n-1}{n} \cdot \frac{n-3}{n-2} \cdot \cdots \cdot \frac{4}{5} \cdot \frac{2}{3}, & n\text{ 为大于 1 的正奇数}. \end{cases}$$

证 当 $n \geqslant 2$ 时,

$$\begin{aligned} I_n &= \int_0^{\frac{\pi}{2}} \sin^{n-1} x\mathrm{d}(-\cos x) \\ &= -(\sin^{n-1} x\cos x)\Big|_0^{\frac{\pi}{2}} + (n-1)\int_0^{\frac{\pi}{2}} \cos^2 x\sin^{n-2} x\mathrm{d}x \\ &= (n-1)\int_0^{\frac{\pi}{2}} (1 - \sin^2 x)\sin^{n-2} x\mathrm{d}x \\ &= (n-1)\int_0^{\frac{\pi}{2}} \sin^{n-2} x\mathrm{d}x - (n-1)\int_0^{\frac{\pi}{2}} \sin^n x\mathrm{d}x \\ &= (n-1)I_{n-2} - (n-1)I_n, \end{aligned}$$

因此

$$I_n = \frac{n-1}{n}I_{n-2}.$$

由上述递推公式可得

$$\begin{aligned} I_n &= \frac{n-1}{n}I_{n-2} = \frac{n-1}{n} \cdot \frac{n-3}{n-2}I_{n-4} = \cdots \\ &= \begin{cases} \frac{n-1}{n} \cdot \frac{n-3}{n-2} \cdot \cdots \cdot \frac{3}{4} \cdot \frac{1}{2} \cdot I_0, & n\text{ 为正偶数}, \\ \frac{n-1}{n} \cdot \frac{n-3}{n-2} \cdot \cdots \cdot \frac{4}{5} \cdot \frac{2}{3}I_1, & n\text{ 为大于 1 的正奇数}, \end{cases} \end{aligned}$$

而 $I_0 = \int_0^{\frac{\pi}{2}} \mathrm{d}x = \frac{\pi}{2}$, $I_1 = \int_0^{\frac{\pi}{2}} \sin x\mathrm{d}x = 1$,因此

$$I_n = \begin{cases} \frac{n-1}{n} \cdot \frac{n-3}{n-2} \cdot \cdots \cdot \frac{3}{4} \cdot \frac{1}{2} \cdot \frac{\pi}{2}, & n\text{ 为正偶数}, \\ \frac{n-1}{n} \cdot \frac{n-3}{n-2} \cdot \cdots \cdot \frac{4}{5} \cdot \frac{2}{3}, & n\text{ 为大于 1 的正奇数}. \end{cases}$$

由例 7 可得 $\int_0^{\frac{\pi}{2}}\sin^n x\mathrm{d}x=\int_0^{\frac{\pi}{2}}\cos^n x\mathrm{d}x$,再利用本例结果马上可得

$$\int_0^{\frac{\pi}{2}}\sin^4 x\mathrm{d}x=\frac{3}{4}\cdot\frac{1}{2}\cdot\frac{\pi}{2}=\frac{3\pi}{16};$$

$$\int_0^{\frac{\pi}{2}}\cos^5 x\mathrm{d}x=\frac{4}{5}\cdot\frac{2}{3}=\frac{8}{15}.$$

例 12 计算 $\int_0^{\pi}\sin^4\frac{x}{2}\mathrm{d}x$.

解 先用换元积分法,再利用例 11 的结果.

本节学习要点

令 $x=2t$,则 $\mathrm{d}x=2\mathrm{d}t$. 当 $x=0$ 时,$t=0$; $x=\pi$ 时,$t=\frac{\pi}{2}$,于是

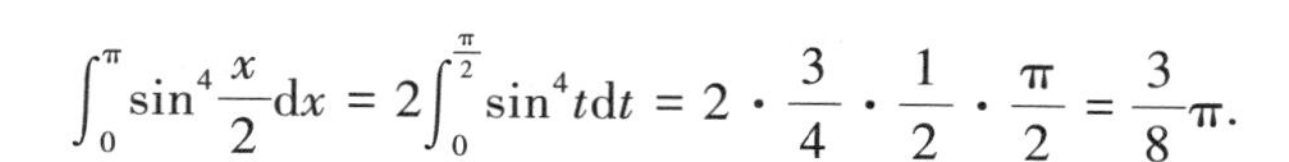

$$\int_0^{\pi}\sin^4\frac{x}{2}\mathrm{d}x=2\int_0^{\frac{\pi}{2}}\sin^4 t\mathrm{d}t=2\cdot\frac{3}{4}\cdot\frac{1}{2}\cdot\frac{\pi}{2}=\frac{3}{8}\pi.$$

习题 5.6

1. 用换元法计算下列定积分:

(1) $\int_{\frac{\pi}{3}}^{\frac{\pi}{2}}\cos\left(x+\frac{\pi}{3}\right)\mathrm{d}x$;　(2) $\int_{-1}^{1}\frac{\mathrm{d}x}{(6+5x)^2}$;　(3) $\int_0^{\frac{\pi}{2}}\sin x\cos^3 x\mathrm{d}x$;

(4) $\int_0^3\frac{x^3}{x^2+2}\mathrm{d}x$;　(5) $\int_{\frac{\pi}{2}}^{\pi}(2-3\sin^2 x)\mathrm{d}x$;　(6) $\int_{-1}^{1}\frac{x}{(x^2+1)^3}\mathrm{d}x$;

(7) $\int_1^3\frac{\mathrm{e}^{\frac{1}{x}}}{x^3}\mathrm{d}x$;　(8) $\int_{-\frac{\pi}{2}}^{\frac{\pi}{2}}\cos x\cos 2x\mathrm{d}x$;　(9) $\int_1^{\mathrm{e}^3}\frac{\mathrm{d}x}{x\sqrt{1+\ln x}}$;

(10) $\int_0^a\sqrt{2ax-x^2}\mathrm{d}x$;　(11) $\int_0^1\frac{\mathrm{d}x}{1+\mathrm{e}^x}$;　(12) $\int_0^1(1+x^2)^{-\frac{3}{2}}\mathrm{d}x$;

(13) $\int_{\frac{3}{4}}^{1}\frac{\mathrm{d}x}{\sqrt{1-x}-1}$;　(14) $\int_{\frac{1}{2}}^{1}\frac{\sqrt{1-x^2}}{x}\mathrm{d}x$.

2. 用分部积分法计算下列定积分:

(1) $\int_0^1 x\mathrm{e}^{-x}\mathrm{d}x$;　(2) $\int_1^{\mathrm{e}}x\ln^2 x\mathrm{d}x$;　(3) $\int_0^1\arctan x\mathrm{d}x$;

(4) $\int_0^{\frac{\pi}{2}}x\cos 2x\mathrm{d}x$;　(5) $\int_1^4\frac{\ln x}{x^2}\mathrm{d}x$;　(6) $\int_1^{\mathrm{e}^{\pi}}\sin\ln x\mathrm{d}x$;

(7) $\int_0^{\frac{\pi}{2}}\mathrm{e}^{2x}\cos x\mathrm{d}x$;　(8) $\int_{\frac{\pi}{4}}^{\frac{\pi}{3}}\frac{x}{\sin^2 x}\mathrm{d}x$;　(9) $\int_1^5 x\mathrm{e}^{\sqrt{x-1}}\mathrm{d}x$.

3. 利用函数的奇偶性计算下列定积分:

(1) $\int_{-\pi}^{\pi} x^4 \sin x \mathrm{d}x$; (2) $\int_{-1}^{1} x\arctan x \mathrm{d}x$; (3) $\int_{-\frac{\pi}{2}}^{\frac{\pi}{2}} \frac{\sin x}{1+\cos x}\mathrm{d}x$;

(4) $\int_{-2}^{2} \frac{x+|x|}{1+x^2}\mathrm{d}x$; (5) $\int_{-\frac{\pi}{2}}^{\frac{\pi}{2}} \sqrt{\cos x-\cos^3 x}\,\mathrm{d}x$; (6) $\int_{-1}^{1} x\ln(x+\sqrt{x^2+1})\mathrm{d}x$.

4. 计算下列定积分:

(1) $\int_{0}^{a} \frac{x}{\sqrt{5a^2-x^2}}\mathrm{d}x$; (2) $\int_{0}^{5} \frac{2x^2+3x-5}{x+3}\mathrm{d}x$;

(3) $\int_{-1}^{1} |x-a|\,\mathrm{e}^x \mathrm{d}x$,其中 a 为常数且 $|a| \leqslant 1$;

(4) $\int_{0}^{2} x\sqrt{2x-x^2}\,\mathrm{d}x$; (5) $\int_{-3}^{0} \frac{x+1}{\sqrt{x+4}}\mathrm{d}x$; (6) $\int_{-\frac{1}{2}}^{\frac{1}{2}} x^2 \ln\frac{1+x}{1-x}\mathrm{d}x$;

(7) $\int_{0}^{\pi} \sqrt{1-\sin x}\,\mathrm{d}x$; (8) $\int_{1}^{\sqrt{3}} \frac{\mathrm{d}x}{x^2\sqrt{1+x^2}}$; (9) $\int_{0}^{2\pi} x\cos^2 x \mathrm{d}x$;

(10) $\int_{0}^{\pi} (\mathrm{e}^{-\cos x}-\mathrm{e}^{\cos x})\mathrm{d}x$; (11) $\int_{0}^{2} \ln(x+\sqrt{x^2+1})\mathrm{d}x$; (12) $\int_{-\frac{\pi}{2}}^{\frac{\pi}{2}} 4\cos^4 x \mathrm{d}x$.

5. 设 $f(x)$ 是连续函数,证明: $\int_{0}^{\pi} f(\sin x)\mathrm{d}x = 2\int_{0}^{\frac{\pi}{2}} f(\sin x)\mathrm{d}x$.

6. 设 $f(x) = \int_{0}^{x} \sin (x-t)^2 \mathrm{d}t$,求 $f'(x)$.

7. 设 $f'(x) = \sqrt{1-2x}$, $x \in \left[-\frac{1}{2}, \frac{1}{2}\right]$,且 $f(0)=0$,求 $f(x)$.

8. 设 $f'(x) = \arctan (x-1)^2$, $f(0)=0$,求 $\int_{0}^{1} f(x)\mathrm{d}x$.

*9. 设 $f(x)$ 在 $[a, b]$ 上连续,且 $y=f(x)$ 的图形关于直线 $x=\frac{a+b}{2}$ 对称,证明:

$$\int_{a}^{b} xf(x)\mathrm{d}x = \frac{a+b}{2}\int_{a}^{b} f(x)\mathrm{d}x.$$

10. 证明: $\int_{0}^{1} x^m (1-x)^n \mathrm{d}x = \int_{0}^{1} x^n (1-x)^m \mathrm{d}x$.

11. 设 $f(x)$ 在 $[a, b]$ 上有二阶连续导数,且 $f(b)=f'(b)=0$,证明:

$$\int_{a}^{b} f(x)\mathrm{d}x = \frac{1}{2}\int_{a}^{b} f''(x)(x-a)^2 \mathrm{d}x.$$

12. 设 $f(x)$ 在 $(-\infty, +\infty)$ 内可导,且 $f'(x) < 0$,试确定函数 $F(x) = \int_{0}^{x} (x-2t)f(t)\mathrm{d}t$

在$(-\infty, +\infty)$内的单调性.

5.7 广义积分

定积分的定义中,首先要求积分区间有限、被积函数有界. 这是因为积分和的介点是任意取的,如果积分区间无限或函数无界,就会造成积分和不存在. 但有时需要考察无限区间上的积分或无界函数的积分. 从几何意义上考虑,即便积分区间是无限或被积函数无界,如果被积函数围成的曲边梯形的面积有确定的值,也应该有适当的方法去解决这个求积分问题,这便是广义积分.

一、无限区间上的广义积分

定义1 设函数$f(x)$在$[a, +\infty)$上有定义,且对任意$A(A>a)$,$f(x)$在$[a, A]$上可积,若极限

$$\lim_{A\to+\infty}\int_a^A f(x)\,\mathrm{d}x \qquad ①$$

存在,则称极限①为**函数$f(x)$在无穷区间$[a, +\infty)$上的广义积分**,记作

$$\int_a^{+\infty} f(x)\,\mathrm{d}x = \lim_{A\to+\infty}\int_a^A f(x)\,\mathrm{d}x. \qquad ②$$

此时也称广义积分$\int_a^{+\infty} f(x)\,\mathrm{d}x$ **收敛**. 若极限①不存在,则称广义积分$\int_a^{+\infty} f(x)\,\mathrm{d}x$ **发散**.

类似地,可定义无穷区间$(-\infty, a]$上的广义积分

$$\int_{-\infty}^a f(x)\,\mathrm{d}x = \lim_{A\to-\infty}\int_A^a f(x)\,\mathrm{d}x. \qquad ③$$

对于在$(-\infty, +\infty)$内的广义积分$\int_{-\infty}^{+\infty} f(x)\,\mathrm{d}x$,若对某一确定的$a$,广义积分$\int_{-\infty}^a f(x)\,\mathrm{d}x$与$\int_a^{+\infty} f(x)\,\mathrm{d}x$都收敛,则称广义积分$\int_{-\infty}^{+\infty} f(x)\,\mathrm{d}x$收敛,且

$$\int_{-\infty}^{+\infty} f(x)\,\mathrm{d}x = \int_{-\infty}^a f(x)\,\mathrm{d}x + \int_a^{+\infty} f(x)\,\mathrm{d}x.$$

若广义积分$\int_{-\infty}^a f(x)\,\mathrm{d}x$与$\int_a^{+\infty} f(x)\,\mathrm{d}x$中至少有一个发散,则称广义积分$\int_{-\infty}^{+\infty} f(x)\,\mathrm{d}x$发散.

上述广义积分统称为无限区间上的广义积分. 由定义,计算无限区间积分时,一般应先在有

限区间上计算定积分,然后再取极限,为方便起见,这两个步骤可以简写成

$$\int_a^{+\infty} f(x)\mathrm{d}x = F(x)\Big|_a^{+\infty} = F(+\infty) - F(a).$$

其中 $F(+\infty)$ 表示极限 $\lim\limits_{A\to+\infty} F(A)$,类似地,用 $F(-\infty)$ 表示极限 $\lim\limits_{A\to-\infty} F(A)$. 当 $F(+\infty)$、$F(-\infty)$ 中有极限不存在时,广义积分是发散的.

例 1 计算广义积分 $\int_0^{+\infty} x\mathrm{e}^{-x^2}\mathrm{d}x$.

解 $$\int_0^{+\infty} x\mathrm{e}^{-x^2}\mathrm{d}x = -\frac{1}{2}\int_0^{+\infty} \mathrm{e}^{-x^2}\mathrm{d}(-x^2) = -\frac{1}{2}\mathrm{e}^{-x^2}\Big|_0^{+\infty}$$

$$= 0 - \left(-\frac{1}{2}\right) = \frac{1}{2}.$$

例 2 判断广义积分 $\int_0^{+\infty} \sin x\mathrm{d}x$ 的收敛性.

解 对任意 $b > 0$,因为

$$\lim_{b\to+\infty}\int_0^b \sin x\mathrm{d}x = \lim_{b\to+\infty}\left(-\cos x\Big|_0^b\right) = 1 - \lim_{b\to+\infty}\cos b$$

不存在,所以广义积分 $\int_0^{+\infty} \sin x\mathrm{d}x$ 发散.

例 3 计算广义积分 $\int_{-\infty}^{+\infty} \frac{\mathrm{d}x}{x^2 + 4x + 9}$.

解 $$\int_{-\infty}^{+\infty} \frac{\mathrm{d}x}{x^2 + 4x + 9} = \int_{-\infty}^{0} \frac{\mathrm{d}x}{(x+2)^2 + 5} + \int_0^{+\infty} \frac{\mathrm{d}x}{(x+2)^2 + 5}$$

$$= \frac{1}{\sqrt{5}}\arctan\frac{x+2}{\sqrt{5}}\Big|_{-\infty}^{0} + \frac{1}{\sqrt{5}}\arctan\frac{x+2}{\sqrt{5}}\Big|_0^{+\infty}$$

$$= \frac{1}{\sqrt{5}}\arctan\frac{2}{\sqrt{5}} - \frac{1}{\sqrt{5}}\left(-\frac{\pi}{2}\right) + \frac{1}{\sqrt{5}}\frac{\pi}{2} - \frac{1}{\sqrt{5}}\arctan\frac{2}{\sqrt{5}}$$

$$= \frac{\pi}{\sqrt{5}}.$$

例 4 讨论广义积分 $\int_a^{-\infty} \frac{\mathrm{d}x}{x^p}(a > 0)$ 的收敛性.

解 当 $p \neq 1$ 时,

$$\int_a^{+\infty}\frac{\mathrm{d}x}{x^p}=\frac{x^{1-p}}{1-p}\Big|_a^{+\infty}=\begin{cases}+\infty, & p<1,\\ -\dfrac{a^{1-p}}{1-p}, & p>1,\end{cases}$$

$p=1$ 时

$$\int_a^{+\infty}\frac{\mathrm{d}x}{x}=\ln x\,|_a^{+\infty}=+\infty.$$

故当 $p>1$ 时,广义积分$\int_0^{+\infty}\frac{\mathrm{d}x}{x^p}$收敛,其值为$\frac{a^{1-p}}{p-1}$;当 $p\leqslant 1$ 时,广义积分$\int_a^{+\infty}\frac{\mathrm{d}x}{x^p}$发散.

二、无界函数的广义积分(瑕积分)

定义2 设 $\lim\limits_{x\to b^-}f(x)=\infty$,对任意小的正数 ε, $f(x)$ 在$[a,\ b-\varepsilon]$上可积,若极限

$$\lim_{\varepsilon\to 0^+}\int_a^{b-\varepsilon}f(x)\,\mathrm{d}x \tag{4}$$

存在,则称极限④为**无界函数 $f(x)$ 在区间$[a,\ b)$上的广义积分**,记作

$$\int_a^b f(x)\,\mathrm{d}x=\lim_{\varepsilon\to 0^+}\int_a^{b-\varepsilon}f(x)\,\mathrm{d}x.$$

此时也称广义积分$\int_a^b f(x)\,\mathrm{d}x$收敛.若极限④不存在,则称广义积分$\int_a^b f(x)\,\mathrm{d}x$发散.

类似地,若 $\lim\limits_{x\to a^+}f(x)=\infty$ 那么可定义$(a,\ b]$上的广义积分

$$\int_a^b f(x)\,\mathrm{d}x=\lim_{\varepsilon\to 0^+}\int_{a+\varepsilon}^{b}f(x)\,\mathrm{d}x.$$

设 c 是区间$(a,\ b)$内的一点,且 $\lim\limits_{x\to c}f(x)=\infty$,如果广义积分$\int_a^c f(x)\,\mathrm{d}x$与$\int_c^b f(x)\,\mathrm{d}x$都收敛,则称广义积分$\int_a^b f(x)\,\mathrm{d}x$收敛,且

$$\int_a^b f(x)\,\mathrm{d}x=\int_a^c f(x)\,\mathrm{d}x+\int_c^b f(x)\,\mathrm{d}x.$$

若广义积分$\int_a^c f(x)\,\mathrm{d}x$与$\int_c^b f(x)\,\mathrm{d}x$中至少有一个发散,则称广义积分$\int_a^b f(x)\,\mathrm{d}x$发散.

当 $\lim\limits_{x\to b^-}f(x)=\infty$(或$\lim\limits_{x\to a^+}f(x)=\infty$)时,广义积分$\int_a^b f(x)\,\mathrm{d}x=\lim\limits_{\varepsilon\to 0^+}F(x)\,\big|_a^{b-\varepsilon}$(或$\lim\limits_{\varepsilon\to 0^+}F(x)\,\big|_{a+\varepsilon}^{b}$)也可写成

$$\int_a^b f(x)\,\mathrm{d}x = F(x)\Big|_a^b.$$

当用 b(或 a)代入 $F(x)$ 无意义时,应理解为 $\lim\limits_{x\to b^-}F(x)$(或 $\lim\limits_{x\to a^+}F(x)$)不存在.

例 5 计算 $\int_0^1 \ln x\mathrm{d}x$.

解

$$\int_0^1 \ln x\mathrm{d}x = x\ln x\Big|_0^1 - \int_0^1 \mathrm{d}x = 0 - \lim_{x\to 0^+} x\ln x - 1 = -1.$$

例 6 计算 $\int_{-1}^1 \frac{\mathrm{d}x}{x^2}$.

解 因为 $\lim\limits_{x\to 0}\frac{1}{x^2} = \infty$,所以先考虑 $\int_{-1}^0 \frac{\mathrm{d}x}{x^2}$ 与 $\int_0^1 \frac{\mathrm{d}x}{x^2}$ 的敛散性,而

$$\int_0^1 \frac{\mathrm{d}x}{x^2} = -\frac{1}{x}\Big|_0^1 = +\infty.$$

所以广义积分 $\int_{-1}^1 \frac{\mathrm{d}x}{x^2}$ 发散.

思考 下列解法错在哪里?

$$\int_{-1}^1 \frac{\mathrm{d}x}{x^2} = -\frac{1}{x}\Big|_{-1}^1 = -2.$$

由于无界函数的广义积分与常义定积分形式上完全一致,因此,在计算有限区间积分时应要留意被积函数是否有界,如果错把这类广义积分当定积分计算,就可能得出错误的结论.

例 7 讨论广义积分 $\int_0^1 \frac{\mathrm{d}x}{x^p}$ 的敛散性.

解 当 $p = 1$ 时

$$\int_0^1 \frac{\mathrm{d}x}{x} = \ln x\Big|_0^1 = +\infty;$$

当 $p < 1$ 时

$$\int_0^1 \frac{1}{x^p}\mathrm{d}x = \frac{x^{1-p}}{1-p}\Big|_0^1 = \frac{1}{1-p};$$

当 $p>1$ 时,

$$\int_0^1 \frac{1}{x^p}\mathrm{d}x=\left.\frac{x^{1-p}}{1-p}\right|_0^1=+\infty.$$

因此当 $p<1$ 时,广义积分 $\int_0^1 \frac{\mathrm{d}x}{x^p}$ 收敛,其值为 $\frac{1}{1-p}$;当 $p\geqslant 1$ 时,广义积分 $\int_0^1 \frac{\mathrm{d}x}{x^p}$ 发散.

请读者将例 7 与例 4 进行比较,记住这两个结论,以后可直接用这两个结论解题.

本节学习要点

习题 5.7

1. 判断下列广义积分的收敛性,如果收敛,计算其值:

(1) $\int_1^{+\infty}\frac{\mathrm{d}x}{x^2}$; (2) $\int_0^{+\infty}\frac{\mathrm{d}x}{\sqrt{x+1}}$; (3) $\int_0^{+\infty}\frac{\mathrm{d}x}{x^2+3}$;

(4) $\int_0^{+\infty}\mathrm{e}^{-ax}\mathrm{d}x$(常数 $a>0$); (5) $\int_{-\infty}^{+\infty}\frac{\mathrm{d}x}{x^2+2x+3}$; (6) $\int_{\mathrm{e}}^{+\infty}\frac{\ln x}{x}\mathrm{d}x$;

(7) $\int_0^{+\infty}\frac{\mathrm{d}x}{(x+1)(x^2-1)}$; (8) $\int_0^1\frac{x}{\sqrt{1-x^2}}\mathrm{d}x$; (9) $\int_0^2\frac{\mathrm{d}x}{(1-x)^2}$;

(10) $\int_1^2\frac{x^2}{\sqrt{x-1}}\mathrm{d}x$; (11) $\int_1^{+\infty}\frac{\ln x}{(1+x)^2}\mathrm{d}x$; (12) $\int_{\frac{1}{2}}^{\frac{3}{2}}\frac{\mathrm{d}x}{\sqrt{|x-x^2|}}$;

(13) $\int_1^{+\infty}\frac{\arctan x}{x^2}\mathrm{d}x$.

2. 计算广义积分 $I_n=\int_0^{+\infty}x^n\mathrm{e}^{-x}\mathrm{d}x$($n$ 为自然数).

3. 求广义积分 $I_n=\int_0^1 x\ln^n x\mathrm{d}x$ 的递推公式,并计算 I_n,其中 n 为非负整数.

5.8 定积分的几何应用

从形式上看,定积分的被积表达式 $f(x)\mathrm{d}x$ 是微分 $\mathrm{d}x$ 和 $f(x)$ 的乘积,我们称之为**微元**,和式 $\sum_{i=1}^{n}f(\xi_i)\Delta x_i$ 取极限,不妨看作是微元 $f(x)\mathrm{d}x$ 求和,最后用符号 $\int_a^b f(x)\mathrm{d}x$ 表示求和的结果,上述用微元来求和的方法称为**微元法**. 用微元观点看定积分,虽然不大严格,但是却体现了积分的数学思想,也是定积分在实际应用中的有效方法.

微元法的具体做法是:如果一个量 U 在区间 $[a,b]$ 上具有可加性:$U=\sum\Delta U$,并且存在函数

$f(x)$,使得 $\Delta U \approx dU = f(x)dx$,则在 $[a, b]$ 上有 $U = \int_a^b f(x)dx$.

使用微元法的关键是 $f(x)dx$ 确实为所求量 U 在 $[x, x+dx]$ 上的近似值,并且舍去的是关于 dx 的高阶无穷小量,通常要验证这个是比较困难的,故在实际应用中需要注意选取 $dU = f(x)dx$ 的合理性.

一、平面图形的面积

1. 直角坐标系下的面积公式

求由两条连续曲线 $y = f_1(x)$ 与 $y = f_2(x)$ 以及直线 $x = a$、$x = b$ 所围成的平面图形的面积 A(图 5-9).

用微元法:在 $[a, b]$ 上任取微小区间 $[x, x + dx]$,根据定积分的定义,在 $[x, x + dx]$ 上的面积微元 $dA = | f_2(x) - f_1(x) | dx$,所求面积为

$$A = \int_a^b | f_2(x) - f_1(x) | dx. \qquad ①$$

类似地,若平面图形由连续曲线 $x = g_1(y)$ 和 $x = g_2(y)$ 以及直线 $y = c$、$y = d$ 所围成,则可在区间 $[c, d]$ 上任取微小区间 $[y, y + dy]$,得到面积微元 $| g_2(y) - g_1(y) | dy$,所求面积为(图 5-10)

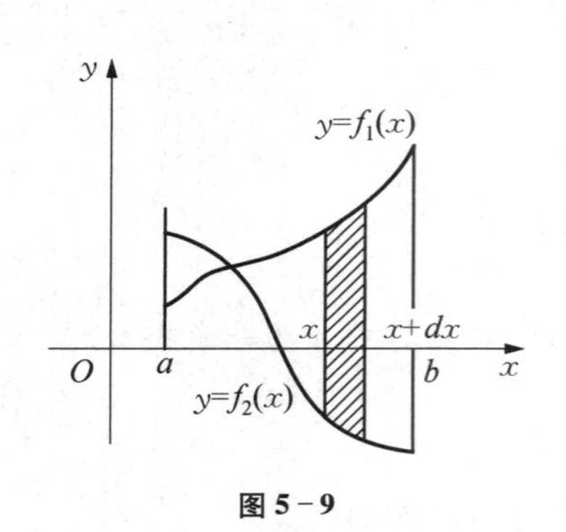

图 5-9

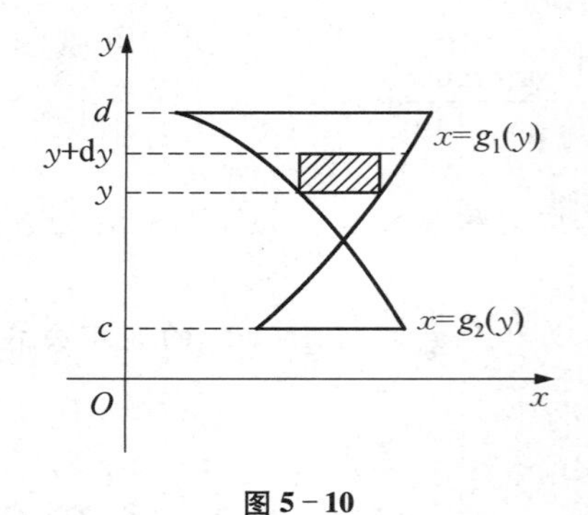

图 5-10

$$A = \int_c^d | g_2(y) - g_1(y) | dy. \qquad ②$$

例 1 计算由曲线 $y = 2 - x^2$ 和直线 $y = x$ 所围成平面图形的面积.

解 如图 5-11 所示. 先求出抛物线与直线的交点坐标,即解方程组

$$\begin{cases} y = 2 - x^2, \\ y = x, \end{cases}$$

得交点$(-2,-2)$和$(1,1)$,从而得到该图形在直线$x=-2$和$x=1$之间. 取横坐标x为积分变量,它的变化区间为$[-2,1]$,相应于$[-2,1]$上的任一微小区间$[x,x+dx]$的窄条的面积近似于高为$(2-x^2)-x$、底为dx的窄矩形面积,从而得到面积微元

$$dA=[(2-x^2)-x]dx.$$

以$[(2-x^2)-x]dx$为被积表达式,在闭区间$[-2,1]$上作定积分,便得所求面积

$$A=\int_{-2}^{1}[(2-x^2)-x]dx=\left(2x-\frac{x^3}{3}-\frac{x^2}{2}\right)\bigg|_{-2}^{1}=\frac{9}{2}.$$

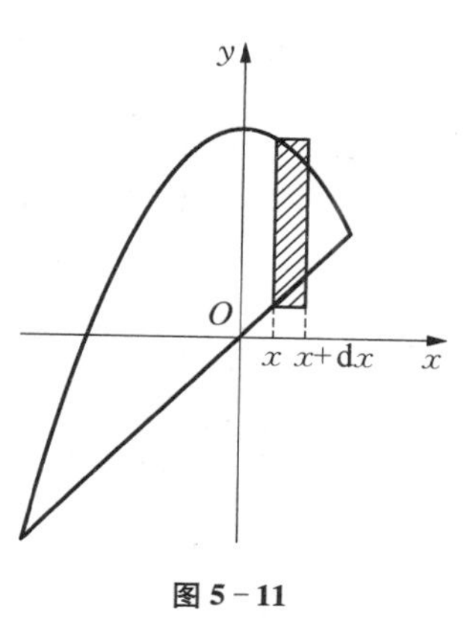

图 5-11

例 2 计算由曲线$y=\sqrt{x-1}$、直线$y=\frac{1}{2}x$及x轴所围成的图形的面积.

解 如图5-12所示. 取y作积分变量较为简便,先求曲线$y=\sqrt{x-1}$与直线$y=\frac{1}{2}x$交点坐标,即解方程组

$$\begin{cases}y=\sqrt{x-1},\\ y=\frac{1}{2}x,\end{cases}$$

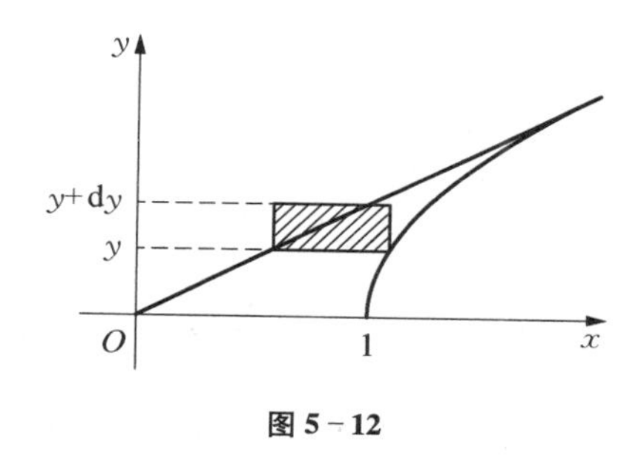

图 5-12

得交点$(2,1)$,从而知道该图形在$y=0$和$y=1$之间.

再将$y=\sqrt{x-1}$、$y=\frac{1}{2}x$写成$x=g(y)$的形式:$x=y^2+1$、$x=2y$.

相应于$[0,1]$上任一小区间$[y,y+dy]$对应的面积是

$$dA=[(y^2+1)-2y]dy.$$

以$[(y^2+1)-2y]dy$为被积表达式,在闭区间$[0,1]$上作定积分,便得所求面积

$$A=\int_{0}^{1}[(y^2+1)-2y]dy=\left(\frac{y^3}{3}+y-y^2\right)\bigg|_{0}^{1}=\frac{1}{3}.$$

思考 如果例1取y为积分变量,而例2取x为积分变量,计算过程会怎么样?

例 3 设由曲线$y=1-x^2(0\leqslant x\leqslant 1)$、$x$轴和$y$轴所围成的平面图形被曲线$y=ax^2$分割成面积相等的两部分,求常数$a$.

解 根据题意画出示意图(图 5－13)

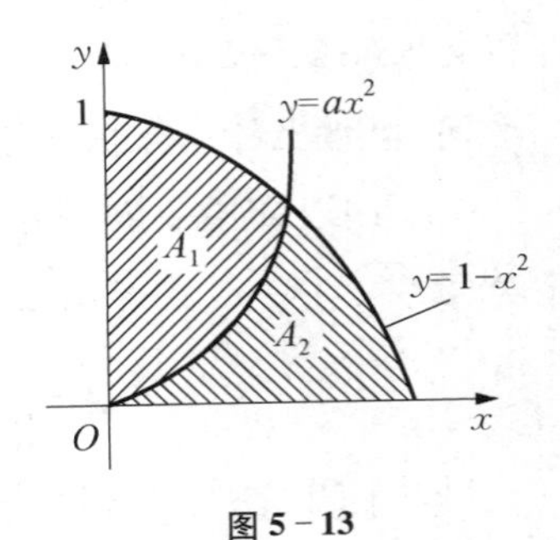

图 5－13

解方程组$\begin{cases} y = 1 - x^2, \\ y = ax^2, \end{cases}$得两条曲线的交点$\left(\dfrac{1}{\sqrt{1+a}}, \dfrac{a}{\sqrt{1+a}}\right)$.

于是

$$A_1 = \int_0^{\frac{1}{\sqrt{1+a}}} [(1-x^2) - ax^2]\mathrm{d}x = \left(x - \frac{1}{3}x^3 - \frac{1}{3}ax^3\right)\Big|_0^{\frac{1}{\sqrt{1+a}}}$$

$$= \frac{2}{3\sqrt{1+a}},$$

$$A_2 = \frac{1}{2}\int_0^1 (1-x^2)\mathrm{d}x = \frac{1}{2}\left(x - \frac{1}{3}x^3\right)\Big|_0^1 = \frac{1}{2}\cdot\frac{2}{3} = \frac{1}{3} = A_1,$$

所以$\dfrac{2}{3\sqrt{1+a}} = \dfrac{1}{3}$,即 $a = 3$.

例 4 求椭圆 $\dfrac{x^2}{a^2} + \dfrac{y^2}{b^2} = 1$ 围成的平面图形的面积 A.

解 如图 5－14,由于椭圆是关于 x 轴和 y 轴对称的,故椭圆面积等于在第一象限部分图形面积的四倍,即 $A = 4A_1 = 4\int_0^a y\mathrm{d}x$.

图 5－14

椭圆的参数方程为

$$\begin{cases} x = a\cos t, \\ y = b\sin t, \end{cases} (0 \leqslant t \leqslant 2\pi)$$

由 $x = a\cos t$,当 x 由 0 递增到 a 时,t 由$\dfrac{\pi}{2}$变到 0 时,所以

$$A = 4\int_0^a y\mathrm{d}x = 4\int_{\frac{\pi}{2}}^0 b\sin t\mathrm{d}(a\cos t) = 4ab\int_0^{\frac{\pi}{2}} \sin^2 t\mathrm{d}t$$

$$= 4ab\cdot\frac{1}{2}\cdot\frac{\pi}{2} = \pi ab.$$

特别当 $a = b$ 时,椭圆变成了圆,上述公式就是半径为 a 的圆面积公式 $A = \pi a^2$.

2. 极坐标系下的面积公式

设连续曲线的极坐标方程为 $r = r(\theta)$,如何求由曲线 $r = r(\theta)$、射线 $\theta = \alpha$、$\theta = \beta(0 \leqslant \alpha \leqslant \beta \leqslant 2\pi)$ 所围成的平面图形(简称曲边扇形)的面积 A?

为了求出在极坐标系下的面积微元，在极角变化区间$[\alpha, \beta]$内任取小区间$[\theta, \theta+\mathrm{d}\theta]$，相应于$[\theta, \theta+\mathrm{d}\theta]$的微小曲边扇形面积$\Delta A$可近似等于半径为$r(\theta)$、圆心角为$\mathrm{d}\theta$的小扇形面积，所以极坐标下面积（如图5-15）微元为

$$\mathrm{d}A=\frac{1}{2}r^2(\theta)\,\mathrm{d}\theta.$$

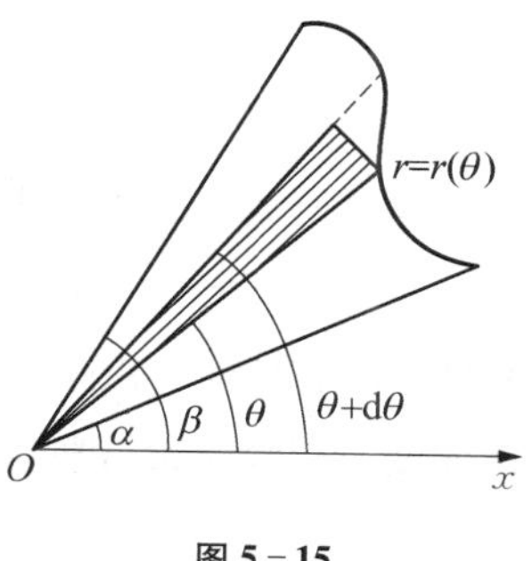

图5-15

于是，所求面积为

$$A=\frac{1}{2}\int_\alpha^\beta r^2(\theta)\,\mathrm{d}\theta. \qquad ③$$

例5　求心形线$r=a(1+\cos\theta)$所围平面图形的面积A（常数$a>0$）.

解　如图5-16所示，位于极轴上方图形的取值范围是$[0, \pi]$，由图形的对称性可得：

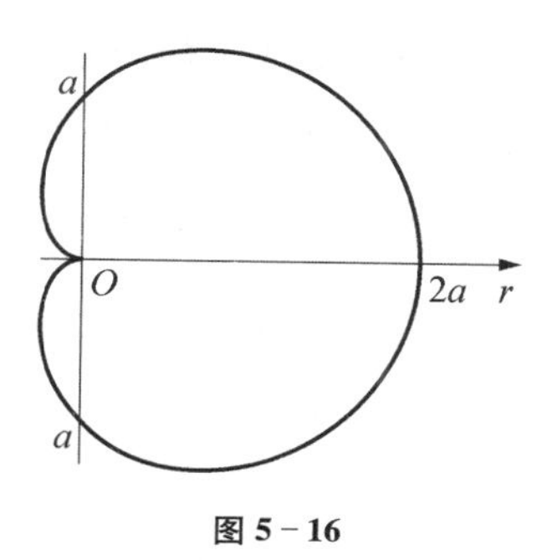

图5-16

$$A=2\cdot\frac{1}{2}\int_0^\pi a^2(1+\cos\theta)^2\mathrm{d}\theta$$

$$=a^2\int_0^\pi(1+2\cos\theta+\cos^2\theta)\,\mathrm{d}\theta$$

$$=a^2\left(\frac{3}{2}\theta+2\sin\theta+\frac{1}{4}\sin 2\theta\right)\Bigg|_0^\pi=\frac{3}{2}\pi a^2.$$

二、平行截面面积为已知的立体的体积

设空间立体Ω介于垂直于x轴的两平面$x=a$与$x=b(a<b)$之间，过x轴上任一点$x(a\leqslant x\leqslant b)$作垂直于$x$轴的平面，该平面与立体$\Omega$相截所得的截面面积是$x$的连续函数$A(x)$，在区间$[a, b]$上任取一小区间$[x, x+\mathrm{d}x]$，对应于小区间上的小立体体积近似等于底面积为$A(x)$、高为$\mathrm{d}x$的柱体体积，从而得到体积（图5-17）**微元** $\mathrm{d}V=A(x)\mathrm{d}x$，于是，立体$\Omega$的体积为

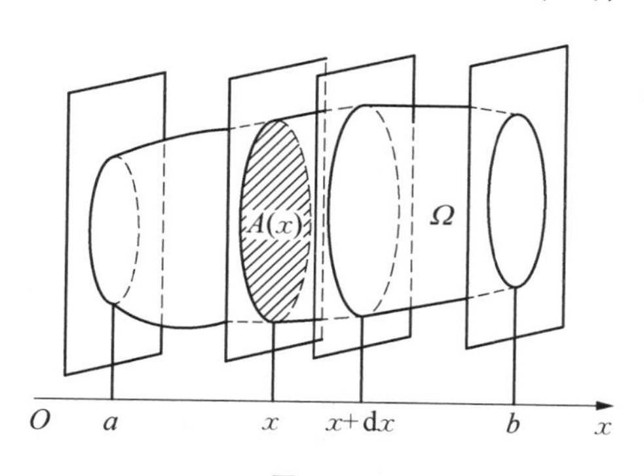

图5-17

$$V=\int_a^b A(x)\,dx. \tag{4}$$

只要能求出截面的面积 $A(x)$，就可以利用公式④求出立体 Ω 的体积 V.

公式④还告诉我们，两个介于平面 $x=a$ 与平面 $x=b(a<b)$ 之间的立体，不管它们的形状如何，只要它们在任何一点 $x\in[a,\ b]$ 的截面面积相同，就有相同的体积. 最早发现这个原理的是我国南北朝时期数学家祖暅[1].

例 6 一平面经过半径为 a 的圆柱体的底圆中心并与底面交成角 α，计算该平面截圆柱体所得的立体体积.

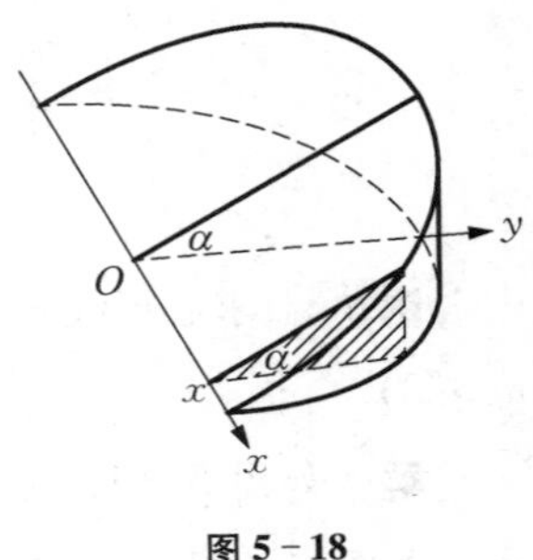

图 5-18

解 如图 5-18，取平面与圆柱体底面的交线为 x 轴，底面上过圆心且垂直于 x 轴的直线为 y 轴建立平面直角坐标系. 于是底圆方程为 $x^2+y^2=a^2$，过点 $(x,\ 0)$ 且垂直于 x 轴的平面与立体相截所得的截面是一个直角三角形，它的两条直角边的长分别为 $\sqrt{a^2-x^2}$ 及 $\sqrt{a^2-x^2}\tan\alpha$，故这直角三角形的面积为

$$A(x)=\frac{1}{2}(a^2-x^2)\tan\alpha,$$

于是，所求立体体积为

$$V=2\int_0^a\frac{1}{2}(a^2-x^2)\tan\alpha\,dx=\tan\alpha\left(a^2x-\frac{x^3}{3}\right)\Big|_0^a$$

$$=\frac{2}{3}a^3\tan\alpha.$$

三、旋转体的体积

旋转体就是由一个平面图形绕这平面内一条直线旋转一周而成的立体，所以只要求出旋转体的截面面积就容易求出旋转体的体积.

设旋转体是由连续曲线 $y=f(x)$、直线 $x=a$、$x=b$ 及 x 轴所围成的曲边梯形绕 x 轴旋转一周而成的(图 5-19).

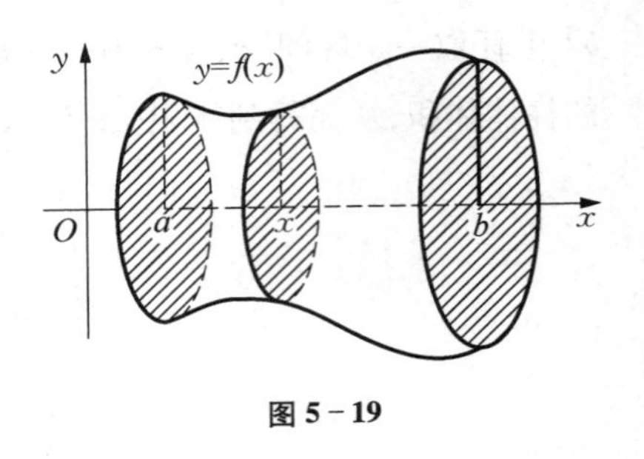

图 5-19

过区间 $[a,\ b]$ 上任一点 x 作垂直于 x 轴的平面，该平面截旋转体所得的截面是半径为 $f(x)$ 的圆，因而截面面积为

1) 祖暅是著名数学家祖冲之(429—500，南北朝)的儿子. 父子俩共同发现了祖暅原理："幂势既同，则积不容异"，意即：等高处横截面积相等的两个立体，其体积也必然相等. 并由此计算出了球体的体积. 该原理在欧洲由意大利数学家卡瓦列里于 17 世纪重新发现，所以西文文献一般称该原理为卡瓦列里原理.

$$A(x)=\pi f^2(x),$$

由公式④得旋转体的体积为

$$V=\pi\int_a^b f^2(x)\,\mathrm{d}x. \qquad ⑤$$

类似地,由曲线 $x=\varphi(y)$、直线 $y=c$、$y=d(c<d)$ 与 y 轴所围成的曲边梯形绕 y 轴旋转一周而成的旋转体的体积为

$$V=\pi\int_c^d \varphi^2(y)\,\mathrm{d}y. \qquad ⑥$$

例 7 求椭圆 $\frac{x^2}{a^2}+\frac{y^2}{b^2}=1$ 围成的平面图形绕 x 轴旋转一周而成的旋转体的体积.

解 该旋转体可以看成上半椭圆 $y=\frac{b}{a}\sqrt{a^2-x^2}$ 绕 x 轴旋转一周而成(如图 5-20),由公式⑤,得

$$V=\pi\int_{-a}^{a}\frac{b^2}{a^2}(a^2-x^2)\,\mathrm{d}x=2\pi\frac{b^2}{a^2}\int_0^a(a^2-x^2)\,\mathrm{d}x$$
$$=2\pi\frac{b^2}{a^2}\left(a^2x-\frac{1}{3}x^3\right)\Big|_0^a=\frac{4}{3}\pi ab^2.$$

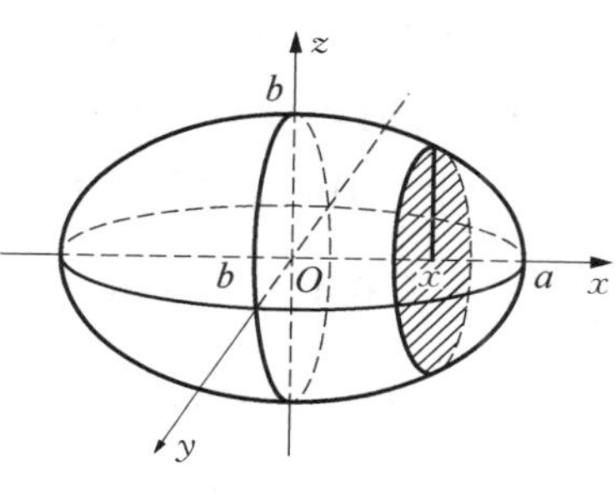

图 5-20

特别当 $a=b=R$ 时,即得半径为 R 的球体的体积公式:$V=\frac{4}{3}\pi R^3$.

例 8 设平面图形 D 由曲线 $y=\sqrt[3]{x}$、直线 $x=a(a>0)$、$y=0$ 围成. V_x、V_y 分别是 D 绕 x 轴、y 轴旋转而成的旋转体的体积,若 $V_y=10V_x$,求常数 a.

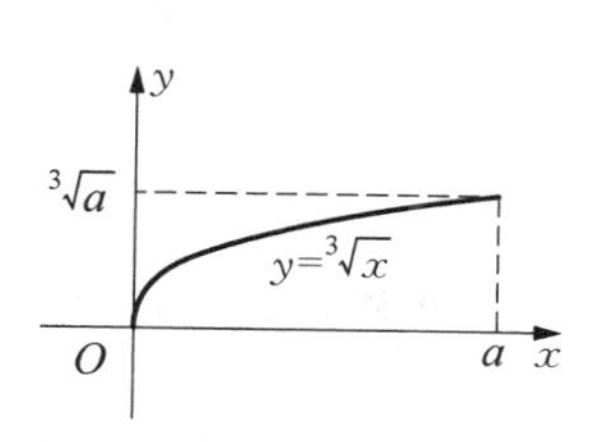

图 5-21

解 根据公式⑤与图 5-21,有

$$V_x=\pi\int_0^a(\sqrt[3]{x})^2\,\mathrm{d}x=\pi\int_0^a x^{\frac{2}{3}}\,\mathrm{d}x=\frac{3}{5}\pi a^{\frac{5}{3}}.$$

D 绕 y 轴旋转的立体体积可以看成由直线 $x=0$、$x=a$、$y=0$ 及 $y=\sqrt[3]{a}$ 围成的矩形 D_1 绕 y 轴旋转的立体体积减去由曲线 $x=y^3$、直线 $x=0$、$y=\sqrt[3]{a}$ 围成的平面图形 D_2 绕 y 轴旋转的立体体积,故

$$V_y=\pi a^2\cdot\sqrt[3]{a}-\pi\int_0^{\sqrt[3]{a}}(y^3)^2\,\mathrm{d}x=\pi a^{\frac{7}{3}}-\frac{\pi}{7}a^{\frac{7}{3}}=\frac{6}{7}\pi a^{\frac{7}{3}}.$$

由 $V_y = 10V_x$，得 $\frac{6}{7}\pi a^{\frac{7}{3}} = 10 \cdot \frac{3}{5}\pi a^{\frac{5}{3}}$，或 $a^{\frac{2}{3}} = 7$，即 $a = 7\sqrt{7}$.

习题 5.8

1. 求由下列曲线所围成的平面图形的面积：

(1) $y = \sqrt[3]{x}$、$y = x$；

(2) $y = e^x$、$y = e^{-x}$、$x = 1$；

(3) $y = \frac{1}{x}$、$y = 2$、$y = 1$、$x = 0$；

(4) $y^2 = x$、$y^2 = -x + 4$；

(5) $y = |\ln x|$、$y = 0$、$x = \frac{1}{e}$、$x = e$；

(6) $y = x^2$、$4y = x^2$、$y = 1$；

(7) $y = e^x$、$y = e^x$ 在点$(1, e)$处的切线、y 轴.

2. 设抛物线 $y^2 = 2x$ 把圆盘 $x^2 + y^2 \leqslant 8$ 分成两部分，求这两部分的面积.

3. 求曲线 $r = 2(2 + \cos\theta)$ 所围平面图形的面积.

4. 求下列平面图形分别绕 x 轴、y 轴旋转所得旋转体的体积 V_x、V_y：

(1) 曲线 $y = \sqrt{x}$ 与直线 $x = 1$、$y = 0$ 所围成的平面图形；

(2) 曲线 $y = \sin x\left(x \in \left[0, \frac{\pi}{2}\right]\right)$ 与直线 $x = 0$、$y = 1$ 所围成的平面图形；

(3) 曲线 $y = x^2$ 与直线 $x + y = 2$、$y = 0$ 所围成的平面图形.

5. 在曲线 $y = \ln x$ 上求一点(x, y)，并且 $x \in (2, 6)$，使该点的切线与直线 $x = 2$、$x = 6$ 以及曲线 $y = \ln x$ 所围成的平面图形的面积最小.

*6. 求由曲线 $(x - 2)^2 + y^2 = 1$ 所围成的平面图形绕 y 轴旋转一周所得的旋转体的体积.

7. 一立体的底面为抛物线 $y = x^2$ 与直线 $y = 1$ 所围成的平面图形，已知垂直于 y 轴的平面与该立体相截得到的截面为等边三角形，求该立体的体积.

*8. 求曲线 $y = \sin x\left(x \in \left[0, \frac{\pi}{2}\right]\right)$、直线 $y = 1$、$x = 0$ 所围的平面图形绕直线 $x = \frac{\pi}{2}$ 旋转一周所得的旋转体的体积.

5.9 定积分在经济学中的简单应用

一、由边际函数求总函数

由 3.6 节知道，一个经济函数 $f(x)$（如成本函数、利润函数等）的导数 $f'(x)$ 就是其边际函数.

如果已知某个经济函数的边际函数$f_M(x)$，那么就可以求出这个经济函数：

$$f(x)=\int_0^x f_M(t)\,dt+f(0). \qquad ①$$

例1 设某产品的边际成本函数为产量q的函数$C_M(q)=2e^{0.1q}$，固定成本$C_0=C(0)=80$，求总成本函数.

解 根据公式①，总成本函数为

$$C(q)=\int_0^q C_M(t)\,dt+C(0)=\int_0^q 2e^{0.1t}dt+80=\left[\frac{2}{0.1}e^{0.1t}\right]_0^q+80$$

$$=20(e^{0.1q}-1)+80=20e^{0.1q}+60.$$

例2 设某产品的边际成本函数为$C_M(q)=1$，固定成本1.2万元. 边际收入函数为$R_M(q)=50-q$. 求：(1) 总成本函数；(2) 总收入函数；(3) 产量从10到50时的总收入.

解 (1) $C(q)=\int_0^q C_M(t)\,dt+1.2=\int_0^q dt+1.2=q+1.2.$

(2) 注意到$R(0)=0$，所以

$$R(q)=\int_0^q R_M(t)\,dt+R(0)=\int_0^q(50-t)\,dt=\left[50t-\frac{1}{2}t^2\right]_0^q$$

$$=50q-\frac{1}{2}q^2.$$

(3) 产量10到50的收入

$$R=\int_{10}^{50}R_M(q)\,dq=\int_{10}^{50}(50-q)\,dq=\left[50q-\frac{1}{2}q^2\right]_{10}^{50}=800.$$

例3 已知某产品的边际收入函数为$R_M(q)=25-2x$，边际成本函数为$C_M(q)=13-4q$，固定成本为$C_0=10$，q是产量. 求总利润函数及当$q=5$时的总利润.

解 边际利润$L_M(q)=R_M(q)-C_M(q)=25-2q-(13-4q)=12+2q$，

故总利润函数为

$$L(q)=\int_0^q L_M(t)\,dt-C(0)=\int_0^q(12+2t)\,dt-10=[12t+t^2]_0^q-10$$

$$=12q+q^2-10.$$

从而当$q=5$时，总利润为

$$L(5)=(12q+q^2)\big|_{q=5}-10=75.$$

注 经济学中通常把 $L(q)=\int_0^q L_M(t)\,\mathrm{d}t-C(0)$ 称为**纯利**;把不去除固定成本的利润 $L(q)=\int_0^q L_M(t)\,\mathrm{d}t$ 称为**毛利**.

二、最优问题

例 4 某产品的边际成本函数为 $C_M(q)=\frac{1}{60}q+25$,固定成本为 900,问当产量 q 为多少时平均成本最低?

解 首先求出总成本函数

$$C(q)=\int_0^q\left(\frac{1}{60}t+25\right)\mathrm{d}t+900=\frac{1}{120}q^2+25q+900,$$

所以平均成本为

$$\overline{C}(q)=\frac{C(q)}{q}=\frac{1}{120}q+25+\frac{900}{q},$$

$$\overline{C}'(q)=\frac{1}{120}-\frac{900}{q^2}=\frac{q^2-108\,000}{120q^2}.$$

令 $\overline{C}'(q)=0$,得 $q=60\sqrt{30}\approx 328.6\approx 329$. 由实际问题可知,最小平均成本是存在的,而 $\overline{C}(q)$ 在 $q>0$ 时仅有一个驻点,因此这个驻点就是所求的最低平均成本. 由于产量 q 只能是正整数,所以平均成本最低值出现在 238.6 附近,即当产量为 328 或 329 时平均成本最低.

三、投资问题

先了解现值的概念. 如果希望在第 n 年末得到本利和为 S 元,问现在需要存入多少本金 P? 根据 2.4 节的例 7,复利计息公式为 $S=P(1+r)^n$,所以本金为

$$P=\frac{S}{(1+r)^n}. \qquad ②$$

②式中的 P 又称为 n 年后资金 S 的**现值**.

同样由 2.4 节的例 7,如果以连续复利计息,则现值为

$$P=S\mathrm{e}^{-rn}. \qquad ③$$

例5 设年利率为4.2%,问十年后10 000元按复利计算的现值是多少?按连续复利计算的现值又是多少?

解 按复利计算,根据公式②,得

$$P=\frac{S}{(1+r)^n}=\frac{10\,000}{(1+0.042)^{10}}\approx 6627.09(\text{元});$$

按连续复利计算,由公式③,得

$$P=Se^{-rn}=10\,000e^{-0.042\times 10}\approx 6570.47.$$

下面讨论连续变化的问题.设企业的收入是连续发生的,在时间区间$[0,\ T]$中t时刻的收入变化率为连续函数$f(t)$(称为**收入率**),年利率为r.根据微元法,在时间段$[t,\ t+\mathrm{d}t]$中的收入为$f(t)\mathrm{d}t$,其现值为$f(t)e^{-rt}\mathrm{d}t$,因此在时间段$[0,\ T]$的总收入的现值P为

$$P=\int_0^T f(t)e^{-rt}\mathrm{d}t. \qquad ④$$

如果收入率为常数$f(t)=A$,称为**均匀收入率**.如果年利率r也是常数,则总收入现值为

$$P=\int_0^T Ae^{-rt}\mathrm{d}t=\frac{A}{r}(1-e^{-rT}). \qquad ⑤$$

例6 某企业投资$S=800$万元生产某产品,经评估,在投资的前20年中每年可以得到$A=200$万元的收入,如果年利率为$r=5\%$,问(1)20年间,该投资总收入的现值P是多少?产生的纯收入R是多少?(2)经过多少年T可以收回投资?

解 (1)这是一个均匀收入率问题,由公式⑤,总收入现值为

$$P=\frac{200}{0.05}(1-e^{-0.05\times 20})=4000(1-e^{-1})\approx 2528.5(\text{万元}).$$

纯收入为总收入减去总投资,即$R=P-S=2528.5-800=1728.5$(万元).

(2)设经过T年可以回收投资(即现值等于投资额),则有

$$\int_0^T 200e^{-0.05t}\mathrm{d}t=\frac{200}{0.05}(1-e^{-0.05T})=800,$$

即$e^{-0.05T}=\dfrac{4}{5}$,由此得

$$T=\frac{1}{0.05}\ln\frac{5}{4}=20\ln 1.25\approx 4.46(\text{年}).$$

所以,投资回收期约为4.46年.

习题 5.9

1. 已知边际成本为 $C'(q)=25+30q-9q^2$，固定成本为55，求总成本 $C(q)$ 和平均成本.

2. 已知某商品在每周生产 q 个单位时，边际收入为 $R'(q)=200-\dfrac{q}{100}$，求收入函数.

3. 已知边际收入为 $R'(q)=3-0.2q$，q 为销售量. 求总收入 $R(q)$ 以及达到最高收入时的销售量.

4. 已知某商品在每周生产 q 个单位时，边际成本为 $C'(q)=0.02q+12$，固定成本为500.

(1) 求总成本 $C(q)$；

(2) 如果这种商品的销售单价是20元，求总利润 $L(q)$，并求每周生产多少单位时才能获得最大利润.

5. 设某市人口总数为 $F(t)$，已知 F 关于时间 t(年)的变化率为 $F'(t)=\dfrac{1}{\sqrt{t}}$，如果在 $t=0$ 时该市人口总数为100(万). 求 $F(t)$.

6. 已知某产品的边际成本和边际收益函数分别为 $C'(q)=q^2-4q+6$，$R'(q)=105-2q$，固定成本为100，这里 q 为销售量，$C(q)$、$R(q)$ 分别为总成本和总收益，求最大利润.

总练习题

1. 求下列积分：

(1) $\displaystyle\int\frac{\mathrm{d}x}{\sin x\cos x}$； (2) $\displaystyle\int\frac{\mathrm{d}x}{\sin 2x\cos x}$； (3) $\displaystyle\int_0^{\frac{\ln 3}{2}}\frac{\mathrm{d}x}{\mathrm{e}^{2+x}+\mathrm{e}^{2-x}}$；

(4) $\displaystyle\int_{\frac{\pi}{4}}^{\frac{\pi}{3}}\frac{\ln\tan x}{\cos x\sin x}\mathrm{d}x$； (5) $\displaystyle\int\frac{x^9}{\sqrt{2-x^{20}}}\mathrm{d}x$； (6) $\displaystyle\int_1^2\frac{x\mathrm{d}x}{(4-5x)^2}$；

(7) $\displaystyle\int\sin 5x\sin 7x\mathrm{d}x$； (8) $\displaystyle\int_1^3\frac{\arctan\sqrt{x}}{(1+x)\sqrt{x}}\mathrm{d}x$； (9) $\displaystyle\int\frac{x\mathrm{d}x}{x^6-1}$；

(10) $\displaystyle\int\frac{\mathrm{d}x}{1-\mathrm{e}^x}$； (11) $\displaystyle\int_{\frac{\pi}{4}}^{\frac{\pi}{3}}\tan^3 x\sec x\mathrm{d}x$； (12) $\displaystyle\int_0^{\frac{\pi}{2}}x(\sin x+\cos x)\mathrm{d}x$；

(13) $\displaystyle\int\frac{\ln\ln x}{x}\mathrm{d}x$； (14) $\displaystyle\int_0^1\mathrm{e}^{\sqrt[4]{x}}\mathrm{d}x$； (15) $\displaystyle\int\mathrm{e}^{-x}\ln(\mathrm{e}^x+1)\mathrm{d}x$.

2. 求函数 $f(x)=\displaystyle\int_1^{x^2}(x^2-t)\mathrm{e}^{-t^2}\mathrm{d}t$ 的单调区间与极值.

3. 计算 $\dfrac{\mathrm{d}}{\mathrm{d}x}\displaystyle\int_a^x(x-t)f'(t)\mathrm{d}t$，其中 $f(x)$ 具有连续的导函数.

4. 设常数 $a>0$,且$\lim\limits_{x\to 0}\left(\dfrac{a-x}{a+x}\right)^{\frac{1}{x}}=\int_{\frac{1}{a}}^{+\infty}xe^{-2x}dx$,求 a.

5. 求 $\lim\limits_{x\to+\infty}\dfrac{\int_1^x[t^2(e^{\frac{1}{t}}-1)-t]dt}{x^2(e^{\frac{1}{x}}-1)}$.

6. 求 $\lim\limits_{n\to+\infty}\sum\limits_{k=1}^{n}\dfrac{k}{n^2}\ln\left(1+\dfrac{k}{n}\right)$.

7. 计算 $J_m=\int_0^{\pi}x\sin^m x dx$,其中 m 是正整数.

8. 设$f(x)=\int_1^x\dfrac{\ln(1+t)}{t}dt$,求$f(x)+f\left(\dfrac{1}{x}\right)$.

9. 设$\int_0^{+\infty}\dfrac{\sin x}{x}dx=\dfrac{\pi}{2}$,求$\int_0^{+\infty}\dfrac{\sin^2 x}{x^2}dx$.

10. 设$f(x)=\int_1^{x^2}e^{-t^2}dt$,求 $I=\int_0^1 xf(x)dx$.

11. 设$f(x)$ 满足 $xe^{-x}=\int_0^x f(t-x)dt$,求$f(x)$ 在$(-\infty,+\infty)$内的最值.

12. 设$f(x)$ 在$[0,+\infty)$上连续,且满足$\int_0^x tf(x^2-t^2)dt=\dfrac{x^2}{1+x^2}$,求$f(x)$.

13. 设曲线 $y=f(x)$ 在任一点$(x,f(x))$的切线斜率是 $x^2-2ax+5$,且函数$f(x)$ 在 $x=1$ 处取得极大值$\dfrac{32}{3}$,求$f(x)$ 和$f(x)$ 的极值.

14. 设$f(x)$连续,且满足 $\int_0^1 f(xt)dt=f(x)+x\sin x$,求$f(x)$.

15. 设$f(x)$ 在$(-\infty,+\infty)$内连续,且存在常数 $T>0$,使得当 $-\infty<x<+\infty$ 时,有$f(x+T)=f(x)$.

(1) 证明:对任意常数 a,有 $\int_a^{a+T}f(x)dx=\int_0^T f(x)dx$;

(2) 设当 $-\infty<x<+\infty$ 时,有$f(-x)=f(x)$,证明:$\int_0^{nT}xf(x)dx=\dfrac{n^2T}{2}\int_0^T f(x)dx$,其中 n 是正整数;

(3) 计算 $\int_0^{n\pi}x|\sin x|dx$.

16. 设$f(x)=\int_1^{x^2}\dfrac{\sin t}{t}dt$,求$\int_0^1 xf(x)dx$.

17. 设函数$f(x)$具有二阶连续导数,如果曲线 $y=f(x)$ 过点$(0,1)$,且与曲线 $y=\ln x$ 相切于点$(1,0)$,求$\int_0^1 xf''(x)dx$.

18. 设 $a_n=\int_0^1 x^n\sqrt{1-x^2}\,dx(n=0,1,2,\cdots)$,

(1) 证明:数列 $\{a_n\}$ 单调递减,且 $a_n=\frac{n-1}{n+2}a_{n-2}(n=2,3,\cdots)$;

(2) 求 $\lim\limits_{n\to\infty}\frac{a_n}{a_{n-1}}$.

19. 求曲线 $y=1-x^2$ 与 x 轴围成的平面上的封闭图形绕直线 $y=2$ 旋转一周所得的旋转体的体积.

20. 设 $\varphi(x)$ 是 $[-1,1]$ 上的连续的奇函数,证明:

(1) $\int_{-\frac{\pi}{2}}^{\frac{\pi}{2}}\varphi(\sin x)\,dx=0$;

(2) $\int_0^{\pi}\varphi(\cos x)\,dx=0$.

附录 I 常用的三角函数恒等式

(1) $\sin(-\alpha)=-\sin(\alpha)$, $\cos(-\alpha)=\cos(\alpha)$.

(2) $\sin^2\alpha+\cos^2\alpha=1$, $\sec^2\alpha=1+\tan^2\alpha$.

(3) $\sin 2\alpha=2\sin\alpha\cos\alpha$, $\cos 2\alpha=1-2\sin^2\alpha=2\cos^2\alpha-1$, $\tan 2\alpha=\dfrac{2\tan\alpha}{1-\tan^2\alpha}$.

(4) $\sin^2\dfrac{\alpha}{2}=\dfrac{1-\cos\alpha}{2}$, $\cos^2\dfrac{\alpha}{2}=\dfrac{1+\cos\alpha}{2}$, $\tan\dfrac{\alpha}{2}=\dfrac{\sin\alpha}{1+\cos\alpha}=\dfrac{1-\cos\alpha}{\sin\alpha}$.

(5) $\sin(\alpha\pm\beta)=\sin\alpha\cos\beta\pm\cos\alpha\sin\beta$, $\cos(\alpha\pm\beta)=\cos\alpha\cos\beta\mp\sin\alpha\sin\beta$,

$\tan(\alpha\pm\beta)=\dfrac{\tan\alpha\pm\tan\beta}{1\mp\tan\alpha\tan\beta}$.

(6) $\sin\alpha\sin\beta=-\dfrac{1}{2}[\cos(\alpha+\beta)-\cos(\alpha-\beta)]$, $\cos\alpha\sin\beta=\dfrac{1}{2}[\sin(\alpha+\beta)-\sin(\alpha-\beta)]$,

$\cos\alpha\cos\beta=\dfrac{1}{2}[\cos(\alpha+\beta)+\cos(\alpha-\beta)]$.

(7) $\sin\alpha+\sin\beta=2\sin\dfrac{\alpha+\beta}{2}\cos\dfrac{\alpha-\beta}{2}$, $\sin\alpha-\sin\beta=2\sin\dfrac{\alpha-\beta}{2}\cos\dfrac{\alpha+\beta}{2}$,

$\cos\alpha+\cos\beta=2\cos\dfrac{\alpha+\beta}{2}\cos\dfrac{\alpha-\beta}{2}$, $\cos\alpha-\cos\beta=-2\sin\dfrac{\alpha+\beta}{2}\sin\dfrac{\alpha-\beta}{2}$.

附录Ⅱ 积分表

◎ 扫描二维码,可以查看积分表中 147 个积分的计算方法和结果.

◎ 这 147 个积分的计算方法和结果还可以作为参考资料.

附录Ⅲ　几种常用的曲线

（下图中出现的常数 a 均大于 0）

（1）三次抛物线

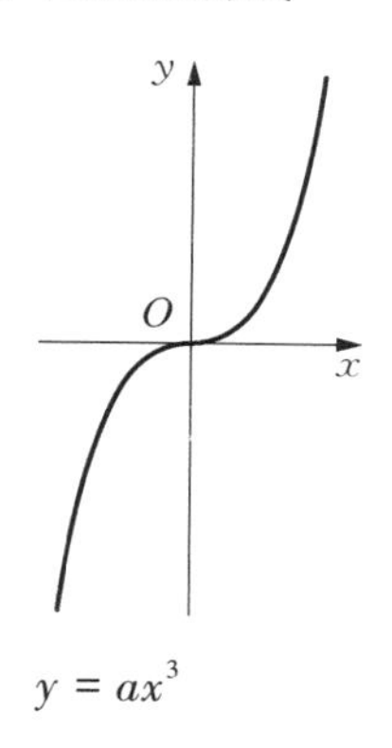

$y = ax^3$

（2）半立方抛物线

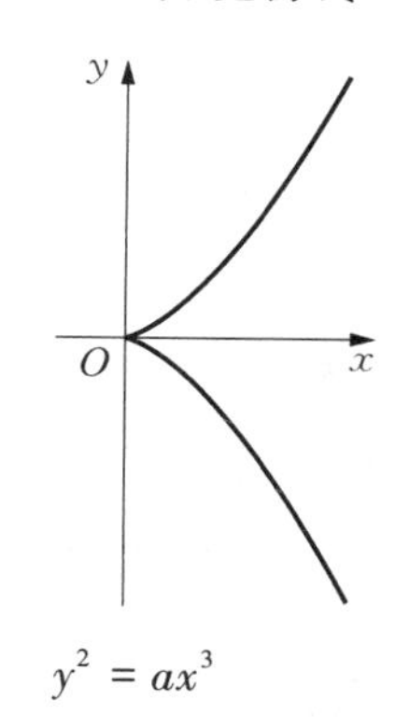

$y^2 = ax^3$

（3）概率曲线

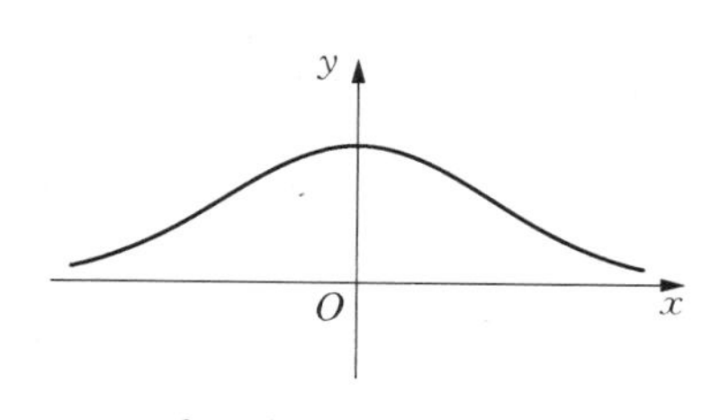

$y = \mathrm{e}^{-x^2}$

（4）箕舌线

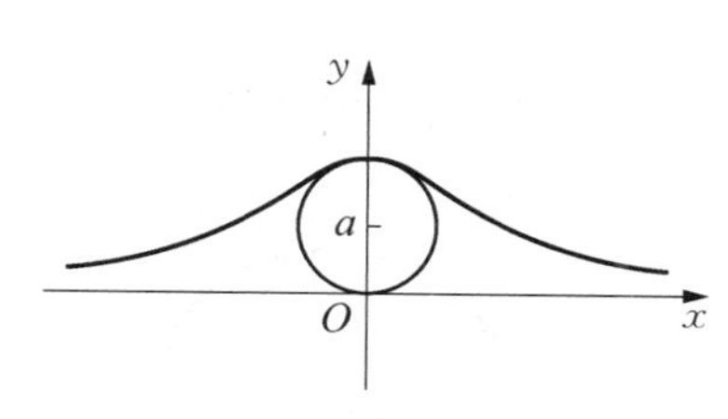

$$y = \frac{8a^3}{x^2 + 4a^2}$$

(5) 蔓叶线

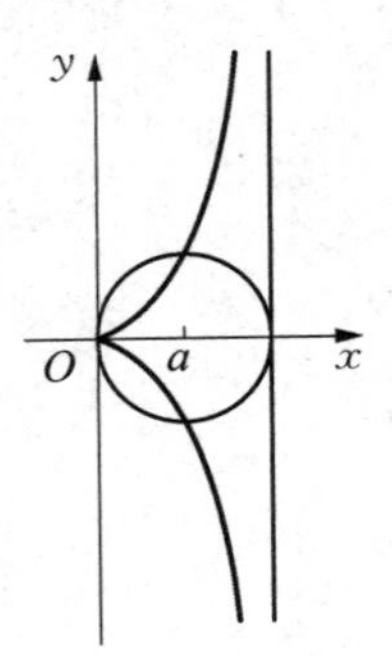

$y^2(2a-x)=x^3$

(6) 笛卡儿叶形线

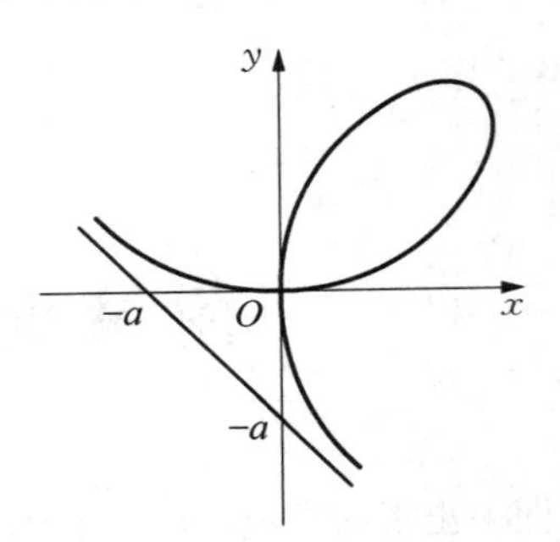

$x^3+y^3-3axy=0$

$x=\dfrac{3at}{1+t^3},\ y=\dfrac{3at^2}{1+t^3}$

(7) 星形线(内摆线的一种)

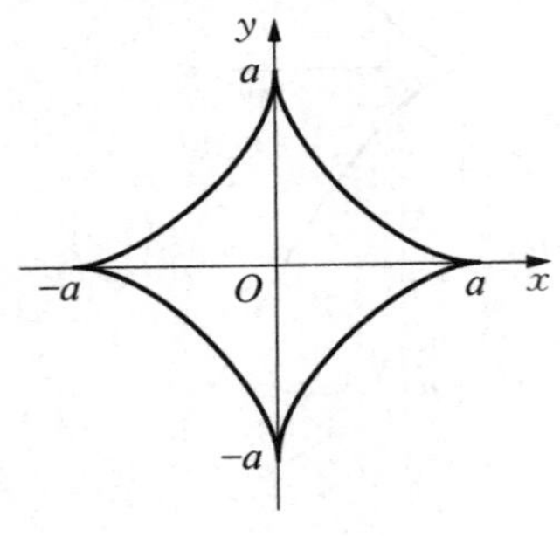

$x^{\frac{2}{3}}+y^{\frac{2}{3}}=a^{\frac{2}{3}}$

(8) 摆线

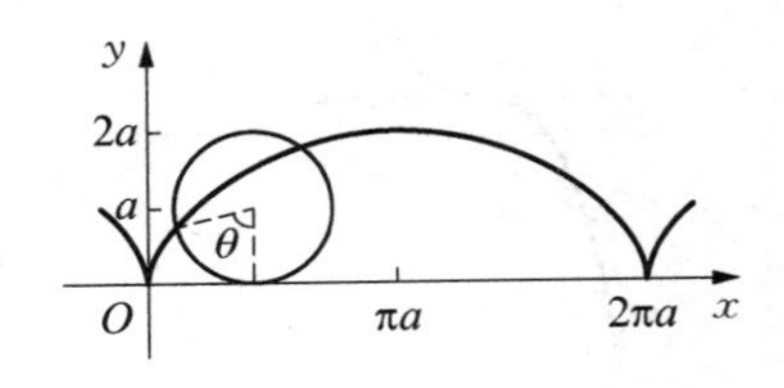

$\begin{cases}x=a(\theta-\sin\theta)\\y=a(1-\cos\theta)\end{cases}$

(9) 心形线(外摆线的一种)

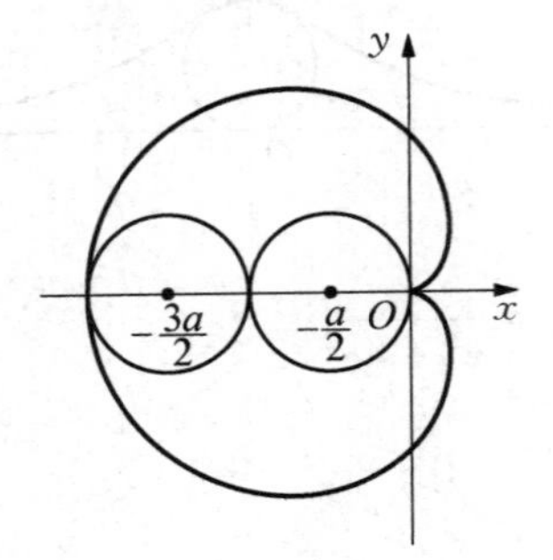

$x^2+y^2+ax=a\sqrt{x^2+y^2}$

$r=a(1-\cos\theta)$

(10) 阿基米德螺线

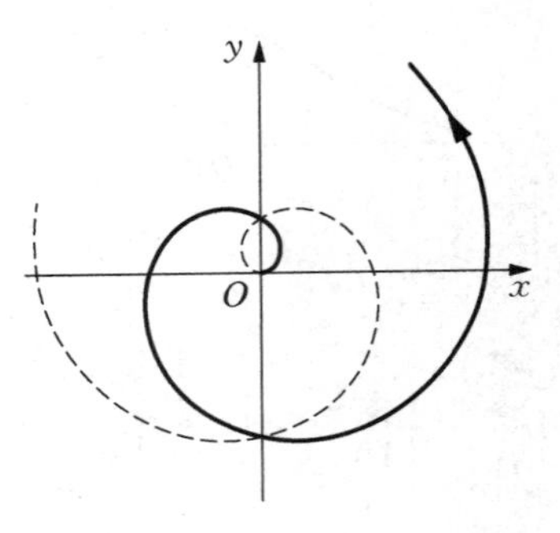

$r=a\theta$

(11) 对数螺线

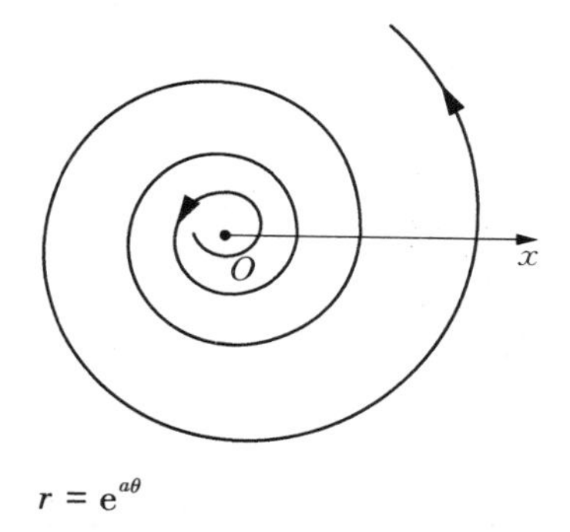

$r = e^{a\theta}$

(12) 双曲螺线

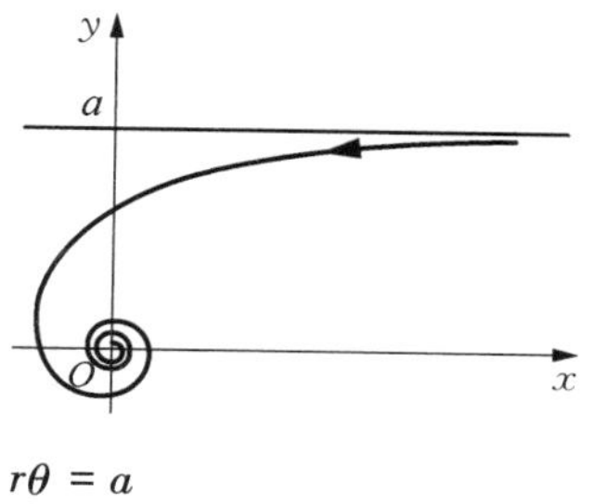

$r\theta = a$

(13) 伯努利双纽线

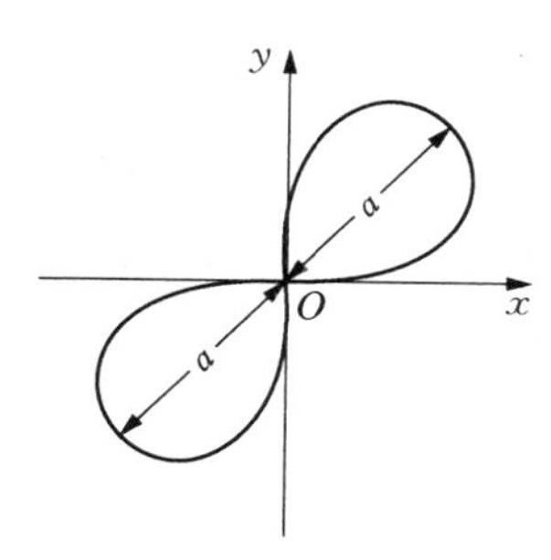

$(x^2 + y^2)^2 = 2a^2xy$

$r^2 = a^2\sin 2\theta$

(14) 伯努利双纽线

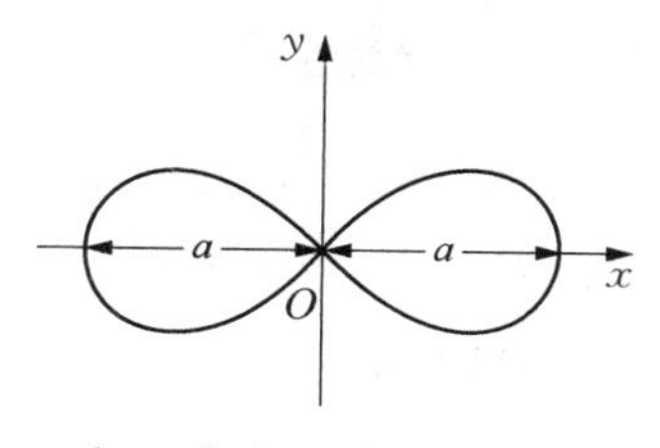

$(x^2 + y^2)^2 = a^2(x^2 - y^2)$

$r^2 = a^2\cos 2\theta$

(15) 三叶玫瑰线

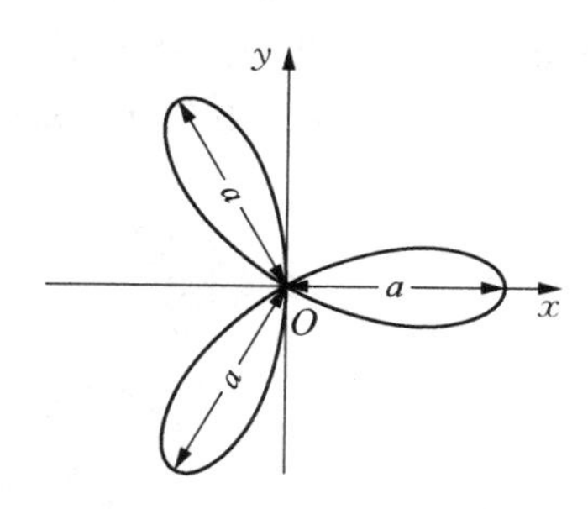

$r = a\cos 3\theta$

(16) 三叶玫瑰线

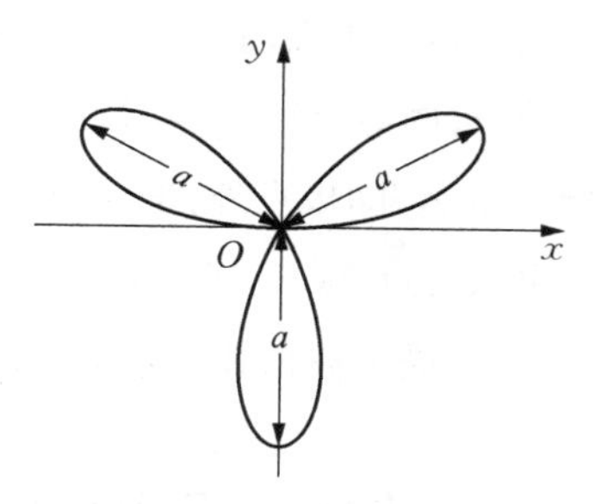

$r = a\sin 3\theta$

附录Ⅳ　极坐标系

在平面内取一个定点 O,由点 O 出发引一条射线 Ox,再选定一个单位长度和角的正方向(通常为逆时针方向),这样建立的坐标系称为**极坐标系**. 其中定点 O 称为**极点**,射线 Ox 称为**极轴**.

与平面直角坐标系相类似,有了极坐标系,就可以用代数语言来刻画平面上的点、线和区域.

一、点的极坐标

在极坐标系中,用距离和角度来确定平面上点的位置. 如图 1 所示,对于平面内任意一点 M,用 r 表示点 O 与点 M 的距离,用 θ 表示以 Ox 为始边,以 OM 为终边的角度,则有序实数对 (r, θ) 称为点 M 的**极坐标**,记作 $M(r, \theta)$. 其中 r 称为点 M 的**极径**,θ 称为点 M 的**极角**.

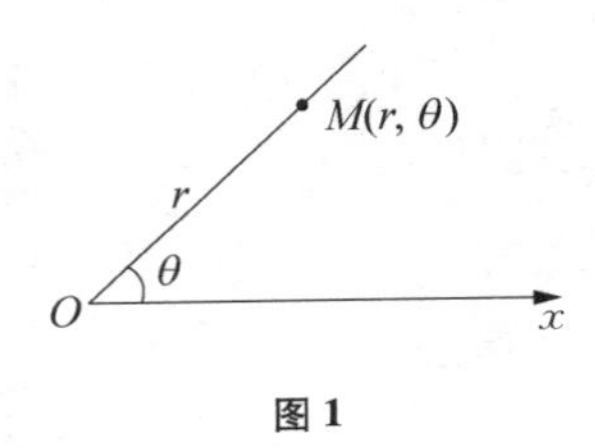

图 1

极点的极径为 0,极角可以取任意值. 通常认为 $r \geqslant 0$, θ 可以取任意实数. 这样一来,对于给定的 r 和 θ,可以在平面内确定唯一的点;反之,对于平面内给定的一点,也可以写出它的极坐标,但写法不唯一,例如,当 $k \in \mathbf{Z}$ 时,(r, θ) 和 $(r, 2k\pi + \theta)$ 表示同一点. 如果将极角 θ 的范围限定在 $[0, 2\pi)$,那么,除极点外,平面内给定点的极坐标是唯一的.

如果认为点 $N(-r, \theta)$ 和点 $M(r, \theta)$ 位于过极点的同一直线上,到极点的距离均为 r 且方向相反,就可以将极坐标拓展到 $r < 0$ 的情形.

二、极坐标与直角坐标的互化

如图 2 所示建立直角坐标系 Oxy,再将原点作为极点,将 x 轴的正半轴作为极轴,建立极坐标系,并在两种坐标系中取相同的单位长度. 于是,对于平面内的任意一点 M,其直角坐标 (x, y) 和极坐标 (r, θ) 之间可以实现以下互化:

$$\begin{cases}x = r\cos\theta,\\ y = r\sin\theta,\end{cases}\quad \begin{cases}r^2 = x^2 + y^2,\\ \tan\theta = \dfrac{y}{x}(x \neq 0).\end{cases}$$

例如,极坐标 $M\left(1, \dfrac{\pi}{2}\right)$ 可转化为直角坐标 $M(0, 1)$;直角坐标 $M(1, 1)$ 可转化为极坐标 $M\left(\sqrt{2}, \dfrac{\pi}{4}\right)$.

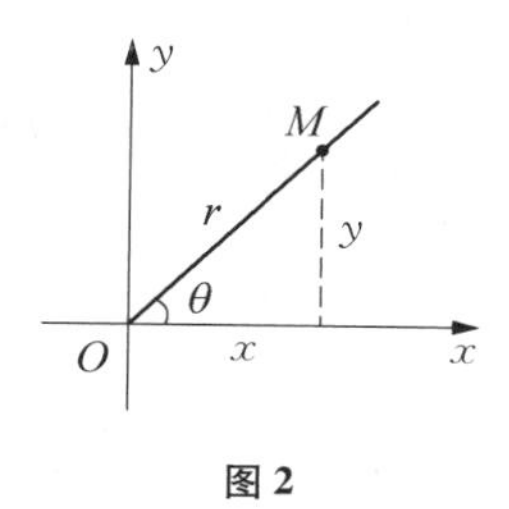

图 2

在平面直角坐标系中,集合 $\{(x, y) \mid \pi^2 \leqslant x^2 + y^2 \leqslant 4\pi^2\}$ 表示图 3 所示的环形区域;在极坐标系中,该区域可以用 $\{(r, \theta) \mid \pi \leqslant r \leqslant 2\pi, 0 \leqslant \theta < 2\pi\}$ 来表示,而集合 $\left\{(r,\theta) \middle| \pi \leqslant r \leqslant 2\pi, 0 < \theta < \dfrac{\pi}{2}\right\}$ 则表示该区域位于第一象限的部分.

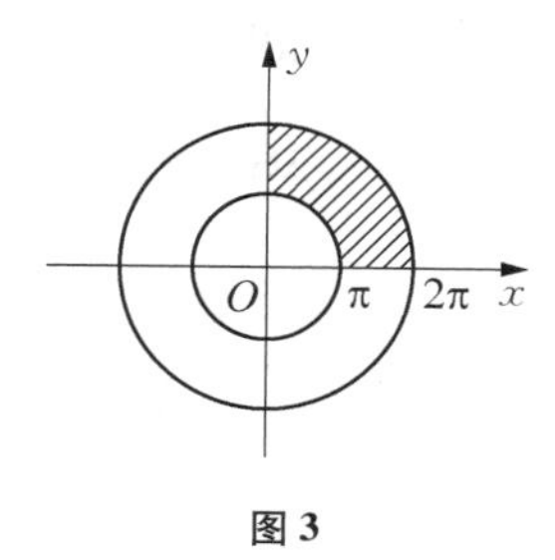

图 3

第一象限在直角坐标系中,用 $\{(x, y) \mid 0 \leqslant x < +\infty, 0 \leqslant y < +\infty\}$ 表示,类似于一个"方形区域",而在极坐标系中,用 $\left\{(r, \theta) \middle| 0 \leqslant r < +\infty, 0 \leqslant \theta \leqslant \dfrac{\pi}{2}\right\}$,类似于一个"扇形区域". 这个特点在有界区域上是没有的.

三、曲线的极坐标方程

在平面直角坐标系中,曲线可以用含有 x、y 的方程来表示;类似地,在极坐标系中,曲线可以用含有 r、θ 的方程来表示.

例如,直角坐标系中的直线方程 $x + y - 1 = 0$,转化为极坐标方程就是 $r\cos\theta + r\sin\theta - 1 = 0$;单位圆的直角坐标方程为 $x^2 + y^2 = 1$,而极坐标方程为 $r = 1$.

习题答案与提示

第1章

习题1.1

1. (1) 相等； (2) 相等； (3) 不相等； (4) 不相等.

2. (1) $\overset{\circ}{U}(1;3)$； (2) $\overset{\circ}{U}\left(0;\dfrac{1}{10}\right)$； (3) $U\left(\dfrac{3}{100};\dfrac{1}{50}\right)$； (4) $U\left(\dfrac{a+b}{2};\dfrac{b-a}{2}\right)$.

3. (1) $x\in\left(-\dfrac{1}{1000},\dfrac{1}{1000}\right)$、$|x|<\dfrac{1}{1000}$；

(2) $x\in\left(-\dfrac{1001}{1000},-\dfrac{999}{1000}\right)$、$|x+1|<\dfrac{1}{1000}$；

(3) $x\in\left(\dfrac{999}{1000},1\right)\cup\left(1,\dfrac{1001}{1000}\right)$、$0<|x-1|<\dfrac{1}{1000}$；

(4) $x\in(x_0-\delta,x_0)\cup(x_0,x_0+\delta)$、$0<|x-x_0|<\delta$.

习题1.2

1. (1) $(-\infty,0)\cup(0,1)$； (2) $[-2,1]$； (3) $(-4,-\pi]\cup[0,\pi]$； (4) $(0,1)\cup(1,10)$.

2. (1) 不相同； (2) 不相同； (3) 相同； (4) 不相同.

3. (1) $y=\dfrac{1-x}{1+x}$, $x\neq-1$； (2) $y=e^{x-1}-3$, $x\in\mathbf{R}$； (3) $y=\ln\dfrac{x}{1-x}$, $0<x<1$； (4) $y=\tan x-1$, $x\in\left(-\dfrac{\pi}{2},\dfrac{\pi}{2}\right)$.

4. $h+1$.

5. $f\{g[h(x)]\}=\arcsin\cos^2x$,定义域为$\mathbf{R}$.

6. $f(x)=x^2-2$, $x\neq1$.

7. $\dfrac{1}{x^2+2}$.

8. $f\{f[f(x)]\}=\dfrac{x}{3x+1}$, $x\neq-1$, $x\neq-\dfrac{1}{2}$,且$x\neq-\dfrac{1}{3}$；

$f\{f[f^{-1}(x)]\}=\dfrac{x}{x+1}$,$x\neq1$,且$x\neq-1$.

9. (1) 严格递减区间$(-\infty,0]$,严格递增区间$[0,+\infty)$；

(2) 严格递增区间$(-\infty,+\infty)$；

(3) 当$a>0$时,严格递增区间$(-\infty,+\infty)$;当$a<0$时,严格递减区间$(-\infty,+\infty)$；

(4) 函数在$[0,+\infty)$上严格递增,在$(-\infty,0]$上既是递增,又是递减.

10. (1) 偶函数； (2) 奇函数； (3) 奇函数； (4) 奇函数.

11. (1) $\frac{2\pi}{3}$; (2) π.

12. (1) 有界; (2) 有界; (3) 无界; (4) 无界.

13. (1) 错误. (2) 正确. (3) 错误. (4) 错误.

14. (1) $y = \arctan u,\ u = \sqrt{x}$; (2) $y = 2^u,\ u = -x$;

(3) $y = e^u,\ u = \sin v,\ v = x^2$; (4) $y = \sqrt{u},\ u = \ln v,\ v = \ln x$.

15. $f(-x) = \begin{cases} 1, & x < 0, \\ 0, & x = 0, \\ -1, & x > 0, \end{cases}$ $f(x^2) = \begin{cases} 1, & x \neq 0, \\ 0, & x = 0. \end{cases}$

16. $f(x) = \begin{cases} x - 4, & 4 \leqslant x < 5, \\ x - 5, & 5 \leqslant x < 6. \end{cases}$

17. $S = lr - \left(\frac{\pi}{2} + 2\right) r^2,\ 0 < r < \frac{l}{2+\pi}$.

18. 死亡了约 2055 年,推测为汉代古墓.

19. 价格为 5,数量为 20.

20. $Q_d = -5P + 4000$.

第 2 章

习题 2.1

1. (1) $(-1)^{n-1}\frac{1}{2^n}$; (2) $(n+1)^{\frac{1}{n+1}}$; (3) $\sin\frac{a}{3^n}$; (4) $\frac{20}{3}\left(1 - \frac{1}{10^n}\right)$.

2. 略.

3. (1) 1; (2) 0; (3) e^2; (4) e^{-1}; (5) 1; (6) 0; (7) 1; (8) $\frac{1}{1-x}$; (9) $\frac{1}{\sqrt{2}}$; (10) $\frac{1}{2}$.

*__4.__ 略.

习题 2.2

1. 略.

2. (1) C; (2) 1; (3) $\frac{1}{3}$; (4) $\frac{5}{4}$; (5) 32; (6) $\frac{3}{2}$; (7) $\frac{4}{3}$; (8) $\frac{3}{5}$;

(9) $\frac{1}{2}$; (10) 1; (11) $e^{-\frac{2}{3}}$; (12) e; (13) e^2; (14) 1; (15) 2.

3. 略.

4. $\lim\limits_{x\to 0^-} f(x) = 1$, $\lim\limits_{x\to 0^+} f(x) = 0$, $\lim\limits_{x\to 1^-} f(x) = 1$, $\lim\limits_{x\to 1^+} f(x) = 1$, $\lim\limits_{x\to 0} f(x)$ 不存在,$\lim\limits_{x\to 1} f(x)$ 存在且等于 1.

5. $\frac{\ln 3}{2}$.

习题 2.3

1. (1) 不正确. (2) 不正确. (3) 不正确. (4) 不正确.

2. 0.

3. (1) 8; (2) 2; (3) $\frac{1}{2}$; (4) $\frac{3}{4}$; (5) $\frac{1}{2}$; (6) $-\frac{1}{2}$; (7) $\frac{1}{2}$; (8) 1; (9) $e^{-\frac{1}{2}}$.

4. (1) $a=3$、$b=1$; (2) $a=1$、$b=5$; (3) $a=\frac{1}{4}$、$b=3$; (4) $a=\frac{1}{2}$、$b=-1$.

5. $a=-1$、$b=0$.

6. 略.

7. 略.

8. 略.

习题 2.4

1. (1) 错误. (2) 错误. (3) 正确. (4) 错误. (5) 错误. (6) 正确.

2. 0.

3. (1) $\frac{5}{13}$; (2) -2; (3) $\ln 3$; (4) 0; (5) 0; (6) 1; (7) 0; (8) $-\frac{1}{2}$;

(9) 1; (10) e^{-1}; (11) $\sqrt{2}$; (12) e^6; (13) 2; (14) e^2; (15) e^{a+b}; (16) $\cos\frac{a+b}{2}$;

(17) $\frac{1}{5}$; (18) $\frac{\sin x}{x}$.

4. $x=1$ 是第一类间断点(可去间断点);$x=2$ 是第二类间断点(无穷间断点).

5. $f[g(x)]=\begin{cases}x^2, & x\leqslant 1,\\ -x-2, & x>1\end{cases}$ 在 $(-\infty,1)\cup(1,+\infty)$ 上连续,$x=1$ 是第一类间断点(跳跃间断点).

6. $f(x)=e^x(x\neq 0)$ 是连续函数.

7. $f(x)$ 在点 $x=0$ 处是右连续的,不是左连续的.

8. $\frac{1}{2}$.

9. 提示:$f(x)=x^3-4x^2+1$, $f(0)=1$, $f(1)=-2$.

10. 提示:令 $g(x)=f(x)-x(x\in[a,b])$,则 $g(a)\cdot g(b)<0$.

11. 提示:令 $g(x)=f(x)-x(x\in[0,1])$.

12. 提示:令 $g(x)=x-\sin x-1(x\in[0,\pi])$.

13. 提示:令 $f(x)=x^3+px^2+qx+r$, $\lim\limits_{x\to+\infty}f(x)=+\infty$, $\lim\limits_{x\to-\infty}f(x)=-\infty$.

14. 提示:令 $f(x)=x^3+2x-4$, $x\in[1,2]$.

15. 略.

16. $100\sum\limits_{n=1}^{4}\left[\left(1+\frac{0.08}{12}\right)^{12}\right]^n=490.179$(万元).

17. 单利:1.135(万元)、年复利:1.141 17(万元)、月复利:1.144 25(万元)、连续复利:1.144 54(万元).

18. 约 4.25%.

总练习题

1. (1) 2； (2) $\frac{p+q}{2}$； (3) $\frac{1}{9}$； (4) n； (5) $\frac{1}{2}$； (6) $\frac{6}{5}$； (7) $e^{\frac{1}{2}}$； (8) -3；

(9) e^2； (10) 4； (11) $\frac{2\sqrt{2}}{3}$.

2. 提示:利用迫敛性.

3. $\beta(x)$, $\gamma(x)$, $\alpha(x)$.

4. 证明略, $\lim_{n\to\infty} x_n = 0$.

5. $\lim_{x\to x_0}[x] = \begin{cases} \text{不存在}, & \text{如果 } x_0 \text{ 是整数}, \\ [x_0], & \text{如果 } x_0 \text{ 不是整数}, \end{cases}$ $\lim_{x\to x_0^+}[x] = [x_0]$, $\lim_{x\to x_0^-}[x] = \begin{cases} x_0 - 1, & \text{如果 } x_0 \text{ 是整数}, \\ [x_0], & \text{如果 } x_0 \text{ 不是整数}. \end{cases}$

6. 略.

7. 略.

8. $\sqrt[3]{a_1a_2a_3}$.

9. 2e.

10. $a = -\frac{1}{2}$、$b = -1$.

11. 提示:应用介值定理.

12. 略.

13. 提示:由于 $\lim_{x\to 0^+}\frac{f(x)}{x} < 0$,可知存在 $x_0 \in (0, 1)$,使得 $f(x_0) < 0$;再在 $[x_0, 1]$ 运用零点存在定理即可.

14. $\frac{3\ln 3}{2}$.

15. $\alpha = -\frac{2019}{2020}$、$\beta = \frac{1}{2020}$.

16. $p(x) = x^3 + 2x^2 + x - 1$.

17. $a = 1$、$b = -2$.

第3章

习题 3.1

1. (1) $-\frac{4}{27}$； (2) $\frac{1}{4}$； (3) 2.

2. (1) $6x^2$； (2) $\frac{1}{x+1}$； (3) $-\frac{1}{(x+4)^2}$.

3. (1) $-f'(x_0)$； (2) $-2f'(x_0)$； (3) $4f'(x_0)$.

4. (1) 切线方程: $y = \frac{\sqrt{2}}{2}x - \frac{\sqrt{2}}{8}\pi + \frac{\sqrt{2}}{2}$,法线方程: $y = -\sqrt{2}x + \frac{\sqrt{2}}{4}\pi + \frac{\sqrt{2}}{2}$；

(2) 切线方程：$y=-\frac{9}{2}x+\frac{45}{2}$，法线方程：$y=\frac{2}{9}x+\frac{25}{3}$.

5. $f(x)$在$x=1$可导，$f'(1)=1$.

6. $f'(x)=\begin{cases}\cos x, & x<0,\\ 1, & x\geqslant 0.\end{cases}$

7. $f(x_0)-x_0f'(x_0)$.

8. 由定义可得$f'(a)=2a\varphi(a)$.

9. (1) $\left(\frac{1}{2},\frac{1}{4}\right)$； (2) $(2,4)$.

习题 3.2

1. (1) $3+10x$； (2) $3^x\ln 3+3x^2$； (3) $\sec^2x-\csc^2x$； (4) 0；
(5) $e^x(\sin x+\cos x)$； (6) $e^x(\cos x-\sin x)$； (7) $x^3(1+4\ln x)$；
(8) $\cos^3x-2\sin^2x\cos x$； (9) $\frac{1-\ln x}{x^2}$； (10) $3x^2+12x+11$；
(11) $\frac{-2\sin x+2\cos x-1}{(\cos x-2)^2}$； (12) $\frac{\cos x-4x\sin x}{4x^{\frac{3}{4}}}$； (13) $2^x(1+x\ln 2)+4x$；
(14) $-\frac{3(x^2-4x-1)}{(x^2+1)^2}$； (15) $x^{n-1}(n\ln x+1)$； (16) $\frac{1}{x\sqrt{1-x^2}}-\frac{\arcsin x}{x^2}$；
(17) 0； (18) $\sec x+(x+1)\tan x\sec x$.

2. (1) $4040(2x+1)^{2019}$； (2) $\frac{2x}{x^4+1}$； (3) $\frac{x}{\sqrt{a^2+x^2}}$； (4) $-\frac{6x}{\sqrt{6x^2-9x^4}}$；
(5) $\frac{1}{x(\ln^2x+1)}$； (6) $2x\sec^2(x^2)$； (7) $\frac{1}{|x|\sqrt{x^2-1}}$； (8) $\sec x$；
(9) $(4e^{-4x}-3)\cot(3x+e^{-4x})\csc(3x+e^{-4x})$； (10) $-4e^{-2x^2}x$；
(11) $\frac{x}{\sqrt{a^2-x^2}}\csc^2\sqrt{a^2-x^2}$； (12) $\csc x$.

3. (1) $-e^{-\frac{x^2}{2}}(\sin x+x\cos x)$； (2) $\frac{2}{1-x^2}$； (3) $\csc x$； (4) $2\sqrt{1-x^2}$；
(5) $\frac{1}{\sqrt{a^2+x^2}}$； (6) $\frac{\ln x}{x\sqrt{\ln^2x+1}}$； (7) $\frac{e^{\arctan\sqrt[3]{x}}}{3(x^{\frac{2}{3}}+1)x^{\frac{2}{3}}}$； (8) $\frac{4\sqrt{x+\sqrt{x}}\sqrt{x}+2\sqrt{x}+1}{8\sqrt{x}\sqrt{x+\sqrt{x}}\sqrt{x+\sqrt{x+\sqrt{x}}}}$；
(9) $\frac{1}{\sqrt{x^2-a^2}}$； (10) $\frac{1}{x\ln x}$； (11) $-\frac{1}{(1+x)\sqrt{2x(1-x)}}$； (12) $\frac{2}{e^{4x}+1}$；
(13) $10^{x\tan 2x}\ln 10(\tan 2x+2x\sec^2 2x)$； (14) $-\frac{1}{3\sqrt{1-x^{\frac{2}{3}}}x^{\frac{2}{3}}}$；
(15) $\frac{2^x\ln 2+3^x\ln 3}{4^x+5^x}-\frac{(2^x+3^x)(4^x\ln 4+5^x\ln 5)}{(4^x+5^x)^2}$； (16) $\frac{1}{x}$.

4. (1) $3x^2f'(x^3)$; (2) $[f'(\sin^2x)-f'(\cos^2x)]\sin 2x$; (3) $-\dfrac{f'\left(\arcsin\dfrac{1}{x}\right)}{|x|\sqrt{x^2-1}}$;

(4) $f'(x)e^{f(x)}$; (5) $-\dfrac{f'(x)}{\sqrt{1-f^2(x)}}$; (6) $f'[f(x)]f'(x)$; (7) $\dfrac{f'(x)}{f(x)}$.

5. $f'(x)=xe^{x-1}$.

6. $f(x)$在点 $x=0$ 处不可导.

7. $\varphi'(x)=a^{f^2(x)}\ln a\cdot 2f(x)f'(x)$,把$f'(x)=\dfrac{1}{f(x)\ln a}$代入即得结论.

8. $F'(x)=2x[f'(x^2-1)-f'(1-x^2)]$,所以 $F'(1)=F'(-1)=0$.

9. $f(x)$ 在点 $x\neq 0$ 处可导,在点 $x=0$ 处不可导,从而$f'(x)=\begin{cases}2\sec^2x, & x<0,\\ e^x, & x>0.\end{cases}$

10. $f'(1)=-99!$.

11. $f'(x)=a^ax^{a^a-1}+a^{x^a+1}x^{a-1}\ln a+a^{a^x+x}\ln^2a$.

12. $a=-1$、$b=\dfrac{\pi}{2}$.

13. $\dfrac{1}{x\sqrt{x^2-1}}$.

14. 切线方程:$y=\dfrac{x}{3}$,法线方程:$y=-3x+10$.

习题 3.3

1. (1) $20x^3+24x$; (2) $9e^{3x-2}$; (3) $4x\cos x-(x^2-2)\sin x$; (4) $e^{-2x}(3\sin x-4\cos x)$;

(5) $-\dfrac{2(x^2+1)}{(x^2-1)^2}$; (6) $-\dfrac{1}{(1-x^2)^{\frac{3}{2}}}$; (7) $\dfrac{2[\tan x+x(x\tan x-1)\sec^2x]}{x^3}$;

(8) $\dfrac{x}{(1-x^2)^{\frac{3}{2}}}$; (9) $-\dfrac{x}{(x^2+1)^{\frac{3}{2}}}$.

2. $3^{100}\cdot 100!$.

3. (1) $11\sqrt{2}$; (2) 640; (3) 1.

4. 略.

5. $2g(a)$.

6. (1) $9x^4f''(x^3)+6xf'(x^3)$; (2) $e^{f(x)}f''(x)+e^{f(x)}f'(x)^2$.

7. (1) $-4e^x\sin x$; (2) $y'=1+\ln x$, $y^{(n)}=(-1)^n\dfrac{(n-2)!}{x^{n-1}}$, $n\geqslant 2$;

(3) $(-1)^nn!\left[\dfrac{2}{(x-2)^{n+1}}-\dfrac{1}{(x-1)^{n+1}}\right]$;

(4) $y'=\dfrac{1}{\sqrt{2x+1}}$, $y^{(n)}=(-1)^{n-1}(2n-3)!!(2x+1)^{-\frac{1-2n}{2}}$, $n\geqslant 2$;

(5) $\frac{100!}{2}\left[\frac{1}{(x-1)^{101}}-\frac{1}{(x+1)^{101}}\right]$； (6) $-6\left[\frac{1}{(1-x)^{4}}+\frac{3^{4}}{(1+3x)^{4}}\right]$.

8. $n(n-1)(\ln 2)^{n-2}$.

9. $f^{(n)}(0)=\begin{cases}0, & n\text{ 为偶数},\\ (-1)^{\frac{n-1}{2}}(n-1)!, & n\text{ 为奇数}.\end{cases}$

习题 3.4

1. (1) $\frac{dy}{dx}=-\frac{\sqrt{y}}{\sqrt{x}}$； (2) $\frac{dy}{dx}=-\frac{x^{2}-y}{y^{2}-x}$； (3) $\frac{dy}{dx}=-\frac{ye^{x}+e^{y}}{xe^{y}+e^{x}}$； (4) $\frac{dy}{dx}=\frac{x+y}{x-y}$.

2. (1) $\frac{(x-2y)(\sin y-\cos^{2}y)}{[2+(x-2y)\cos y]^{3}}$； (2) $\frac{2y(1+y^{2})}{(2+y^{2})^{3}}$.

3. (1) $x^{x}(1+\ln x)$； (2) $x^{x^{x}}[x^{x-1}+x^{x}(\ln x+1)\ln x]$；

(3) $\frac{\sqrt[3]{x-4}\sqrt[5]{3x+2}}{\sqrt{x+2}}\left[-\frac{1}{2(x+2)}+\frac{3}{5(3x+2)}+\frac{1}{3(x-4)}\right]$；

(4) $\frac{\sqrt{x+3}(3-x)^{4}}{(x+1)^{5}}\left[\frac{1}{2(x+3)}-\frac{4}{3-x}-\frac{5}{x+1}\right]$.

4. $y'(0)=\frac{\ln 2}{2}$,在点$(0,\ln 2)$处的切线方程为$y=\frac{\ln 2}{2}(x+2)$,法线方程为$y=-\frac{2x}{\ln 2}+\ln 2$.

5. -1.

6. $\frac{dz}{dx}=f'[\varphi(x)+y^{2}]\left[\varphi'(x)+\frac{2y}{1+e^{y}}\right]$,

$\frac{d^{2}z}{dx^{2}}=f''[\varphi(x)+y^{2}]\left[\varphi'(x)+\frac{2y}{1+e^{y}}\right]^{2}+f'[\varphi(x)+y^{2}]\left[\varphi''(x)+\frac{2}{(1+e^{y})^{3}}(1+e^{y}-ye^{y})\right]$.

7. (1) $\frac{dy}{dx}=\frac{3bt}{2a}=\frac{3y}{2x}$, $\frac{d^{2}y}{dx^{2}}=\frac{3b}{4a^{2}t}=\frac{3y}{4x^{2}}$；

(2) $\frac{dy}{dx}=\frac{\sin t+\cos t}{\cos t-\sin t}=\frac{x+y}{x-y}$, $\frac{d^{2}y}{dx^{2}}=\frac{2e^{-t}}{(\cos t-\sin t)^{3}}=\frac{2(x^{2}+y^{2})}{(x-y)^{3}}$；

(3) $\frac{dy}{dx}=-\cot t=-\frac{x}{y}$, $\frac{d^{2}y}{dx^{2}}=-\frac{1}{a\sin^{3}t}=-\frac{x^{2}+y^{2}}{y^{3}}$；

(4) $\frac{dy}{dx}=\frac{t}{2}$, $\frac{d^{2}y}{dx^{2}}=\frac{t^{2}+1}{4t}$.

8. 切线方程：$y=2x-\frac{\pi}{2}+\ln 2$,法线方程：$y=-\frac{x}{2}+\frac{\pi}{8}+\ln 2$.

9. $\sqrt{2}$.

习题 3.5

1. (1) $dy|_{x=1}=3dx$； (2) $\Delta y|_{x=1,\Delta x=1}=7$, $\Delta y|_{x=1,\Delta x=0.1}=0.331$, $\Delta y|_{x=1,\Delta x=0.01}=0.030\,301$.

2. (1) $dy=\frac{\sqrt{x}+1}{x}dx$； (2) $dy=e^{x}x(x+2)dx$； (3) $dy=\frac{e^{x}}{e^{x}+1}dx$；

(4) $\mathrm{d}y=\dfrac{4\sqrt{x+\sqrt{x}}\sqrt{x}+2\sqrt{x}+1}{8\sqrt{x}\sqrt{x+\sqrt{x}}\sqrt{x+\sqrt{x+\sqrt{x}}}}\mathrm{d}x$； (5) $\mathrm{d}y=-\dfrac{2x}{x^4+1}\mathrm{d}x$； (6) $\mathrm{d}y=\dfrac{1}{\sqrt{x^2\pm a^2}}\mathrm{d}x$.

3. (1) $\mathrm{d}y|_{x=0}=\mathrm{e}^2\mathrm{d}x$； (2) $\mathrm{d}y|_{x=1}=12\mathrm{d}x$.

4. (1) $2x+C$； (2) x^2+x+C； (3) $-\dfrac{\cos 3x}{3}+C$； (4) $-\ln|1-x|+C$； (5) $2\sqrt{x}+C$；

(6) $\arcsin x+C$； (7) $\dfrac{\sin^2 x}{2}+C$； (8) $\dfrac{1}{\cos x}+C$.（C 为任意常数）

5. $\mathrm{d}y=\dfrac{2+\ln(x-y)}{3+\ln(x-y)}\mathrm{d}x$.

6. $\mathrm{d}y|_{x=0}=-\mathrm{d}x$.

7. $\mathrm{d}[f^{-1}(x)]=\dfrac{\mathrm{d}x}{\sqrt{4x-3}}$.

8. $\mathrm{d}y|_{t=1}=-2\mathrm{d}x$.

9. 考虑函数 $y=f(x)=\sqrt[n]{1+x}$，$f(x)$ 在 $x=0$ 可微，从而 $f(x)=f(0)+f'(0)x+o(x)$. 由于 $f(0)=1$，$f'(0)=\dfrac{1}{n}$，可知 $\sqrt[n]{1+x}=1+\dfrac{x}{n}+o(x)$，故当 $|x|$ 很小时，$\sqrt[n]{1+x}\approx 1+\dfrac{x}{n}$.

10. (1) 1.9947； (2) 1.035； (3) 29.3382°（或者 0.162 99π）.

11. $V(a)=a^3$, $V(a+\Delta a)-V(a)=3a^2(\Delta a)+3a(\Delta a)^2+(\Delta a)^3$；

$S(a)=6a^2$, $S(a+\Delta a)-S(a)=12a(\Delta a)+6(\Delta a)^2$.

习题 3.6

1. (1) 边际成本 $C'(x)=0.003x^2-0.6x+40$； (2) 利润函数 $L(x)=-0.001x^3+0.3x^2+450x-2000$，边际利润 $L'(x)=-0.003x^2+0.6x+450$； (3) 边际利润为零时的产量为 500.

2. 边际收益 $Y'(x)=200-0.02x$, $Y'(9000)=20$, $Y'(10\,000)=0$, $Y'(11\,000)=-20$，意味着当产量为 9000、10 000、11 000 时多生产一台电视机的收益分别为 20、0、−20 元.

3. 需求弹性为 $\dfrac{EQ}{EP}=-\dfrac{0.5P}{300-0.5P}$，$\left.\dfrac{EQ}{EP}\right|_{P=200}=-0.5$、$\left.\dfrac{EQ}{EP}\right|_{P=500}=-5$、$\left.\dfrac{EQ}{EP}\right|_{P=800}=4$.

4. 销量可增加 16%~22%（提示：$\dfrac{EQ}{EP}\approx\dfrac{\Delta Q}{Q}\Big/\dfrac{\Delta P}{P}$，而 $\dfrac{\Delta P}{P}=10\%$）.

总练习题

1. (1) $0<\alpha\leqslant 1$； (2) $1<\alpha\leqslant 2$； (3) $\alpha>2$.

2. $a\neq-\dfrac{1}{2}$、$b=1$、$c=0$.

3. 0.

4. 0.

5. (1) $\dfrac{\mathrm{d}y}{\mathrm{d}x}=f'(2^x+x^2)(2^x\ln 2+2x)$； (2) $\dfrac{\mathrm{d}y}{\mathrm{d}x}=2\ln 2\cdot f(x)f'(x)2^{[f(x)]^2}$；

(3) $\frac{dy}{dx}=e^{f(e^x)}f'(e^x)e^x+f'[e^{f(x)}]e^{f(x)}f'(x)$.

6. $2e^{-1}$.

7. 切线方程:$y=\frac{4a}{5}-\frac{4x}{3}$,法线方程:$y=\frac{7a}{20}+\frac{3x}{4}$.

8. $\frac{d^2y}{dx^2}=\frac{y(1+\ln y)^2-x(1+\ln x)^2}{xy(1+\ln y)^3}$.

9. (1) $\frac{d^2y}{dx^2}=-\frac{\sin(x+y)}{[1-\cos(x+y)]^3}$; (2) $\frac{d^2y}{dx^2}=\frac{1}{(e^{x+y}-x)^2}[2y-2e^{x+y}-\frac{(y-x)^2}{e^{x+y}-x}e^{x+y}]$.

10. (1) $-2^{n-1}\sin\left(2x+\frac{n-1}{2}\pi\right)$; (2) $\frac{(-1)^n n!}{3}\left[\frac{1}{(x-2)^{n+1}}-\frac{1}{(x+1)^{n+1}}\right]$.

11. $\frac{1}{2}$.

12. (1) $-\frac{4}{9}x^{-\frac{13}{9}}$; (2) $x^x a^{x^x}(\ln a)(\ln x+1)+x^{a^x}\left(\frac{a^x}{x}+a^x\ln a\ln x\right)+x^{x^a}(x^{a-1}+ax^{a-1}\ln x)$;

(3) $(x^2+1)^{\sin x}\left(\frac{2x\sin x}{x^2+1}+\ln(x^2+1)\cos x\right)$; (4) $-\frac{e^x x+2e^x-2}{4\sqrt{1-e^x}\sqrt{\sqrt{1-e^x}\,x}}$;

(5) $(\tan x)^{\sec x}\sec x[\tan x\ln(\tan x)+\csc x\sec x]$; (6) $\frac{3x^{2/3}-2\sqrt{x}}{12x^{\frac{7}{6}}\sqrt{\sqrt{x}-\sqrt[3]{x}}}$;

(7) $-\frac{1}{\sqrt{x^2+1}(x^3+2x)}$; (8) $\frac{1}{-x^2+\sqrt{1-x^2}+1}$.

13. 提示:先证明 $n=1$ 时成立.

14. $\frac{1}{f''(t)}$.

15. $dy=e^{f(x)}\left[\frac{f'(\ln x)}{x}+f(\ln x)f'(x)\right]dx$.

16. e^{-2}.

17. 略.

18. $f(x)=2x-\frac{1}{x}$; $f'(x)=\frac{1}{x^2}+2$.

19. 先令 $x_1=0$, $x_2=0$,可知 $f(0)=0$;再由 $f'(0)=1$,可知 $\lim\limits_{x\to0}\frac{f(x)}{x}=1$. 再代入 $f'(x)$ 的定义,得证.

20. 1.

第4章

习题4.1

1. (1) 满足罗尔定理的所有条件,$\xi=-\frac{1}{2}$; (2) 不满足罗尔定理的所有条件.

2. $\xi = \sqrt[4]{\dfrac{31}{5}} \approx 1.6685.$

3. $\xi = \dfrac{1}{2}.$

4. 提示:对$f(x)$在区间$[x_1, x_2]$、$[x_2, x_3]$上分别应用罗尔定理.

5. 略.

6. 提示:利用反证法.

7. 略.

8. 提示:由于$f(x)$不是常数函数,存在$c \in (a, b)$,使得$f(c) \neq f(a)$.

9. 提示:设法构造函数应用罗尔定理.

10. 提示:对$f(x) = \dfrac{e^x}{x}$、$g(x) = \dfrac{1}{x}$在区间$x \in [a, b]$上应用柯西中值定理.

***11.** 略.

习题 4.2

1. (1) -1; (2) $\sec^2 a$; (3) $\dfrac{1}{2}$; (4) $\dfrac{1}{2}$; (5) 3; (6) $-\dfrac{1}{2}$;

(7) $\dfrac{1}{2}$; (8) $-e^{-2}$; (9) $\dfrac{1}{2}$; (10) e^{-1}; (11) 1; (12) ∞;

(13) -2; (14) e^{-2a}; (15) $-\dfrac{1}{2}$; (16) e^{-1}; (17) e^{-2}; (18) $e^{-\frac{1}{4}}$;

(19) 0; (20) 2.

2. $f''(x)$.

3. 1.

4. $e^{-\frac{1}{2}}$.

5. $g(0) = 1,\ a = g'(0),\ f'(0) = \dfrac{g''(0)}{2}.$

习题 4.3

1. $\cos 2x = 1 - \dfrac{2^2}{2!}x^2 + \dfrac{2^4}{4!}x^4 + \cdots + \dfrac{(-1)^n 2^{2n}}{(2n)!}x^{2n} + o(x^{2n+1}).$

2. $\dfrac{1}{x} = -\dfrac{1}{1-(x+1)} = -1-(x+1)-(x+1)^2-(x+1)^3-\cdots-(x+1)^n+(-1)^{n+1}\dfrac{(x+1)^{n+1}}{\xi^{n+2}}$,其中$\xi$在$-1$与$x$之间.

3. $\ln(3-2x-x^2) = \ln 3 + \sum\limits_{k=1}^{n}\left[\dfrac{(-1)^{k-1}}{3^k} - 1\right]\dfrac{x^k}{k} + o(x^n).$

4. 0.3090.

5. (1) $\dfrac{1}{120}$; (2) $-\dfrac{1}{12}$; (3) $\dfrac{1}{2}$.

6. $a=-3$、$b=\dfrac{9}{2}$.

习题 4.4

1. (1) 递增区间:$\left[-\dfrac{1}{\sqrt{2}},0\right]$、$\left[\dfrac{1}{\sqrt{2}},+\infty\right)$;递减区间:$\left(-\infty,-\dfrac{1}{\sqrt{2}}\right]$、$\left[0,\dfrac{1}{\sqrt{2}}\right]$;

(2) 递增区间:$\left(-\infty,-\dfrac{2}{\sqrt{3}}\right]$、$\left[\dfrac{2}{\sqrt{3}},+\infty\right)$;递减区间:$\left[-\dfrac{2}{\sqrt{3}},\dfrac{2}{\sqrt{3}}\right]$;

(3) 递增区间:$(-\infty,+\infty)$;递减区间:无;

(4) 递增区间:$[0,+\infty)$;递减区间:$(-1,0]$;

(5) 递增区间:$(-1,1]$;递减区间:$(-\infty,-1)$、$[1,+\infty)$;

(6) 递增区间:$[0,+\infty)$;递减区间:$(-\infty,0]$;

(7) 递增区间:$[-2,2]$;递减区间:$(-2\sqrt{2},-2]$、$[2,2\sqrt{2})$;

(8) 递增区间:$\left(-\infty,-\dfrac{2}{\sqrt{7}}\right]$、$\left[\dfrac{2}{\sqrt{7}},+\infty\right)$;递减区间:$\left[-\dfrac{2}{\sqrt{7}},\dfrac{2}{\sqrt{7}}\right]$;

(9) 递增区间:$(-\infty,+\infty)$.

2. 略.

3. 略.

4. (1) 极小值$f(0)=0$,极大值$f\left(\dfrac{2\sqrt{2}}{27}\right)=\dfrac{4}{243}$; (2) 极小值$f\left(\dfrac{1}{2}\right)=\dfrac{1}{2}+\ln 2$,无极大值;

(3) 极大值$f\left(\dfrac{3}{4}\right)=\dfrac{5}{4}$,无极小值; (4) 单调递减,没有极小值;

(5) 极小值$f(1)=0$,极大值$f(\mathrm{e})=\mathrm{e}^{-1}$;

(6) 极小值$f(2k\pi)=0$, k为任意整数;极大值点$f\left(2k\pi+\dfrac{3\pi}{2}\right)=\mathrm{e}^{2k\pi+\frac{3\pi}{2}}$, k为任意整数.

5. 极小值-2.

6. 3.

7. (1) $m\leqslant 0$或$m\geqslant 4$; (2) 递增区间$(-\infty,m-2]$、$[0,+\infty)$,递减区间$[m-2,0]$. 最小值$f(0)=m$.

8. $f'(x)=\begin{cases}2x^{2x}(\ln x+1), & x>0,\\ \mathrm{e}^{x}(x+1), & x<0;\end{cases}$ 极小值$f(-1)=1-\mathrm{e}^{-1}$、$f(\mathrm{e}^{-1})=\mathrm{e}^{-\frac{2}{\mathrm{e}}}$;极大值$f(0)=1$.

9. (1) $a=-\dfrac{1}{2}$、$b=-2$;递增区间$\left(-\infty,-\dfrac{2}{3}\right]$、$[1,+\infty)$,递减区间$\left[-\dfrac{2}{3},1\right]$;

(2) $c>2$或者$c<-1$.

***10.** 略.

习题 4.5

1. (1) 最大值$y(3)=60$,最小值$y(-1)=-4$;

(2) 最大值$y\left(\dfrac{\pi}{6}\right)=y\left(\dfrac{5\pi}{6}\right)=\dfrac{5}{4}$,最小值$y\left(\dfrac{3\pi}{2}\right)=-1$;

(3) 最大值 $y\left(-\frac{1}{\sqrt{2}}\right)=y\left(-\frac{1}{\sqrt{2}}\right)=2e^{-\frac{1}{2}}$,最小值 $y(0)=1$;

(4) 最大值 $y(2)=\ln 9$,最小值 $y(0)=0$.

2. $a<b$ 时,在 $x=\frac{a}{a+b}$ 处取得最小值 $(a+b)^2$; $a>b$ 时,在 $x=\frac{a}{a+b}$ 取得最大值 $(a+b)^2$.

3. 在 $x=\frac{1}{\sqrt{2}}$ 处取得最大值 $\sqrt{2}$,在 $x=-1$ 处取得最小值 -1.

4. 最大值点 $(1, 2)$,最小值点 $(-1, -2)$.

5. 略.

6. $a=2$、$b=3$ 或 $a=-2$、$b=-29$.

7. $\sqrt[3]{\frac{V}{2\pi}}$.

8. $\frac{\pi}{3}$.

9. $P\left(\frac{2\sqrt{3}}{3}, \frac{8}{3}\right)$.

10. (1) 2100(件); (2) 4.1(元).

11. (1) $x=2.5(4-t)$; (2) $t=2$.

习题 4.6

1. (1) 上凸区间: $\left(-\infty, \frac{1}{2}\right]$,下凸区间: $\left[\frac{1}{2}, +\infty\right)$,拐点: $\left(\frac{1}{2}, \frac{13}{2}\right)$;

(2) 下凸区间: $(-\infty, +\infty)$,上凸区间:无,拐点:无;

(3) 下凸区间: $(0, +\infty)$,拐点:无;

(4) 上凸区间: $(0, e^{\frac{3}{2}}]$,下凸区间: $[e^{\frac{3}{2}}, +\infty)$,拐点: $\left(e^{\frac{3}{2}}, \frac{3}{2e^{\frac{3}{2}}}\right)$.

2. (1) 递增区间:无,递减区间: $(-\infty, -1)$、$(-1, 1)$、$(1, +\infty)$,极大值:无,极小值:无,
上凸区间: $(-\infty, -1)$、$[0, 1)$,下凸区间: $(-1, 0]$、$(1, +\infty)$,拐点: $(0, 0)$;

(2) 递增区间: $(-\infty, -1]$、$[0, +\infty)$,递减区间: $[-1, 0]$,极大值: $y(-1)=-2e^{\frac{\pi}{4}}$,极小值: $y(0)=-e^{\frac{\pi}{2}}$,上凸区间: $\left(-\infty, -\frac{1}{3}\right]$,下凸区间: $\left[-\frac{1}{3}, +\infty\right)$,拐点: $\left(-\frac{1}{3}, -\frac{4}{3}e^{\frac{\pi}{2}-\arctan\frac{1}{3}}\right)$.

3. 提示:利用凸性的定义证明.

4. $a=-\frac{1}{4}$、$b=\frac{3}{2}$.

5. $a=1$、$b=-3$、$c=-24$、$d=16$.

6. (1) 铅直渐近线 $x=1$,斜渐近线 $y=2x+4$.

(2) 铅直渐近线 $x=0$,水平渐近线 $y=-2$.

(3) 斜渐近线 $y=x$.

7. $y=y(x)$ 的递减区间为$\left[-1,\frac{5}{3}\right]$,递增区间为$(-\infty,-1]$、$\left[\frac{5}{3},+\infty\right)$,极大值1,极小值$-\frac{1}{3}$,上凸区间为$\left(-\infty,\frac{1}{3}\right]$,下凸区间为$\left[\frac{1}{3},+\infty\right)$,拐点$\left(\frac{1}{3},\frac{1}{3}\right)$.

8. 略.

总练习题

1. (1) $-\frac{1}{2}$; (2) e^{-a-b-c}; (3) $e^{-\frac{1}{2}}$.

2. 略.

3. $a=-1$、$b=-\frac{1}{2}$、$k=-\frac{1}{3}$.

4. $e^{\frac{f'(x_0)}{f(x_0)}}$.

5. $\frac{\ln a}{2}$.

6. 1.

7. 极大值为1,极小值为0.

8. −2.

9. $k=3$、$c=\frac{1}{3}$.

10. 1.

11. 提示:利用拉格朗日中值定理.

12. 提示:$f(x)$分别在$\left[0,\frac{1}{2}\right]$和$\left[\frac{1}{2},1\right]$上应用拉格朗日中值定理.

13. 略.

14. 略.

15. 提示:$f(x)$ 分别在$[a,c]$和$[c,b]$上应用拉格朗日中值定理.

16. 略.

17. 提示:利用凸性的定义证明.

*18. 提示:设$f(x)=2^x-x^2-1$,先用罗尔定理证明$f(x)$最多有三个实根;然后找到$f(x)=0$的三个实根即可.

第5章

习题5.1

1. (1) $\frac{2x^{\frac{5}{2}}}{5}+C$; (2) $\frac{3x^{\frac{4}{3}}}{4}-2\sqrt{x}+C$; (3) $e^x+\ln|x|+C$; (4) $\frac{2(x^4-7)}{7\sqrt{x}}+C$;

(5) $x-\arctan x+C$；(6) $-x+\frac{1}{2}\ln\left|\frac{x+1}{x-1}\right|+C$；(7) $\frac{x^3}{3}-2\ln|x|+\frac{2^x}{\ln 2}+C$；

(8) $\frac{8x^{\frac{15}{8}}}{15}+C$；(9) $3\arctan x-2\arcsin x+C$；(10) $x^3-3x+4\arctan x+C$；

(11) $-\frac{1}{x}+\frac{1}{2}\ln\left|\frac{x+1}{x-1}\right|+C$；(12) $-e^x-\frac{2}{\sqrt{x}}-\ln|x|+C$；(13) $\frac{2^x}{\ln 2}-x+C$；

(14) $e^{x+2}+C$；(15) $x+C$；(16) $\frac{x+\sin x}{2}+C$；

(17) $\sin x-\cos x+C$；(18) $\tan x-\cot x+C$；(19) $\sec x-\cos x+C$；

(20) $\arcsin x+C$.

2. $\frac{2}{1+x^2}$.

3. $\arcsin x+1$.

4. $y=\ln|x|+4$.

习题 5.2

1. (1) $\frac{1}{5}$；(2) $\frac{1}{9}$；(3) $\frac{1}{2}$；(4) 1；(5) $-\frac{1}{2}$；(6) $-\frac{1}{2}$；(7) $\frac{1}{2}$；(8) $\frac{1}{a}$；

(9) 1；(10) $\frac{1}{2}$.

2. (1) $\frac{e^{2t}}{2}+C$；(2) $\frac{1}{18}(3x+2)^6+C$；(3) $-\frac{1}{6}\ln|5-6x|+C$；(4) $-\sqrt{3-2x}+C$；

(5) $2\sin\sqrt{x}+C$；(6) $\arctan e^x+C$；(7) $x-\ln(1+e^x)+C$；(8) $-\sqrt{2-x^2}+C$；

(9) $\ln|\csc x-\cot x|+C$；(10) $\frac{1}{a}\arctan\frac{x}{a}+C$；(11) $\frac{1}{2}\ln^2(2x)+C$；(12) $-\frac{1}{2}\cos x^2+C$；

(13) $-\sqrt{a^2-x^2}+C$；(14) $\arcsin\frac{x}{a}+C$；(15) $\ln|\ln x|+C$；(16) $-\frac{1}{\arcsin x}+C$；

(17) $\frac{\tan^{11}x}{11}+C$；(18) $\frac{\cos^5 x}{5}-\frac{\cos^3 x}{3}+C$；(19) $\frac{\sec^9 x}{9}+C$；(20) $\frac{\sec^2 t}{2}+C$；

(21) $-\frac{5\cos x+\cos 5x}{10}+C$；(22) $\frac{x^2}{2}-\frac{a^2}{2}\ln(a^2+x^2)+C$；(23) $\frac{1}{4}\sqrt{9-4x^2}+\frac{1}{2}\arcsin\frac{2x}{3}+C$；

(24) $-\frac{1}{x\ln x}+C$；(25) $\frac{1}{2\sqrt{3}}\ln\left|\frac{1-\sqrt{3}x}{1+\sqrt{3}x}\right|+C$；(26) $\frac{1}{2}\ln(x^2+6x+1)+C$；(27) $\arctan(x+2)+C$；

(28) $\frac{1}{2}\ln(x^2+x+1)+\frac{1}{\sqrt{3}}\arctan\left(\frac{2x+1}{\sqrt{3}}\right)+C$；(29) $-\frac{1}{97(x-1)^{97}}-\frac{2}{98(x-1)^{98}}-\frac{1}{99(x-1)^{99}}+C$；

(30) $\sin x-\frac{\sin^3 x}{3}+C$；(31) $-\frac{10^{\arccos x}}{\ln 10}+C$；(32) $\frac{2(\omega x+\varphi)+\sin(2(\omega x+\varphi))}{4\omega}+C$.

3. (1) $\frac{\sqrt{1-x^2}-1}{x}+\arcsin x+C$(提示:令 $x=\sin t$)；(2) $\sqrt{2x-3}-\ln(\sqrt{2x-3}+1)+C$；

(3) $\dfrac{x}{a^2\sqrt{a^2+x^2}}+C$； (4) $\dfrac{1}{4}\ln\dfrac{\sqrt{x^4+1}-1}{\sqrt{x^4+1}+1}+\dfrac{1}{2}\ln(\sqrt{x^4+1}+x^2)+C$；

(5) $-\dfrac{(1+x^2)^{\frac{3}{2}}}{3x^3}+\dfrac{\sqrt{1+x^2}}{x}+C$(提示:令 $x=\tan t$)； (6) $\sqrt{x^2-a^2}+a\arctan\dfrac{a}{\sqrt{x^2-a^2}}+C$；

(7) $-\dfrac{1}{3x^3}-\dfrac{1}{x}+\dfrac{1}{2}\ln\left|\dfrac{x+1}{x-1}\right|+C\left(提示:令 x=\dfrac{1}{t}\right)$； (8) $\dfrac{\ln|x|}{4}-\dfrac{1}{24}\ln(x^6+4)+C$；

(9) $\dfrac{1}{2}(x+2)\sqrt{-x^2-4x+5}+\dfrac{9}{2}\arcsin\dfrac{x+2}{3}+C$.

4. (1) $\sqrt{1-x^2}+x\arcsin x+C$； (2) $x\ln(x^2+1)-2x+2\arctan x+C$； (3) $x\arctan x-\dfrac{1}{2}\ln(x^2+1)+C$；

(4) $-(x^2-2)\cos x+2x\sin x+2\sin x-2x\cos x+C$； (5) $-\dfrac{1}{5}e^{-2x}(2\sin x+\cos x)+C$；

(6) $-\dfrac{x^2}{2}+x\tan x+\ln|\cos x|+C$； (7) $\dfrac{x^3}{6}+\left(\dfrac{x^2}{2}-1\right)\sin x+x\cos x+C$；

(8) $-\dfrac{x^{n+1}}{(n+1)^2}+\dfrac{\ln x}{n+1}x^{n+1}+C$； (9) $-\dfrac{1}{x}-\dfrac{\ln x}{x}+C$； (10) $2x+x\ln^2x-2x\ln x+C$；

(11) $\dfrac{1}{2}x\sin(\ln x)+\dfrac{1}{2}x\cos(\ln x)+C$； (12) $e^{-x}(-x-1)+C$； (13) $\dfrac{2x^3}{27}+\dfrac{1}{3}x^3\ln^2x-\dfrac{2}{9}x^3\ln x+C$；

(14) $\dfrac{1}{3}x^3\arctan x-\dfrac{x^2}{6}+\dfrac{1}{6}\ln(x^2+1)+C$； (15) $2x\sin\dfrac{x}{2}+4\cos\dfrac{x}{2}+C$；

(16) $x^{n+1}\left[\dfrac{\ln^2x}{n+1}-\dfrac{2\ln x}{(n+1)^2}+\dfrac{2}{(n+1)^3}\right]+C$； (17) $-\dfrac{x^2}{4}+\dfrac{1}{2}x^2\ln(x-1)-\dfrac{x}{2}-\dfrac{1}{2}\ln(x-1)+C$；

(18) $-\dfrac{e^x}{10}(2\sin 2x+\cos 2x-5)+C$； (19) $2\sqrt{1-x^2}\arcsin x-2x+x\arcsin^2x+C$；

(20) $2\sqrt{x}[\ln(x+1)-2]+4\arctan\sqrt{x}+C$； (21) $\dfrac{1}{2}x^2\ln\dfrac{x+1}{x-1}+x-\dfrac{1}{2}\ln\dfrac{x+1}{x-1}+C$；

(22) $\left(x^3+\dfrac{x^2}{2}+2x\right)\ln x-\left(\dfrac{x^3}{3}+\dfrac{x^2}{4}+2x\right)+C$.

5. $\dfrac{1}{2}\ln|\sqrt{4x^2-1}+2x|$.

6. 略.

习题 5.3

1. (1) $\dfrac{x^2}{2}+2x+4\ln|x-2|+C$； (2) $\dfrac{x^2}{2}-\dfrac{3}{2}\ln|1-x^2|+5\ln|x|+C$；

(3) $-\dfrac{1}{6}\ln|x^2-x+1|+\dfrac{1}{3}\ln|x+1|+\dfrac{1}{\sqrt{3}}\arctan\dfrac{2x-1}{\sqrt{3}}+C$； (4) $\dfrac{2}{\sqrt{3}}\arctan\dfrac{2x+1}{\sqrt{3}}+C$；

(5) $\ln|x-1|-\dfrac{2}{x-1}-\dfrac{2}{(x-1)^2}+C$； (6) $\dfrac{1}{(x+1)^2}+\ln\left|\dfrac{x}{x+1}\right|+C$；

(7) $-\dfrac{1}{12}\ln|x^2+2x+4|+\dfrac{1}{6}\ln|x-2|+\dfrac{1}{2\sqrt{3}}\arctan\dfrac{x+1}{\sqrt{3}}+C$； (8) $\dfrac{1}{8}\ln\dfrac{|(x-1)(x+3)|}{(x+1)^2}+C$；

(9) $\arctan x-\dfrac{1}{2(x^2+1)}+C$；　(10) $-\dfrac{3}{x+3}+2\ln\left|\dfrac{x+3}{x+2}\right|+C$；

(11) $\dfrac{1}{2}\arctan x+\dfrac{1}{4}\ln\dfrac{(x+1)^2}{x^2+1}+C$；　(12) $\dfrac{1}{x+1}+\dfrac{1}{2}\ln|x^2-1|+C$；

(13) $\arctan x-\dfrac{1}{\sqrt{2}}\arctan\dfrac{x}{\sqrt{2}}+C$；　(14) $\dfrac{1}{2}\ln(x^2-x+1)+\sqrt{3}\arctan\dfrac{2x-1}{\sqrt{3}}+C$；

(15) $\dfrac{1}{4}\ln\left|\dfrac{x-1}{x+1}\right|-\dfrac{1}{2}\arctan x+C$；　(16) $\dfrac{x^2}{2}+x+\dfrac{8}{3}\ln|x-2|+\dfrac{1}{3}\ln|x+1|+C$.

2. (1) $\dfrac{1}{\sqrt{2}}\arctan(\sqrt{2}\tan x)+C$；　(2) $\dfrac{1}{\sqrt{6}}\arctan\left(\sqrt{\dfrac{2}{3}}\tan\dfrac{x}{2}\right)+C$；

(3) $\dfrac{2}{\sqrt{3}}\arctan\dfrac{2\tan\dfrac{x}{2}+1}{\sqrt{3}}+C$；　(4) $\dfrac{1}{2}[x+\ln|\cos x-\sin x|]+C$；

(5) $\ln\left|\sin\dfrac{x}{2}+\cos\dfrac{x}{2}\right|-\ln\left|\cos\dfrac{x}{2}\right|+C$；　(6) $\dfrac{2}{\sqrt{11}}\arctan\dfrac{3\tan\dfrac{x}{2}+2}{\sqrt{11}}+C$；

(7) $\dfrac{1}{3}\ln\left|\dfrac{\sin\dfrac{x}{2}+\cos\dfrac{x}{2}}{\sin\dfrac{x}{2}-\cos\dfrac{x}{2}}\right|-\dfrac{1}{3\sqrt{2}}\arctan\dfrac{\tan\dfrac{x}{2}}{\sqrt{2}}+C$；　(8) $\dfrac{1}{4}\tan^2\dfrac{x}{2}+\dfrac{1}{2}\ln\left|\tan\dfrac{x}{2}\right|+C$.

3. (1) $\dfrac{3\sqrt[3]{x^2}}{2}-3\sqrt[3]{x}+3\ln|\sqrt[3]{x}+1|+C$；

(2) $\dfrac{3\sqrt[3]{x^2}}{2}-\dfrac{6\sqrt[6]{x^5}}{5}+\dfrac{6\sqrt[6]{x^7}}{7}-3\sqrt[3]{x}-6\sqrt[6]{x}+2\sqrt{x}+3\ln|\sqrt[3]{x}+1|+6\arctan\sqrt[6]{x}+C$；

(3) $\sqrt{x-1}(\sqrt{x+1}-2)+2\ln(\sqrt{x+1}+\sqrt{x-1})+C$；　(4) $4\ln(\sqrt[4]{x}+1)-4\sqrt[4]{x}+2\sqrt{x}+C$；

(5) $\dfrac{1}{3}(x^2-2)\sqrt{x^2+1}+C$；　(6) $\arcsin x+\sqrt{1-x^2}+C$；

(7) $\ln(2\sqrt{x^2-x+1}+2x-1)+C$.

习题 5.4

1. $\dfrac{b^3-a^3}{3}+b-a$.

2. (1) 0；　(2) $\dfrac{\pi}{2}a^2$.

3. (1) $\int_0^1 x^p\mathrm{d}x$；　(2) $\int_0^1\dfrac{\mathrm{d}x}{1+x}$.

4. (1) 0；　(2) 正；　(3) 正.

5. (1) $\int_1^2 x\mathrm{d}x<\int_1^2 x^2\mathrm{d}x$；　(2) $\int_0^{\frac{\pi}{2}}x\mathrm{d}x>\int_0^{\frac{\pi}{2}}\sin x\mathrm{d}x$；

(3) $\int_1^2\ln x\mathrm{d}x<\int_1^2(x-1)\mathrm{d}x$；　(4) $\int_0^1\sqrt[n]{1+x}\mathrm{d}x<\int_0^1\left(1+\dfrac{x}{n}\right)\mathrm{d}x$.

6. (1) $\frac{5}{3}e^{-1} \leqslant \int_{-1}^{\frac{2}{3}} e^{-x^2}dx \leqslant \frac{5}{3}$;　(2) $\frac{1}{2} \leqslant \int_{\frac{\pi}{4}}^{\frac{\pi}{2}} \frac{\sin x}{x}dx \leqslant \frac{\sqrt{2}}{2}$.

7. 略.

8. 略.

9. 6.

*10. 略.

*11. 略.

习题 5.5

1. (1) $\sin e^x$;　(2) $-e^{x^2}$;　(3) $\frac{3x^2}{\sqrt{1+x^{12}}} - \frac{2x}{\sqrt{1+x^8}}$;　(4) $\frac{3\sin x^3}{x}$.

2. (1) $\frac{1}{3}$;　(2) 1;　(3) $-\frac{1}{8}$;　(4) $\frac{1}{2}$.

3. $-\frac{t\sin t^2}{\cos t}$.

4. $-e^{-y^2}\cos x^2$.

5. $x=0$ 时,$I(x)$ 有极小值 0.

6. 略.

7. 略.

8. (1) $\ln 2$;　(2) 4;　(3) $\frac{\pi}{3}$;　(4) $\frac{\pi}{3}$;　(5) $1-\frac{\pi}{4}$.

9. $\frac{\pi}{3}$.

10. $F(x) = \begin{cases} 0, & x<0, \\ \frac{1-\cos x}{2}, & 0 \leqslant x \leqslant \pi, \\ 1, & x>\pi. \end{cases}$

11. 略.

习题 5.6

1. (1) $\frac{1}{2}(1-\sqrt{3})$;　(2) $\frac{2}{11}$;　(3) $\frac{1}{4}$;　(4) $\frac{9}{2}+\ln\frac{2}{11}$;　(5) $\frac{\pi}{4}$;

(6) 0;　(7) $\frac{2\sqrt[3]{e}}{3}$;　(8) $\frac{2}{3}$;　(9) 2;　(10) $\frac{\pi}{4}a^2$;

(11) $1+\ln\frac{2}{1+e}$;　(12) $\frac{1}{\sqrt{2}}$;　(13) $1-\ln 4$;　(14) $\ln(2+\sqrt{3})-\frac{\sqrt{3}}{2}$.

2. (1) $1-\frac{2}{e}$;　(2) $\frac{1}{4}(e^2-1)$;　(3) $\frac{\pi}{4}-\frac{\ln 2}{2}$;　(4) $-\frac{1}{2}$;　(5) $\frac{3}{4}-\frac{\ln 2}{2}$;

(6) $\frac{1}{2}(1+e^{\pi})$;　(7) $\frac{1}{5}(e^{\pi}-2)$;　(8) $\frac{\pi(9-4\sqrt{3})}{36}+\frac{1}{2}\ln\frac{3}{2}$;　(9) $14+6e^2$.

3. (1) 0; (2) $\frac{\pi}{2}-1$; (3) 0; (4) $\ln 5$; (5) $\frac{4}{3}$; (6) $\frac{3}{2}\ln(1+\sqrt{2})-\frac{1}{\sqrt{2}}$.

4. (1) $(\sqrt{5}-2)a$; (2) $10+4\ln\frac{8}{3}$; (3) $2e^{a}-ae-\frac{2+a}{e}$; (4) $\frac{\pi}{2}$;

(5) $-\frac{4}{3}$; (6) 0; (7) $4(\sqrt{2}-1)$; (8) $\sqrt{2}-\frac{2}{\sqrt{3}}$; (9) π^2;

(10) 0; (11) $1-\sqrt{5}+2\ln(2+\sqrt{5})$; (12) $\frac{3\pi}{2}$.

5. 略.

6. $\sin x^2$.

7. $\frac{1}{3}-\frac{1}{3}(1-2x)^{\frac{3}{2}}$.

8. $\frac{\pi}{8}-\frac{\ln 2}{4}$ (提示:对$\int_0^1 f(x)\mathrm{d}x$应用分部积分公式).

***9.** 提示:做变量替换 $t=a+b-x$.

10. 提示:做变量替换 $t=1-x$.

11. 略.

12. 递增.

习题 5.7

1. (1) 1; (2) 发散; (3) $\frac{\pi}{2\sqrt{3}}$; (4) $\frac{1}{a}$; (5) $\frac{\pi}{\sqrt{2}}$;

(6) 发散; (7) 发散; (8) 1; (9) 发散; (10) $\frac{56}{15}$;

(11) $\ln 2$; (12) $\frac{\pi}{2}+\ln(2+\sqrt{3})$; (13) $\frac{\pi}{4}+\frac{\ln 2}{2}$.

2. $n!$.

3. $I_n=-\frac{n}{2}I_{n-1}$, $I_0=\frac{1}{2}$, $I_n=(-1)^n\frac{n!}{2^{n+1}}$.

习题 5.8

1. (1) $\frac{1}{4}$; (2) $-2+\frac{1}{e}+e$; (3) $\ln 2$; (4) $\frac{16\sqrt{2}}{3}$; (5) $\frac{2(e-1)}{e}$;

(6) $\frac{4}{3}$; (7) $\frac{e}{2}-1$.

2. $\frac{4}{3}+2\pi$, $6\pi-\frac{4}{3}$.

3. 18π.

4. (1) $V_x=\frac{\pi}{2}$、$V_y=\frac{4\pi}{5}$; (2) $V_x=\frac{\pi^2}{4}$、$V_y=-2\pi+\frac{\pi^3}{4}$; (3) $V_x=\frac{8}{15}\pi$、$V_y=\frac{11}{6}\pi$.

5. $(4, 2\ln 2)$.

*6. $4\pi^2$.

7. $\frac{\sqrt{3}}{2}$.

*8. $\frac{\pi^3}{4}-(\pi-2)\pi$.

习题 5.9

1. 总成本 $C(q)=-3q^3+15q^2+25q+55$;平均成本$\frac{C(q)}{q}=-3q^2+15q+25+\frac{55}{q}$.

2. $200q-\frac{q^2}{200}$.

3. 总收入 $R(q)=3q-0.1q^2$,达到最高收入时的销售量 $q=15$.

4. (1) 总成本 $C(q)=0.01q^2+12q+500$;　(2) 总利润 $L(q)=20q-C(q)=-0.01q^2+8q-500$, $q=400$ 时利润达到最大.

5. $2\sqrt{t}+100$.

6. 11.

总练习题

1. (1) $\ln|\tan x|+C$;　(2) $\frac{1}{2}\left(\sec x+\ln\left|\tan\frac{x}{2}\right|\right)+C$;　(3) $\frac{\pi}{12e^2}$;　(4) $\frac{\ln^2 3}{8}$;

(5) $\frac{1}{10}\arcsin\frac{x^{10}}{\sqrt{2}}+C$;　(6) $\frac{1}{75}(10+\ln 216)$;　(7) $\frac{1}{4}\sin 2x-\frac{1}{24}\sin 12x+C$;

(8) $\frac{7\pi^2}{144}$;　(9) $\frac{1}{6}\ln|x^2-1|-\frac{1}{12}\ln|x^4+x^2+1|-\frac{\sqrt{3}}{6}\arctan\frac{2x^2+1}{\sqrt{3}}+C$;

(10) $x-\ln|1-e^x|+C$;　(11) $\frac{1}{3}(2+\sqrt{2})$;　(12) $\frac{\pi}{2}$;

(13) $\ln x\cdot\ln\ln x-\ln x+C$;　(14) $24-8e$;　(15) $x-(1+e^{-x})\ln(e^x+1)+C$.

2. 递增区间:$(-1,0]$、$[1,+\infty)$,递减区间:$(-\infty,-1]$、$[0,1]$;极大值$f(0)=\frac{1}{2}(1-e^{-1})$,极小值 $f(\pm 1)=0$.

3. $f(x)-f(a)$.

4. $\frac{2}{3}$.

5. $\frac{1}{2}$.

6. $\frac{1}{4}$.

7. $\begin{cases}\frac{(m-1)!!}{m!!}\cdot\frac{\pi^2}{2}, & m\text{ 为偶数},\\ \frac{(m-1)!!}{m!!}\cdot\pi, & m\text{ 为奇数}.\end{cases}$

8. $\dfrac{\ln^2 x}{2}$.

9. $\dfrac{\pi}{2}$.

10. $\dfrac{e^{-1}-1}{4}$.

11. 最小值$f(-2)=-\dfrac{1}{e^2}$,没有最大值.

12. $\dfrac{2}{(1+x)^2}$.

13. $f(x)=\dfrac{x^3}{3}-3x^2+5x+\dfrac{25}{3}$, $f(x)$ 在 $x=5$ 处取得极小值 0.

14. $f(x)=\cos x-x\sin x+C$, C 为任意常数.

15. (1) 略; (2) 提示:做变量替换 $t=nT-x$; (3) $n^2\pi$.

16. $\dfrac{\cos 1-1}{2}$.

17. 2.

18. (1) 提示:利用分部积分公式; (2) 1(提示:利用迫敛性).

19. $\dfrac{64\pi}{15}$.

20. 略.